MOS
國際認證應考指南

Microsoft Excel Expert
(Excel and Excel 2019)
Exam MO-201

MO-201：Microsoft Excel Expert (Excel and Excel 2019)

序

不論各行各業、各個職場領域的知識工作者，在面臨資料處理、運算、圖表製作、摘要統計與資料分析時，Excel 幾乎是離不開身的應用程式之一。尤其是大數據時代的來臨，資訊瞬息萬變，資料的查找、數據的試算、排序、篩選、群組小計、乃至多工作表的彙整運算、交叉分析、資訊視覺化、…幾乎已經變成職場工作的日常，Excel 的學習與知識領域也逐漸擴散在教育界與產業界。

在評量 Excel 技能的各種檢定及認證考試中，微軟公司的 Microsoft Office Specialist，簡稱 MOS，是屬於國際級的認證考試，甚至在進入職場前，22 歲以下的年齡層級還有機會參與全球性的實作競賽，除了可以與來自全球 122 個國家的 Office 好手共同切磋技能外，也有著豐沃的獎金與世界盃冠軍榮耀，可見這項國際認證在全球有多麼受到歡迎、認可與支持。

在 MOS Excel 認證考試已經進入 Excel 2019/365 版本的年代，其中的 Excel 2019 Expert(專家級) 認證考試，更著重於進階日期和時間函數的運用，也有非常高的比例在考驗進階統計圖表與財務分析函數的應用，以及利用樞紐分析表與樞紐分析圖工具執行資料的摘要與分析。此外，簡單的巨集修改與公式的疑難排解、也都是 Excel 專家級的考試範疇。

筆者從事 Office 相關認證考試的教育訓練與出題工作近 15 年，也出版了許多相關認證考試書籍，更發覺近年來的考試範疇與命題，愈來愈貼近實務的需求，也愈來愈能證明是否充分具備 Excel 的專業知識及能力。雖說只要是考試，就有死記硬背而過關的機率，但那畢竟不切實際，也沒有舉一反三的實力。筆者在本書設計的模擬題組，已盡力接近原本英文題目的技術範疇，所列舉的情境、範例與題意問法也盡量相似並趨近職場實務運用的需求，因此，讀者一定要先理解題意，然後在腦海中畫下可以運用解題的技術藍圖，例如：可以使用哪些函數、那些功能選項操作，反覆不斷多做練習，思考力與執行力亦能熟能生巧。

疫情嚴峻讓我們在家工作、在家學習，雖然社交活動中斷了，但求知求學的行動可不能斷炊，這也正是利用此非常時期強迫自我提升的好契機。希望藉由這本 Excel Expert 的國際認證應考指南，可以讓您了解 Excel 的應用趨勢，也能夠協助您輕鬆取得國際證照，證明您個人具有使用 Office 應用程式來因應工作所需的執行力、生產力與創造力。

王仲麒 2021/7/1 台北

01

Microsoft Office Specialist 國際認證簡介

02

細說 MOS 測驗操作介面

03

模擬試題 I

04

模擬試題 II

05

模擬試題 III

Chapter

01

Microsoft Office Specialist 國際認證簡介

Microsoft Office 系列應用程式是全球最為普級的商務應用軟體，不論是 Word、Excel 還是 PowerPoint 都是家喻戶曉的軟體工具，也幾乎是學校、職場必備的軟體操作技能。即便坊間關於 Office 軟體認證種類繁多，但是，Microsoft Office Specialist (MOS) 認證才是 Microsoft 原廠唯一且向國人推薦的 Office 國際專業認證。取得 MOS 認證除了表示具備 Office 應用程式因應工作所需的能力外，也具有重要的區隔性，可以證明個人對於 Microsoft Office 具有充分的專業知識以及實踐能力。

1-1 關於 Microsoft Office Specialist (MOS) 認證

Microsoft Office Specialist(微軟 Office 應用程式專家認證考試)，簡稱 MOS，是 Microsoft 公司原廠唯一的 Office 應用程式專業認證，是全球認可的電腦商業應用程式技能標準。透過此認證可以證明電腦使用者的電腦專業能力，並於工作環境中受到肯定。即使是國際性的專業認證、英文證書，但是在試題上可以自由選擇語系，因此，在國內的 MOS 認證考試亦提供有正體中文化試題，只要通過 Microsoft 的認證考試，即頒發全球通用的國際性證書，取電腦專業能力的認證，以證明您個人在 Microsoft Office 應用程式領域具備充分且專業的知識與能力。

取得 Microsoft Office 國際性專業能力認證，除了肯定您在使用 Microsoft Office 各項應用軟體的專業能力外，亦可提昇您個人的競爭力、生產力與工作效率。在工作職場上更能獲得更多的工作機會、更好的升遷契機、更高的信任度與工作滿意度。

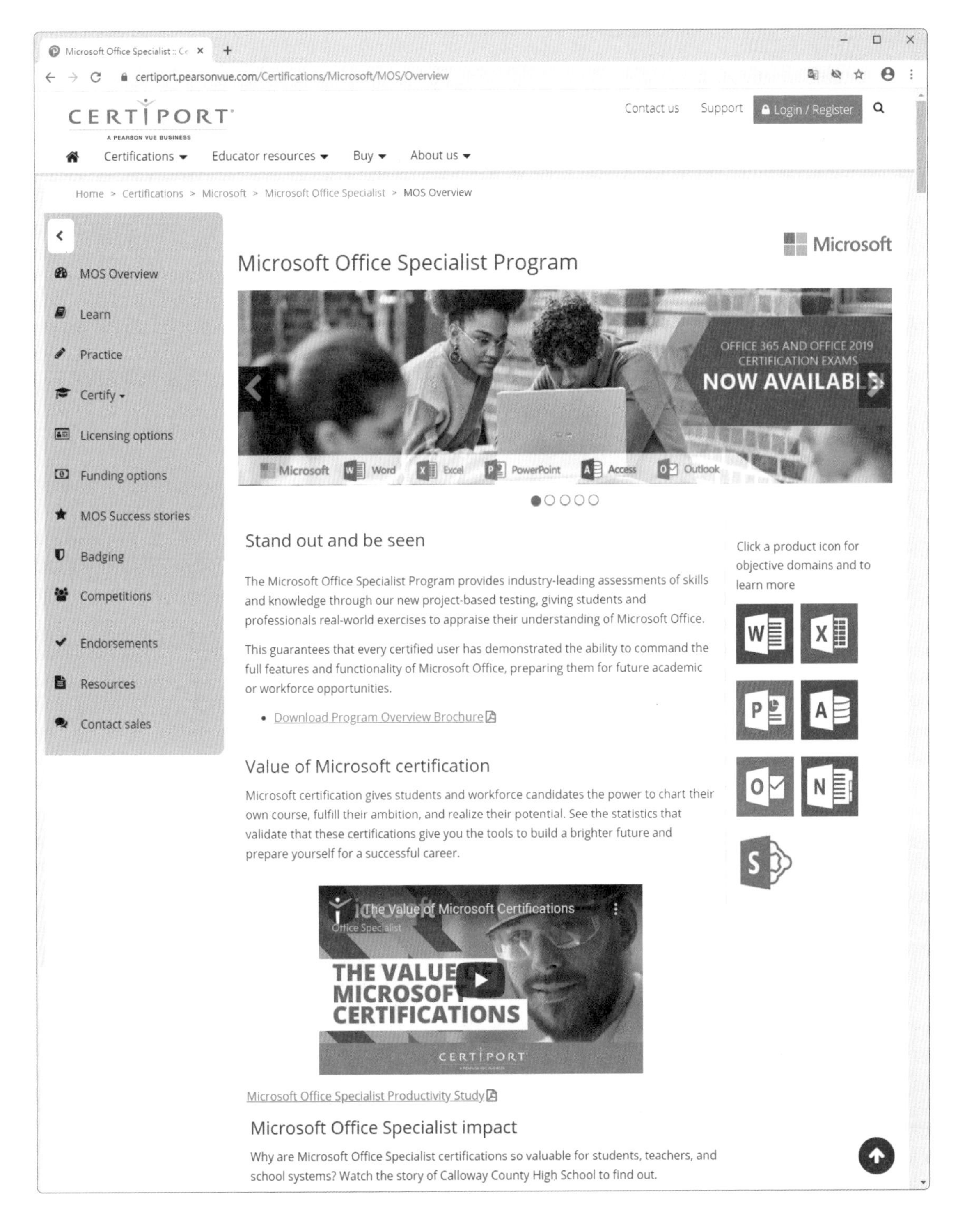

Certiport 是為全球最大考證中心，也是 Microsoft 唯一認可的國際專業認證單位，參加 MOS 的認證考試必須先到網站進行註冊。

1-2 MOS 最新認證計劃

MOS 是透過以專案為基礎的全新測驗，提供了在各行業、各領域中所需的 Office 技能和知識評估。在測驗中包括了多個小型專案與任務，而這些任務都模擬了職場上或工作領域中 Office 應用程式的實務應用。經由這些考試評量，讓學生和職場的專業人士們，以情境式的解決問題進行測試，藉此驗證考生們對 Microsoft Office 應用程式的功能理解與運用技能。通過考試也證明了考生具備了相當程度的操作能力，並在現今的學術和專業環境中為考生提供了更多的競爭優勢。

眾所周知 Microsoft Office 家族系列的應用程式眾多，最廣為人知且普遍應用於各職場環境領域的軟體，不外乎是 Word、Excel、Power Point、Outlook 及 Access 等應用程式。而這些應用程式也正是 MOS 認證考試的科目。但基於軟體應用層面與功能複雜度，而區分為 Associate 以及 Expert 兩種程度的認證等級。

Associate 等級的認證考科

Associate 如同昔日 MOS 測驗的 Core 等級，評量的是應用程式的核心使用技能，可以協助主管、長官所交辦的文件處理能力、簡報製作能力、試算圖表能力，以及訊息溝通能力。

Word Associate	Exam MO-100 將想法轉化為專業文件檔案
Excel Associate	Exam MO-200 透過功能強大的分析工具揭示趨勢並獲得見解
PowerPoint Associate	Exam MO-300 強化與觀眾溝通和交流的能力
Outlook Associate	Exam MO-400 使用電子郵件和日曆工具促進溝通與聯繫的流程

只要考生通過每一科考試測驗，便可以取得該考科認證的證書。例如：通過 Word Associate 考科，便可以取得 Word Associate 認證；若是通過 Excel Associate 考科，便可以取得 Excel Associate 認證；通過 Power Point Associate 考科，就可以取得 Power Point Associate 認證；通過 Outlook Associate 考科，就可以取得 Outlook Associate 認證。這些單一科目的認證，可以證明考生在該應用程式領域裡的實務應用能力。

若是考生獲得上述四項 Associate 等級中的任何三項考試科目認證，便可以成為 Microsoft Office Specialist- 助理資格，並自動取得 Microsoft Office Specialist - Associate 認證的證書。

Microsoft Office Specialist - Associate 證書

Expert 等級的認證考科

此外，在更進階且專業，難度也較高的評量上，Word 應用程式與 Excel 應用程式，都有相對的 Expert 等級考科，例如 Word Expert 與 Excel Expert。如果通過 Word Expert 考科可以取得 Word Expert 證照；若是通過 Excel Expert 考科可以取得 Excel Expert 證照。而隸屬於資料庫系統應用程式的 Microsoft Access 也是屬於 Expert 等級的難度，因此，若是通過 Access Expert 考科亦可以取得 Access Expert 證照。

Word Expert	Exam MO-101 培養您的 Word 技能，並更深入文件製作與協同作業的功能
Excel Expert	Exam MO-201 透過 Excel 全功能的實務應用來擴展 Excel 的應用能力
Access Expert	Exam MO-500 追蹤和報告資產與資訊

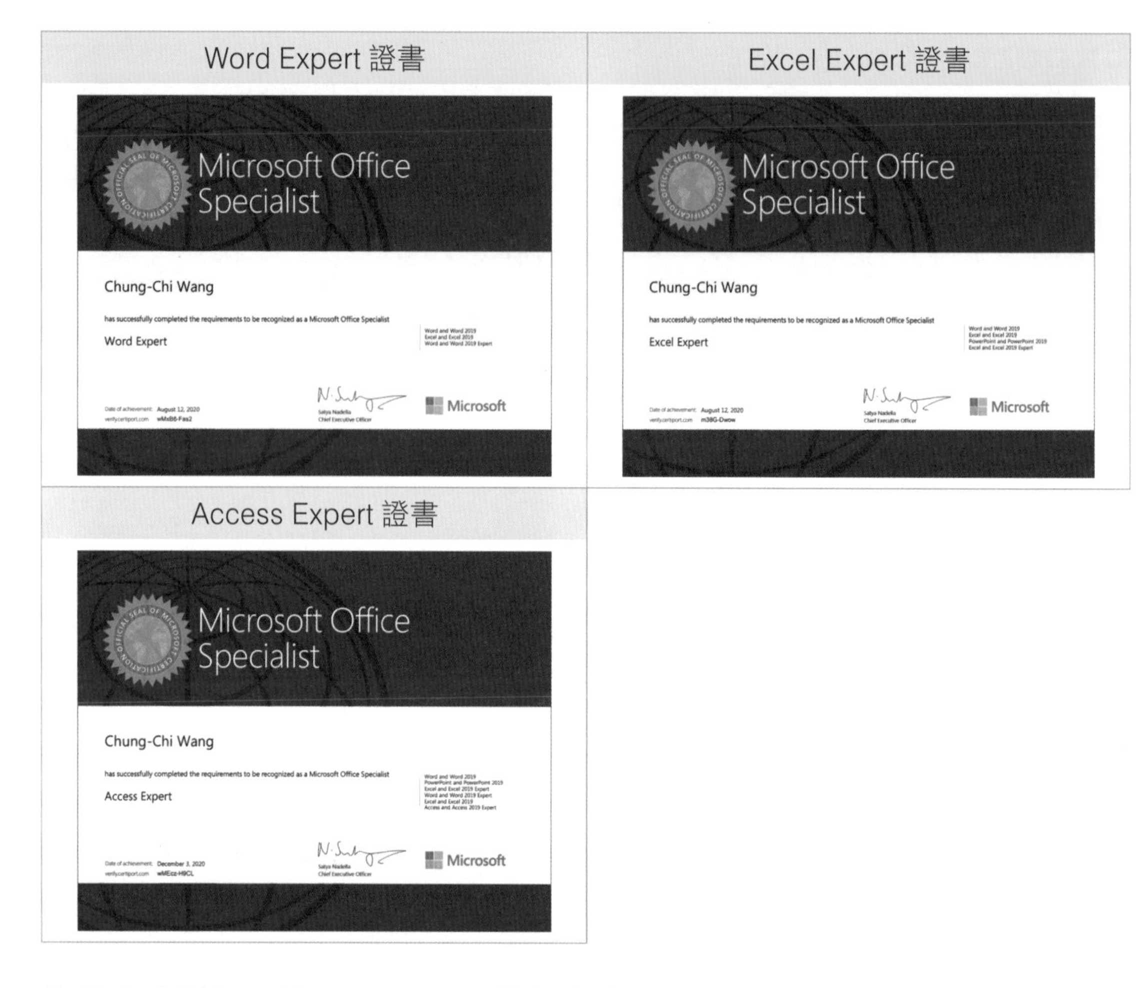

若是考生獲得上述三項 Expert 等級中的任何兩項考試科目認證，便可以成為 Microsoft Office Specialist- 專家資格，並自動取得 Microsoft Office Specialist - Expert 認證的證書。

Microsoft Office Specialist - Expert 證書

1-3 證照考試流程

1. **考前準備：**

   參考認證檢定參考書籍，考前衝刺～

2. **註冊：**

   首次參加考試，必須登入 Certiport 網站 (http://www.certiport.com) 進行註冊。註冊前請先準備好英文姓名資訊，應與護照上的中英文姓名相符，若尚未有擁有護照或不知英文姓名拼字，可登入外交部網站查詢。註冊姓名則為證書顯示姓名，請先確認證書是否需同時顯示中、英文再行註冊。

3. **選擇考試中心付費參加考試。**

4. **即測即評，可立即知悉分數與是否通過。**

認證考試登入程序與畫面說明

MOS 認證考試使用的是 Compass 系統，考生必須先到 Certiport 網站申請帳號，在進入此 Compass 系統後便是透過 Certiport 帳號登入進行考試：

進入首頁後點按右上方的〔啟動測驗〕按鈕。

在歡迎參加測驗的頁面中，將詢問您今天是否有攜帶測驗組別 ID(Exam Group ID)，若有可將原本位於〔否〕的拉桿拖曳至〔是〕，然後，在輸入考試群組的文字方塊裡，輸入您所參與的考試群組編號，再點按右下角的〔下一步〕按鈕。

進入考試的頁面後，點選您所要參與的測驗科目。例如：Microsoft Excel(Excel and Excel 2019)。

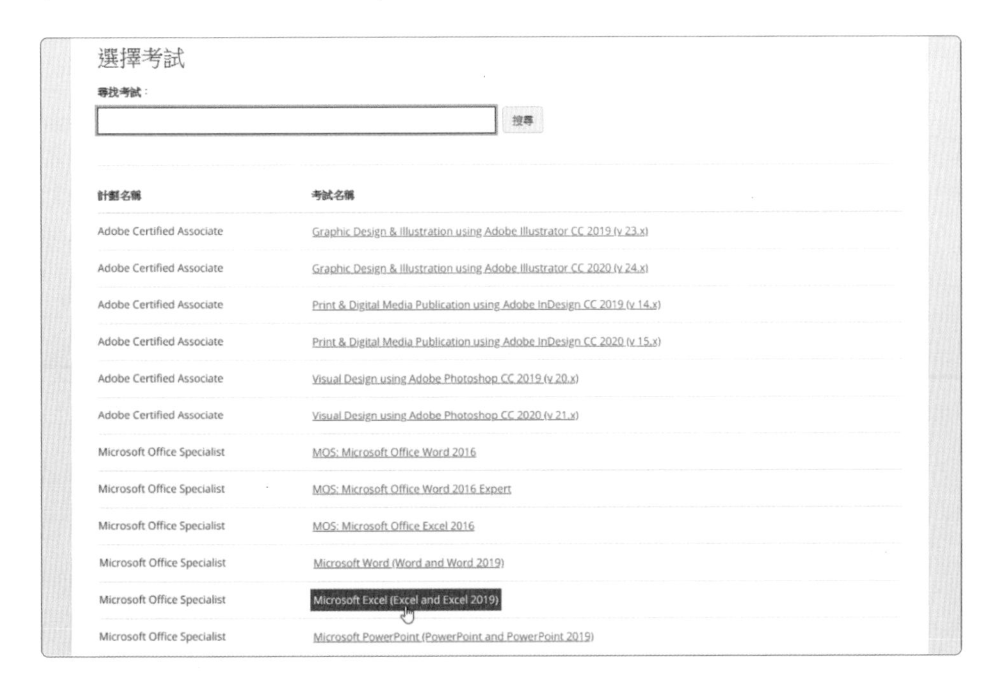

進入保密協議畫面，閱讀後在保密合約頁面點選下方的〔是，我接受〕選項，然後點按右下角的〔下一步〕按鈕。

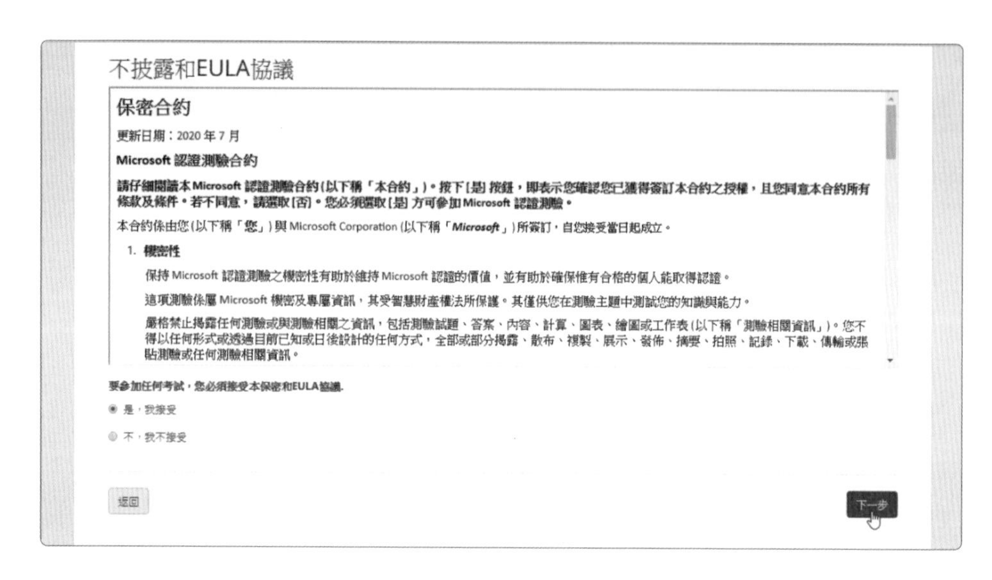

由考場人員協助，在確認考生與考試資訊後，請監考老師輸入監評人員密碼及帳號，然後點按右下角的〔解除鎖定考試〕按鈕。

系統便開始自動進行軟硬體檢查及試設定，稍候一會通過檢查並完全無誤後點按右下角的〔下一步〕按鈕即可開始考試。

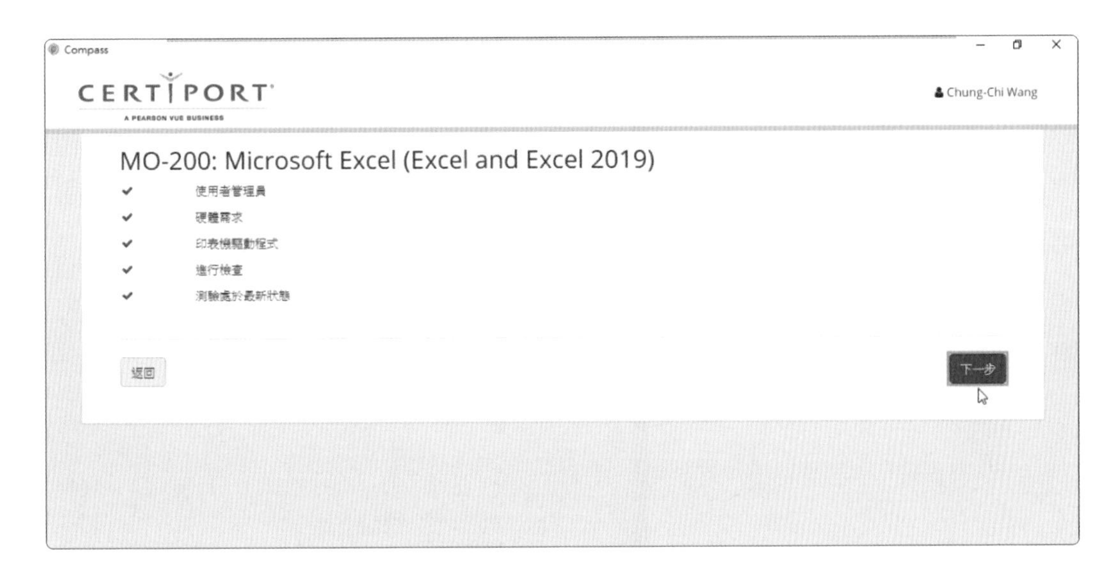

考試介面說明

考試前會有認證測驗的教學課程說明畫面，詳細介紹了考試的介面與操作提示，在檢視這個頁面訊息時，還沒開始進行考試，所以也尚未開始計時，看完後點按右下角的〔下一頁〕按鈕。

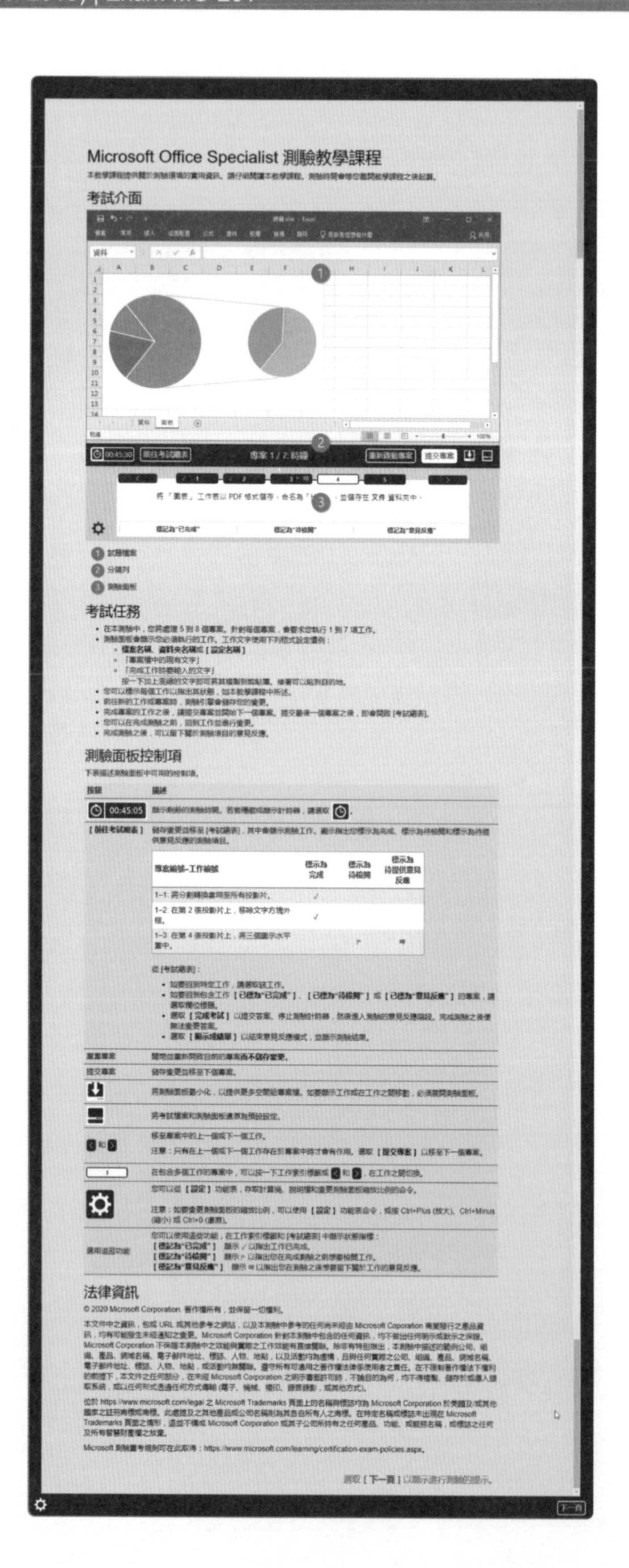

逐一看完認證測驗提示後，點按右下角的〔開始考試〕按鈕，即可開始測驗，50 分鐘的考試時間便在此開始計時，正式開始考試囉！

以 MO-200：Excel Associate 科目為例，進入考試後的畫面如下：

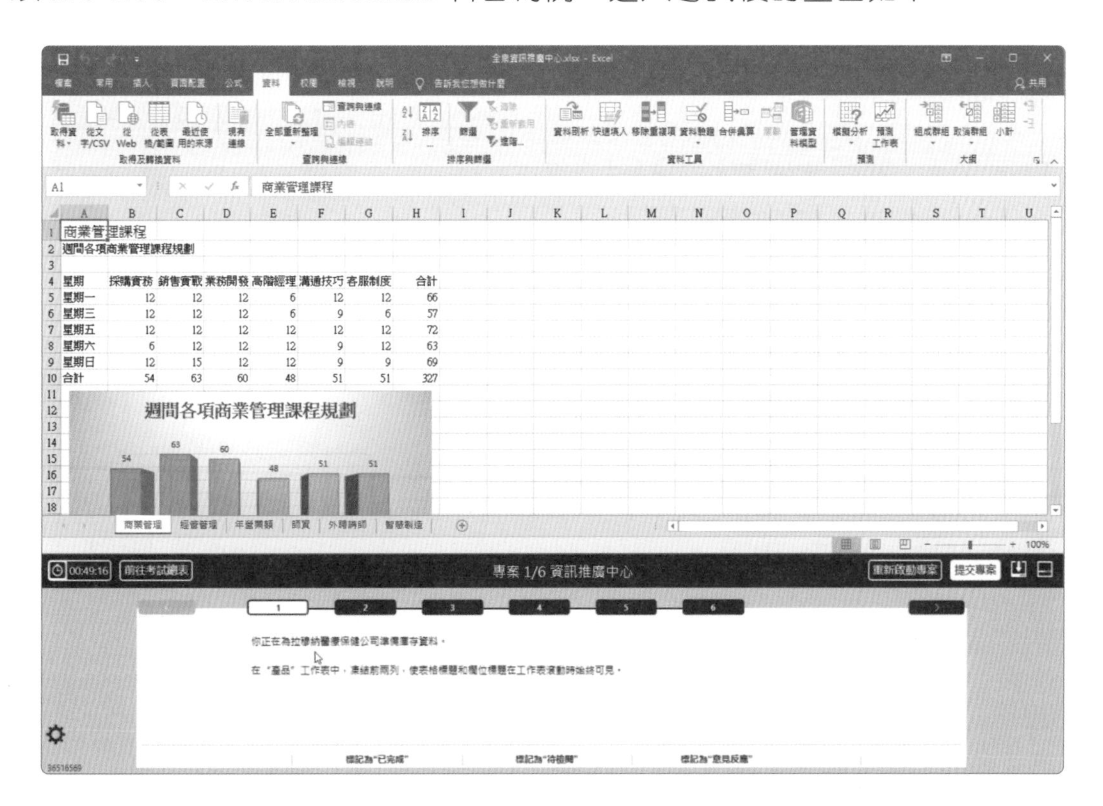

MOS 認證考試的測驗提示

每一個考試科目都是以專案為單位，情境式的敘述方式描述考生必須完成的每一項任務。以 Excel Associate 考試科目為例，總共有 6 個專案，每一個專案有 5~6 個任務必須完成，所以，在 50 分鐘的考試時間裡，要完成約莫 35 個任務。同一個專案裡的各項任務便是隸屬於相同情節與意境的實務情境，因此，您可以將一個專案視為一個考試大題，而該專案裡的每一個任務就像是考試大題的每一小題。大多數的任務描述都頗為簡潔也並不冗長，但要注意以下幾點：

1. 接受所有預設設定，除非任務敘述中另有指定要求。
2. 此次測驗會根據您對資料檔案和應用程式所做的最終變更來計算分數。您可以使用任何有效的方法來完成指定的任務。
3. 如果工作指示您輸入「特定文字」，按一下文字即可將其複製至剪貼簿。接著可以貼到檔案或應用程式，考生並不一定非得親自鍵入特定文字。
4. 如果執行任務時在對話方塊中進行變更，完成該對話方塊的操作後必須確實關閉對話方塊，才能有效儲存所進行的變更設定。因此，請記得在提交專案之前，關閉任何開啟的對話方塊。
5. 在測驗期間，檔案會以密碼保護。下列命令已經停用，且不需使用即可完成測驗：
   - 說明
   - 開啟
   - 共用
   - 以密碼加密
   - 新增

如果要變更測驗面板和檔案區域的高度，請拖曳檔案與測驗面板之間的分隔列。

前往另一個工作或專案時，測驗會儲存檔案。

Chapter

02

細說 MOS 測驗操作介面

全新設計的 **Microsoft 365** 暨 **Office 2019** 版本的 **MOS** 認證考試其操作介面更加友善、明確且便利。其中多項貼心的工具設計，諸如複製輸入文字、縮放題目顯示、考試總表的試題導覽，以及視窗面板的折疊展開和恢復配置，都讓考生的考試過程更加流暢、便利。

2-1 測驗介面操控導覽

考試是以專案情境的方式進行實作，在考試視窗的底部即呈現專案題目的各項要求任務(工作)，以及操控按鈕：

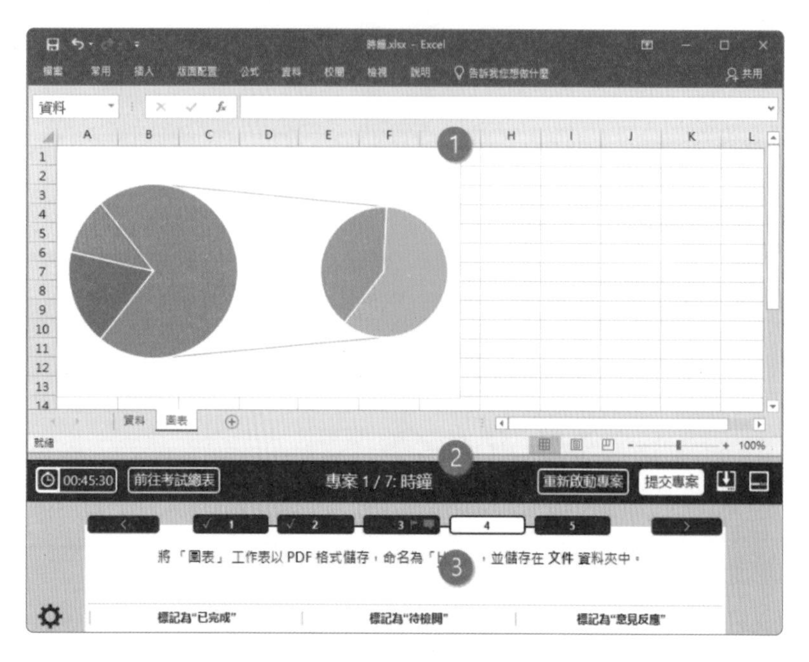

❶ 視窗上方：試題檔案畫面

❷ 中間分隔列：考試過程中的導覽工具

❸ 視窗下方：測驗題目面板

- **視窗上方：試題檔案畫面**

  即測驗科目的應用程式視窗，切換至不同的專案會自動開啟並載入該專案的資料檔案。

- **中間分隔列：考試過程中的導覽工具**

  在此顯示考試的剩餘時間(倒數計時)外，也提供了前往考試題目總表、專案名稱、重啟目前專案、提交專案、折疊與展開視窗面板以及恢復視窗配置等工具按鈕。

  - 碼表按鈕與倒數計時的時間顯示

    顯示剩餘的測驗時間。若要隱藏或顯示計時器，可點按左側的碼表按鈕。

- 前往考試總表按鈕

  儲存變更並移至〔考試總表〕頁面，除了顯示所有的專案任務 (測驗題目) 外，也可以顯示哪些任務被標示了已完成、待檢閱或者待提供意見反應等標記。

- 重新啟動專案按鈕

  關閉並重新開啟目前的專案而不儲存變更。

- 提交專案按鈕

  儲存變更並移至下一個專案。

- 折疊與展開按鈕

  可以將測驗面板最小化，以提供更多空間給專案檔。如果要顯示工作或在工作之間移動，必須展開測驗面板。

- 恢復視窗配置按鈕

  可以將考試檔案和測驗面板還原為預設設定。

- **視窗下方：測驗題目面板**

  在此顯示著專案裡的各項任務工作，也就是每一個小題的題目。其中，專案的第一項任務，首段文字即為此專案的簡短情境說明，緊接著就是第一項任務的題目。而白色方塊為目前正在處理的專案任務、藍色方塊為專案裡的其他任務。左下角則提供有齒輪狀的工具按鈕，可以顯示計算機工具以及測驗題目面板的文字縮放顯示比例工具。在底部也提供有〔標記為 " 已完成 " 〕、〔標記為 " 待檢閱 " 〕、〔標記為 " 意見反應 " 〕等三個按鈕。

測驗過程中，針對每一小題 (每一項任務)，都可以設定標記符號以提示自己針對該題目的作答狀態。總共有三種標記符號可以運用：

- **已完成：**由於題目眾多，已經完成的任務可以標記為「已完成」，以免事後在檢視整個考試專案與任務時，忘了該題目到底是否已經做過。這時候該題目的任務編號上會有一個綠色核取勾選符號。

- **待檢閱：**若有些題目想要稍後再做，可以標記為「待檢閱」，這時候題目的任務編號上會有金黃色的旗幟符號。

- **意見反應：**若您對有些題目覺得有意見要提供，也可以先標記意見反映，這時候題目的任務編號上會有淺藍色的圖說符號，您可以輸入你的意見。

只要前往新的工作或專案時，測驗系統會儲存您的變更，若是完成專案裡的工作，則請提交該專案並開始進行下一個專案的作答。而提交最後一個專案後，就可以開啟〔考試總表〕，除了顯示考試總結的題目清單外，也會顯示各個專案裡的哪些題目已經被您標示為 " 已完成 "，或者標示為 " 待檢閱 " 或準備提供 " 意見反應 " 的任務（工作）清單：

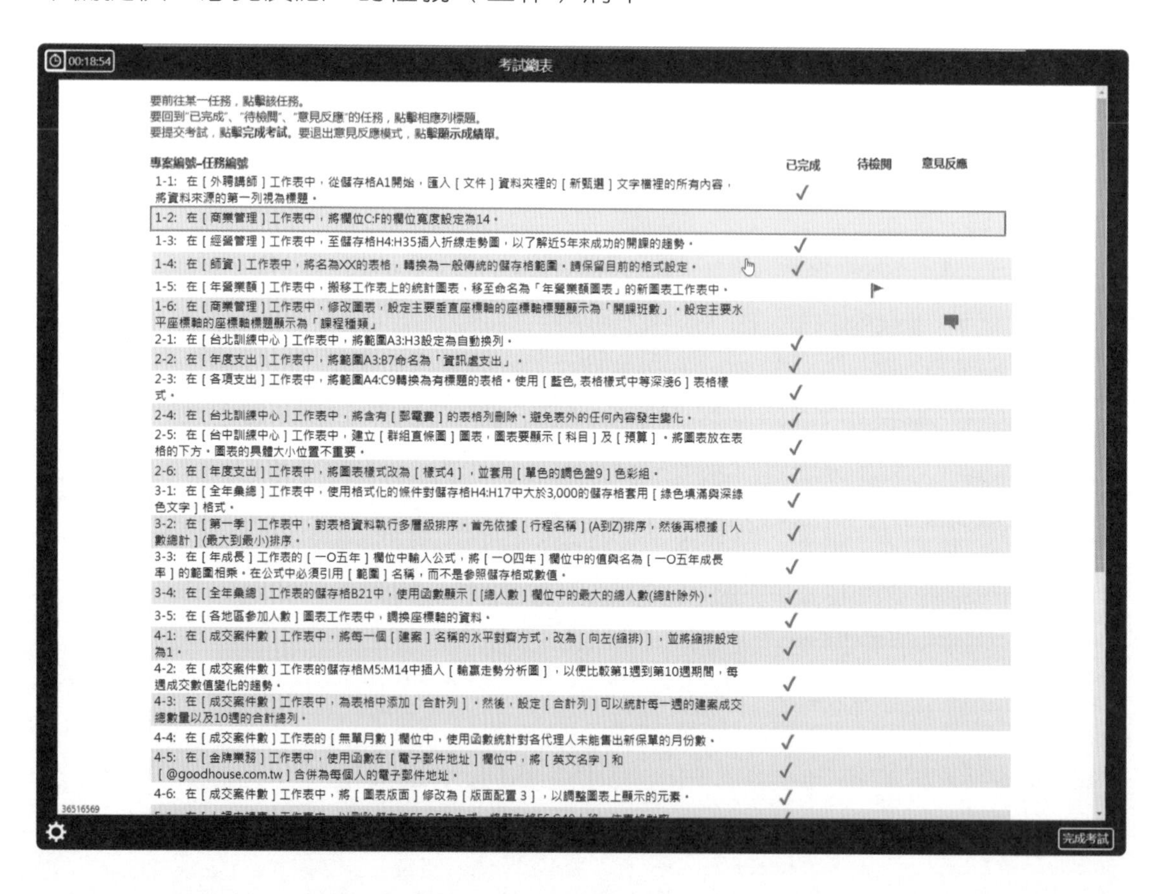

透過〔考試總表〕畫面可以繼續回到專案工作並進行變更，也可以結束考試、留下關於測驗項目的意見反應、顯示考試成績。

2-2 細說答題過程的介面操控

專案與任務 (題目) 的描述

在測驗面板會顯示必須執行的各項工作，也就是專案裡的各項小題。題目編號是以藍色方塊的任務編號按鈕呈現，若是白色方塊的任務編號則代表這是目前正在處理的任務。題目中有可能會牽涉到檔案名稱、資料夾名稱、對話方塊名稱，通常會以括號或粗體字樣示顯示。

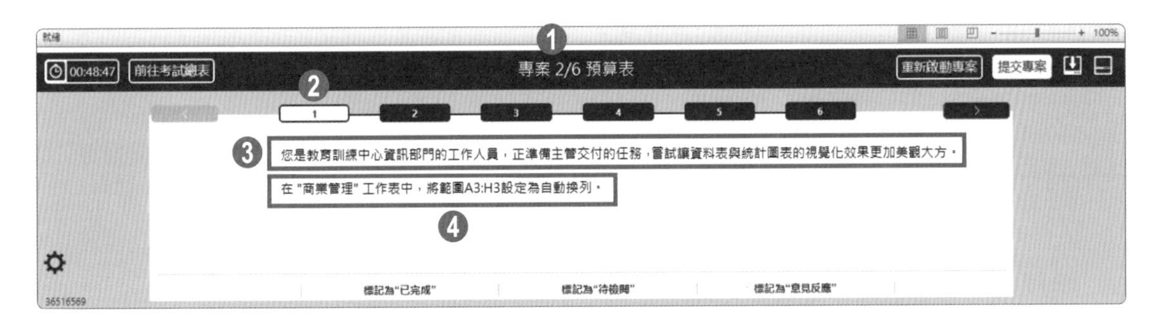

❶ 以 Excel Associate 測驗為例，測驗中會需要處理 6 個專案。

❷ 每一個專案會要求執行 5 到 6 項任務，也就是必須完成的各項工作。

❸ 只有專案裡的第 1 個任務會顯示專案情境說明。

❹ 專案情境說明底下便是第 1 個任務的題目。

題目中若有要求使用者輸入文字才能完成題目作答時，該文字會標示著點狀底線。

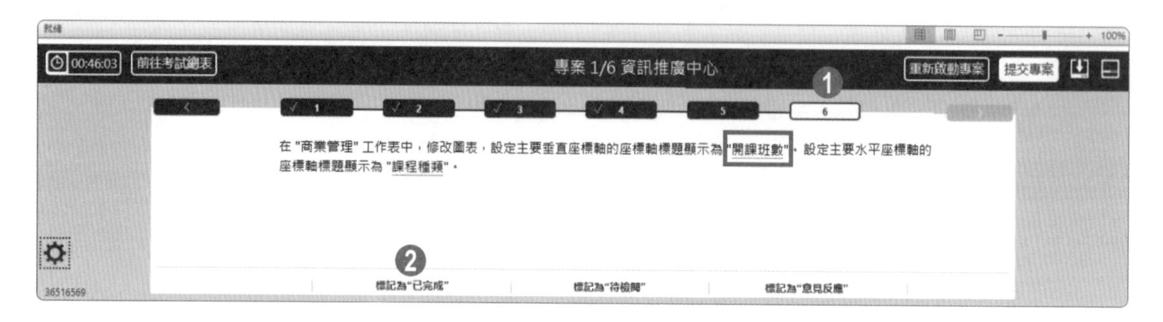

❶ 白色方塊的任務編號是目前正在處理的任務題目說明。

❷ 題目面版底部的〔標記為 " 已完成 "〕、〔標記為 " 待檢閱 "〕、〔標記為 " 意見反應 "〕等三個按鈕可以為作答中的任務加上標記符號。

任務的標示與切換

● 標示為 " 已完成 "

完成任務後，可以點按〔標記為 " 已完成 "〕按鈕，將目前正在處理的任務加上一個記號，標記為已經解題完畢的任務。這是一個綠色核取勾選符號。當然，這個標示為 " 已完成 " 的標記只是提醒自己的作答狀況，並不是真的提交評分。您也可以隨時再點按一下 " 取消已完成標記 " 以取消這個綠色核取勾選符號的顯示。

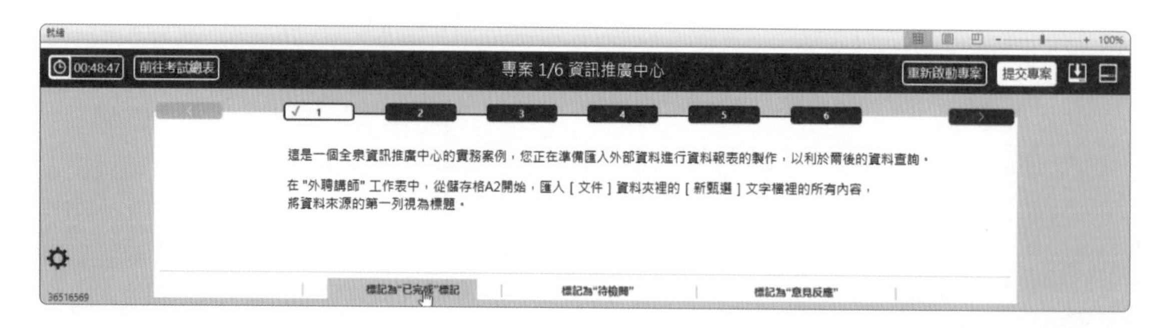

下一項任務 (下一小題)

若要進行下一小題，也就是下一個任務，可以直接點按藍色方塊的任務編號按鈕，可以立即切換至該專案任務的題目。

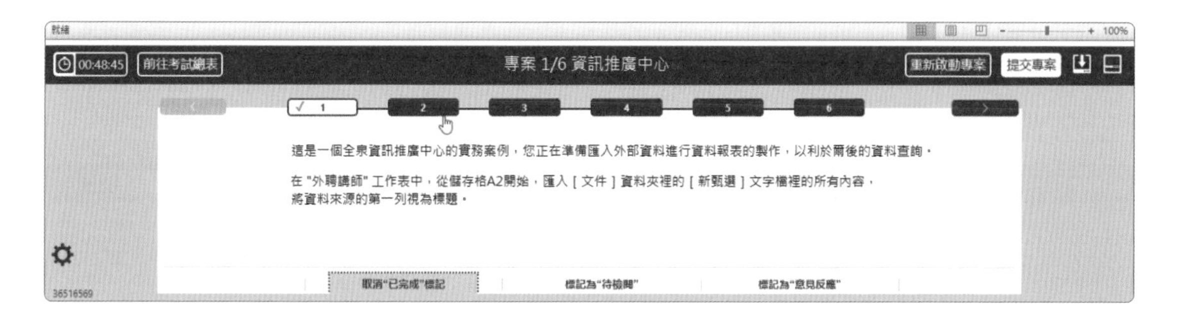

或者也可以點按題目窗格右側的〔 > 〕按鈕，切換至同專案的下一個任務。

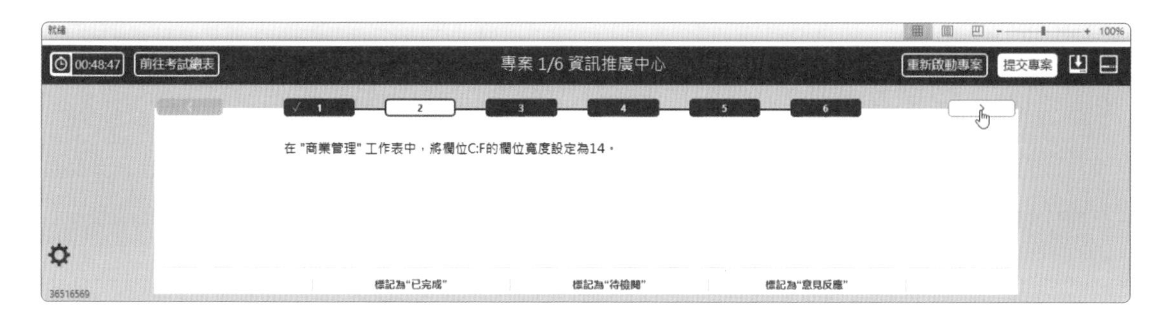

上一項任務 (前一小題)

若要回到上一小題的題目，可以直接點按藍色方塊的任務編號按鈕，也可以點按題目窗格左上方的〔 < 〕按鈕，切換至同專案的上一個任務。

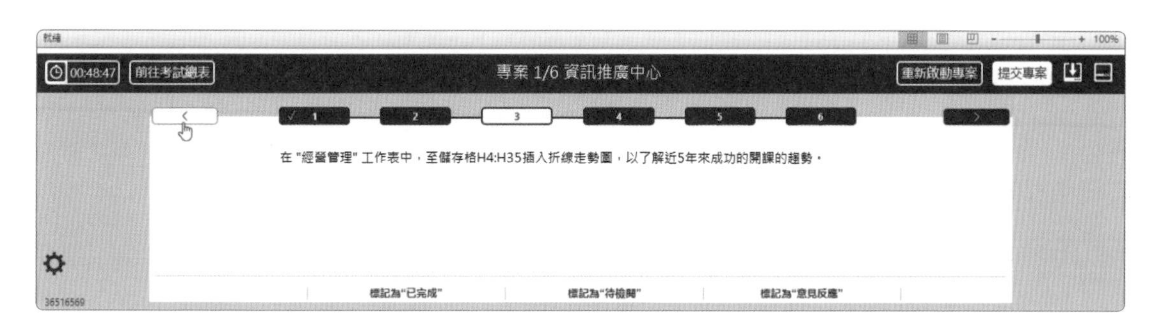

- **標示為 " 待檢閱 "**

除了標記已完成的標記外，也可以對題目標記為待檢閱，也就是您若不確定此題目的操作是否正確或者尚不知如何操作與解題，可以點按面板下方的〔標記為待檢閱〕按鈕。將此題目標記為目前尚未完成的工作，稍後再完成此任務。

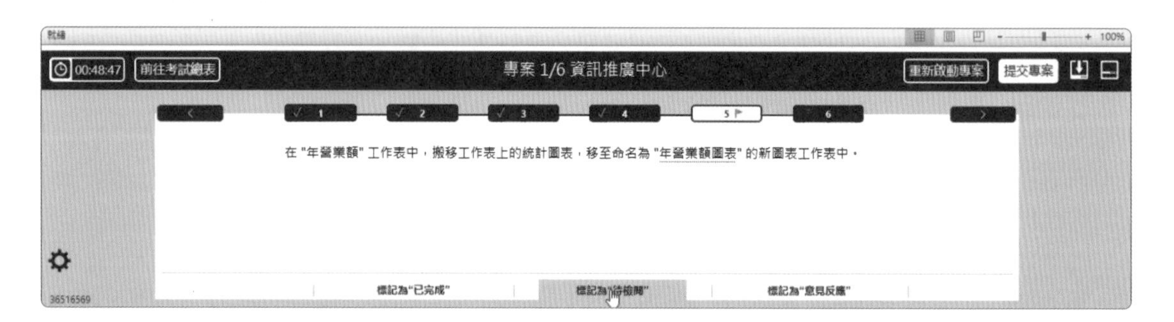

- **標示為 " 意見反應 "**

您也可以將題目標記為意見反映，在結束考試時，針對這些題目提供回饋意見給測驗開發小組。

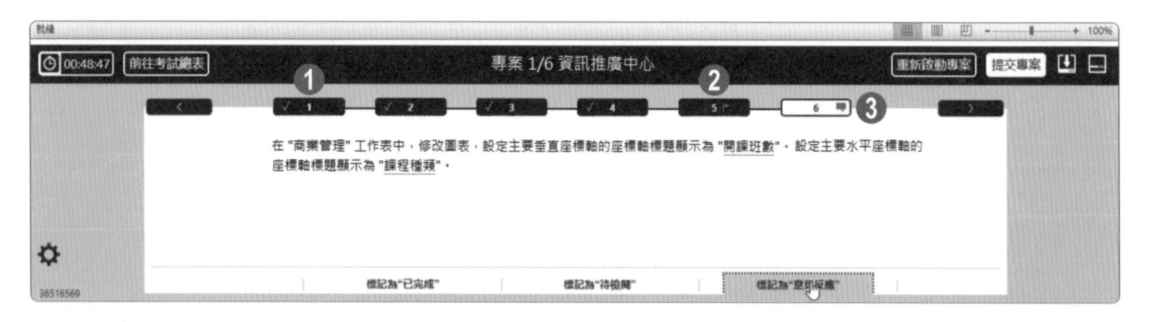

❶ [標記為 " 已完成 "] 的題目會顯示綠色打勾圖示，用來表示該工作已完成。

❷ [標記為 " 待檢閱 "] 的題目會顯示黃色旗幟圖示，用來表示在完成測驗之前想要再次檢閱該工作。

❸ [標記為 " 意見反應 "] 的題目會顯示藍色圖說圖示，用來表示在測驗之後想要留下關於該工作的意見反應。

縮放顯示比例與計算機功能

題目面板的左下角有一個齒輪工具，點按此按鈕可以顯示兩項方便的工具，一個是「計算機」，可以在畫面上彈跳出一個計算器，免去您有需要進行算術計算時的困擾，不過，這項功能的實用性並不高。

反而是「縮放」工具比較實用，若覺得題目的文字大小太小，可以透過縮放按鈕的點按來放大顯示。例如：調整為放大 **125%** 的顯示比例，大一點的字型與按鈕是不是看起來比較舒服呢？

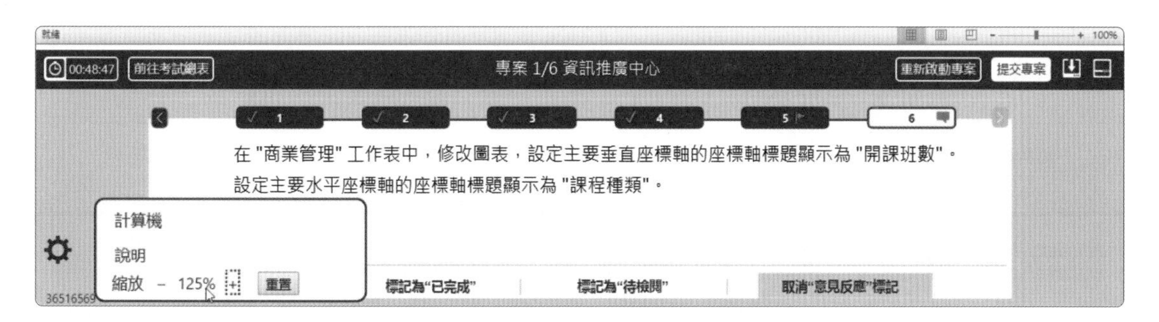

注意：如果變更測驗面板的縮放比例，也可以使用 **Ctrl +**(加號) 放大、**Ctrl -**(減號) 縮小或 **Ctrl+0**(零) 還原等快捷按鍵。

提交專案

完成一個專案裡的所有工作，或者即便尚未完成所有的工作，都可以點按題目面版右上方的〔提交專案〕按鈕，暫時儲存並結束此專案的操作，並準備進入下一個專案的答題。

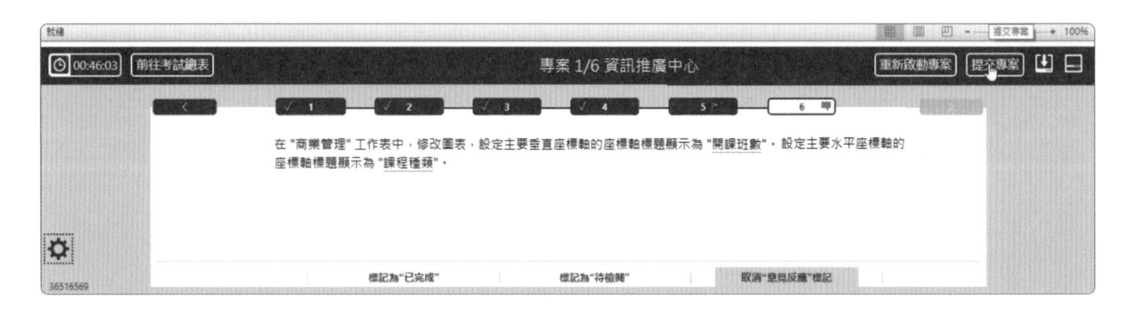

在再次確認是否提交專案的對話方塊上，點按〔提交專案〕按鈕，便可以儲存目前該專案各項任務的作答結果，並轉到下一個專案。不過請放心，在正式結束整個考試之前，您都可以隨時透過考試總表的操作再度回到此專案作答。

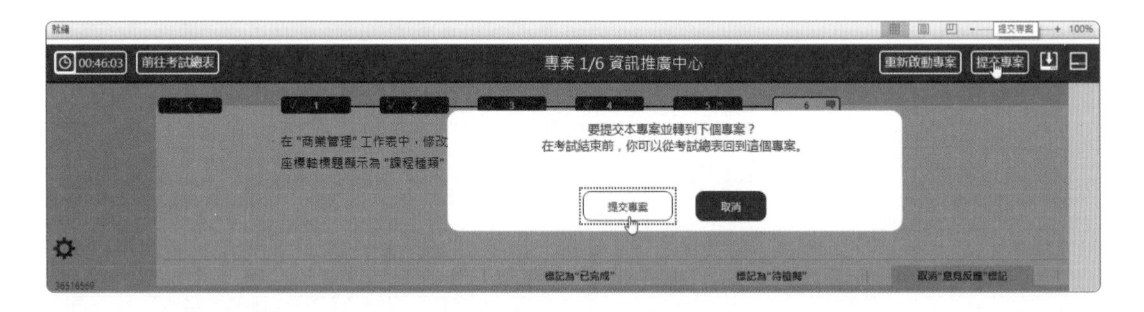

進入下一個專案的畫面後，除了開啟該專案的資料檔案外，下方視窗的題目面版裡也可以看到專案說明與第一項任務的題目，讓您開始進行作答。

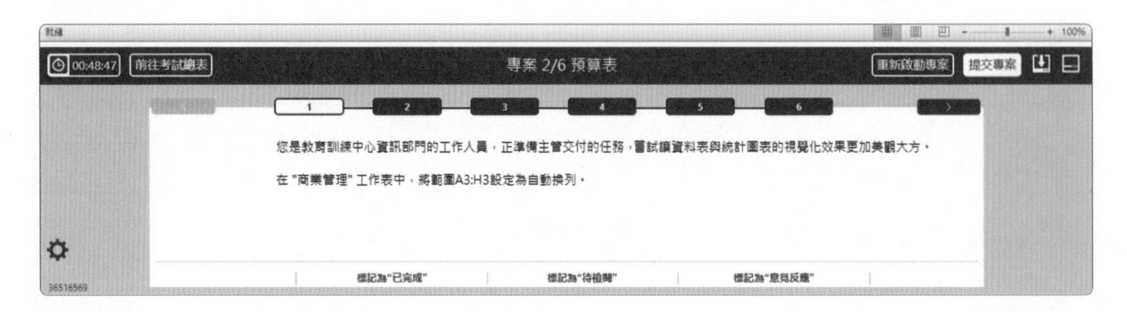

關於考試總表

考試系統提供有考試總結清單，可以顯示目前已經完成或尚未完成（待檢閱）的任務（工作）清單。在考試的過程中，您隨時可以點按測驗題目面板左上方的〔前往考試總表〕按鈕，在顯示確認對話方塊後點按〔繼續至考試總表〕按鈕，便可以進入考試總表視窗，回顧所有已經完成或尚未完成的工作，檢視各專案的任務題目與作答標記狀況。

切換至考試總表視窗時，原先進行中的專案操作結果都會被保存，您也可以從考試總表返回任一專案，繼續執行該專案裡各項任務的作答與編輯。即便臨時起意切換到考試總表視窗了，只要沒有重設專案，已經完成的任務也不用再重做一次。

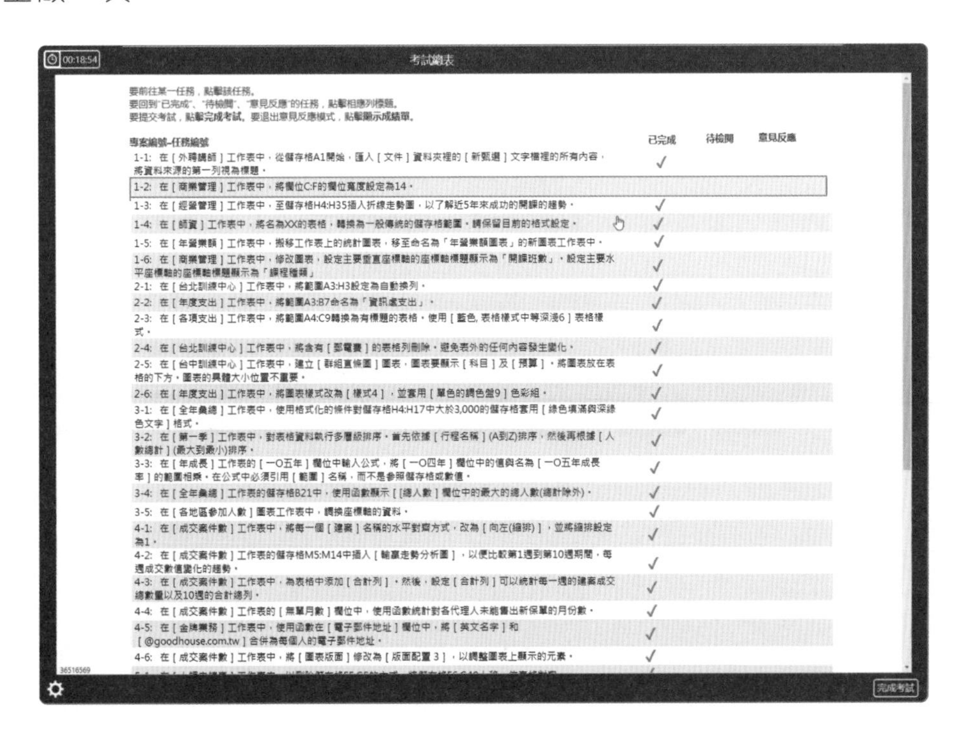

在〔考試總表〕頁面裡可以做的事情：

- 如要回到特定工作，請選取該工作。
- 如要回到包含工作〔已標為 " 已完成 " 〕、〔已標為 " 待檢閱 " 〕、〔已標為 " 意見反應 " 〕的專案，請選取欄位標題。
- 選取〔完成考試〕以提交答案、停止測驗計時器，然後進入測驗的意見反應階段。完成測驗之後便無法變更答案。
- 若是完成考試，可以選取〔顯示成績單〕以結束意見反應模式，並顯示測驗結果。

貼心的複製文字功能

有些題目會需要考生在操作過程和對話方塊中輸入指定的文字，若是必須輸入中文字，昔日考生在作答時還必須將鍵盤事先切換至中文模式，然後再一一鍵入中文字，即便只是英文與數字的輸入，並不需要切換輸入法模式，卻也得小心翼翼地逐字無誤的鍵入，多個空白就不行。現在，大家有福了，新版本的操作介面在完成工作時要輸入文字的要求上，有著非常貼心的改革，因為，在專案任務的題目上，若有需要考生輸入文字才能完成工作時，該文字會標示點狀底線，只要考生以滑鼠左鍵點按一下點狀底線的文字，即可將其複製到剪貼簿裡，稍後再輕鬆的貼到指定的目地的。如下圖範例所示，只要點按一下任務題目裡的點狀底線文字「資訊處支出」，便可以將這段文字複製到剪貼簿裡。

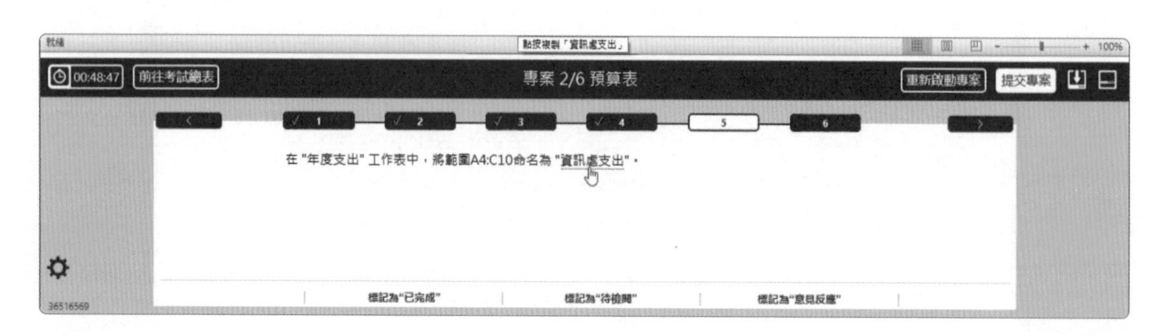

如此，在題目作答時就可以利用 Ctrl+V 快捷按鍵將其貼到目的地。例如：在開啟範圍〔新名稱〕的對話方塊操作上，點按〔名稱〕文字方塊後，並不需要親自鍵入文字，只要直接按 Ctrl+V 即可貼上剪貼簿裡的內容，是不是非常便民的貼心設計呢！

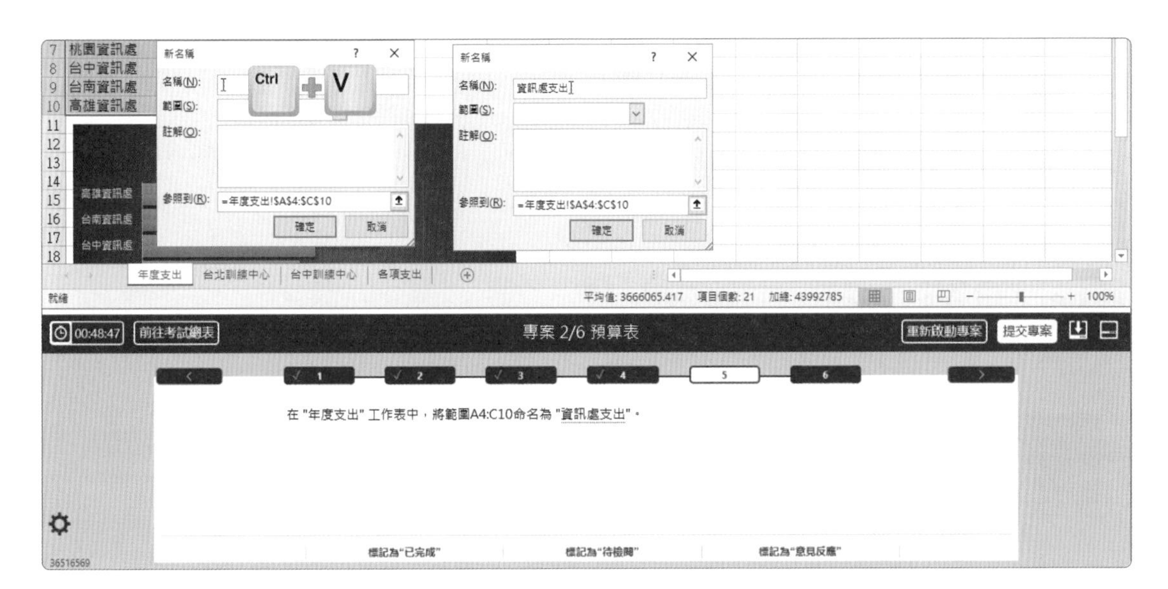

視窗面板的折疊與展開

有時候您可能需要更大的軟體視窗來進行答題的操作，此時，可以點按一下測驗題目面板右上方的〔折疊工作面板〕按鈕。

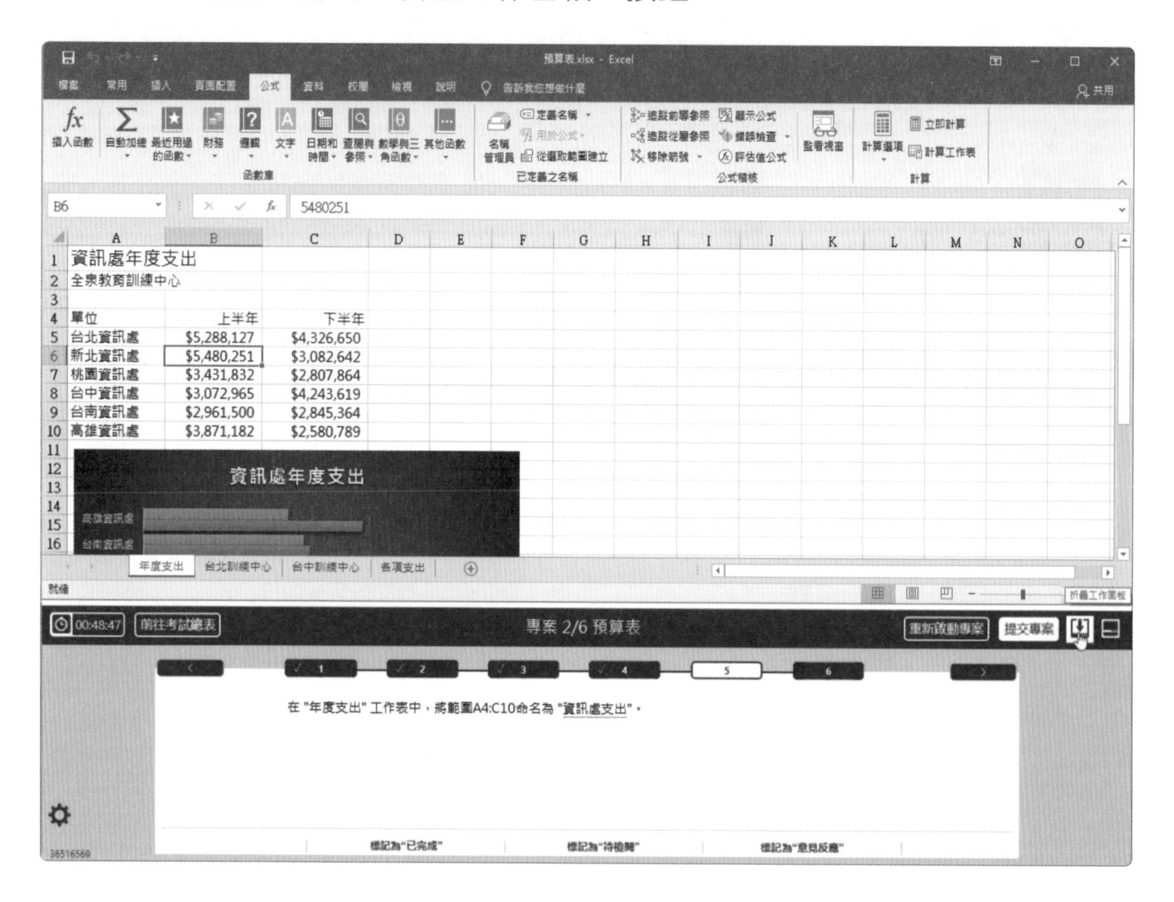

如此，視窗下方的測驗題目面板便自動折疊起來，空出更大的畫面空間來顯示整個應用程式操作視窗。若要再度顯示測驗題目面板，則點按右下角的〔展開工作面板〕按鈕即可。

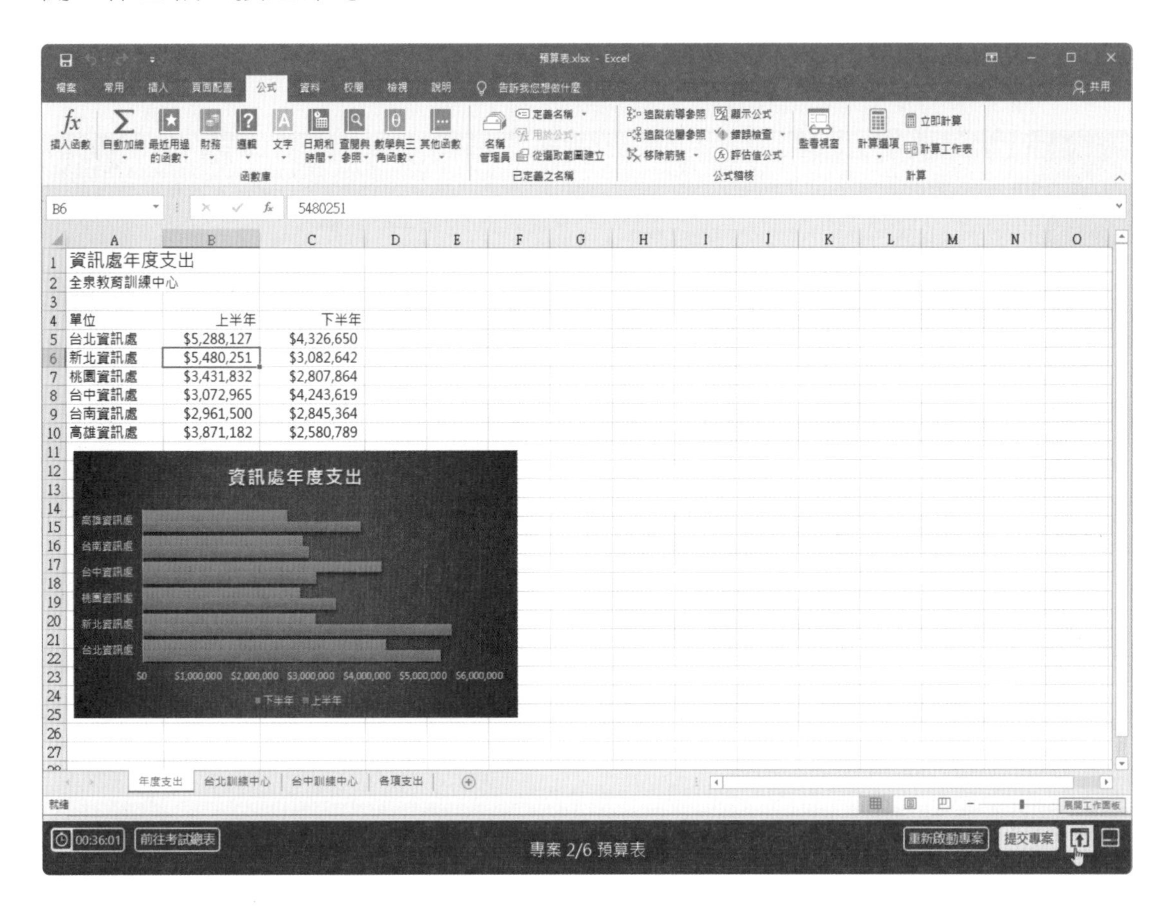

恢復視窗配置

或許在操作過程中調整了應用程式視窗的大小，導致沒有全螢幕或沒有適當的切割視窗與面板窗格，此時您可以點按一下測驗題目面板右上方的〔恢復視窗配置〕按鈕。

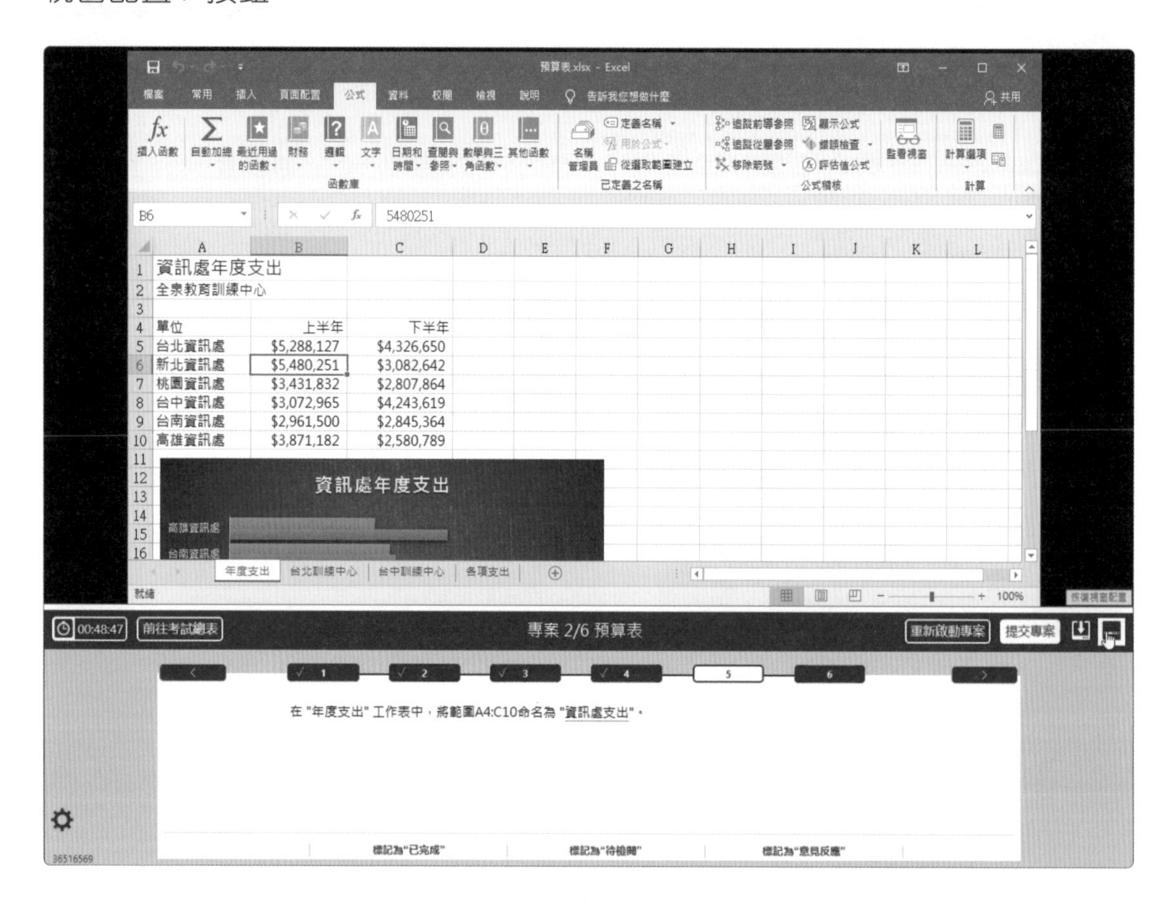

只要恢復視窗配置，當下的畫面將復原為預設的考試視窗。

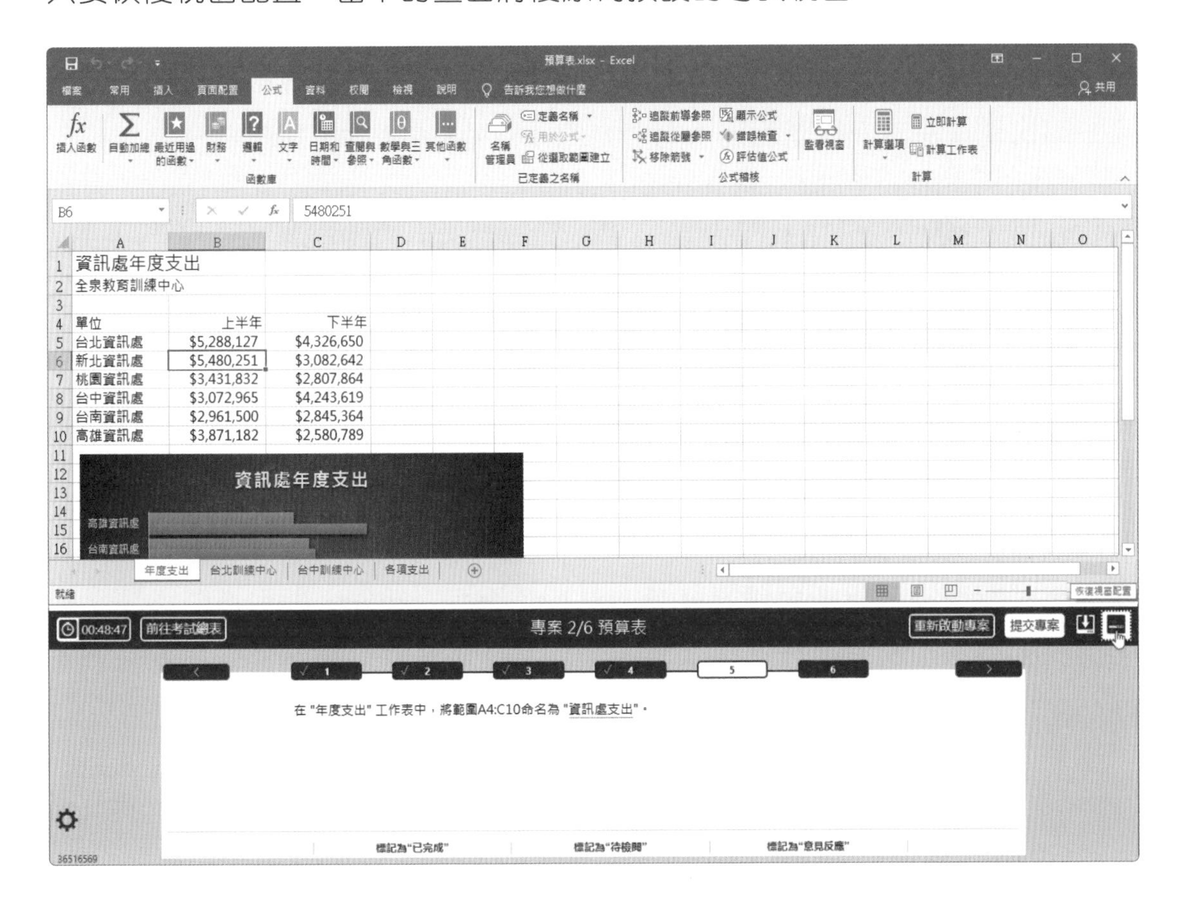

重新啟動專案

如果您對某個專案的操作過程不盡滿意，而想要重作整個專案裡的每一道題目，可以點按一下測驗題目面板右上方的〔重新啟動專案〕按鈕。

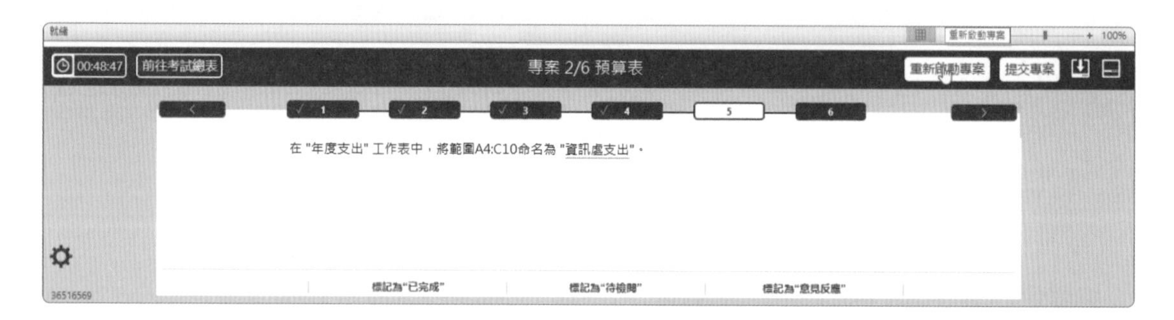

在顯示重置專案的確認對話方塊時，點按〔確定〕按鈕，即可清除該專案原先儲存的作答，重置該專案讓專案裡的所有任務及文件檔案都回復到未作答前的初始狀態。

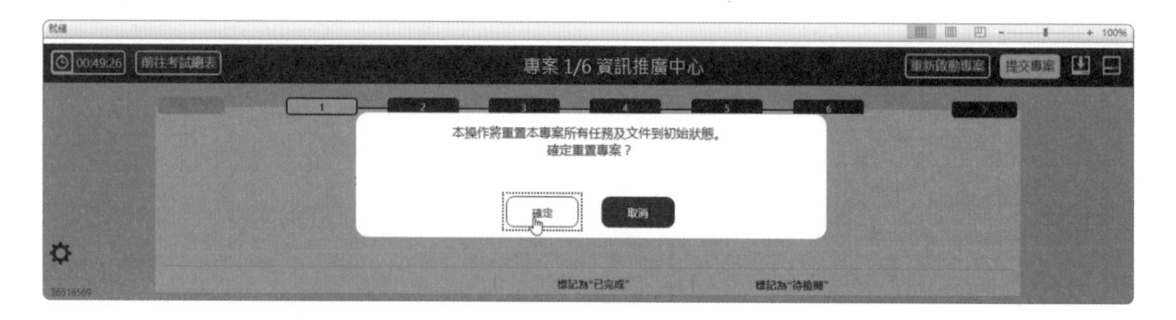

2-3 完成考試 - 前往考試總表

在考試過程中您隨時可以切換到考試總表，瀏覽目前每一個專案的各項任務題目以及其標記設定。若要完成整個考試，也是必須前往考試總表畫面，進行最後的專案題目導覽與確認結束考試。若有此需求，可以點按測驗題目面板左上方的〔前往考試總表〕按鈕。

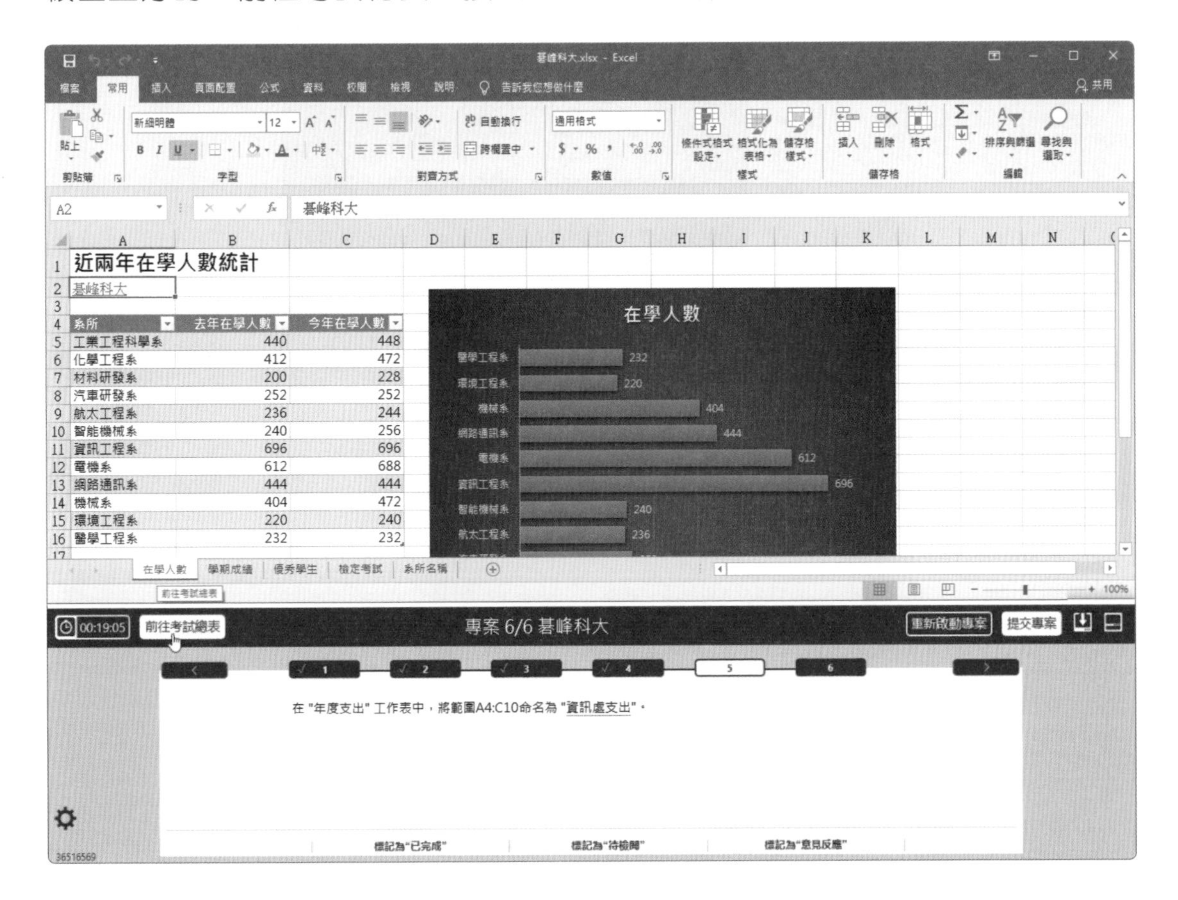

在顯示確認對話方塊後點按〔繼續至考試總表〕按鈕，才能順利進入考試總表視窗。

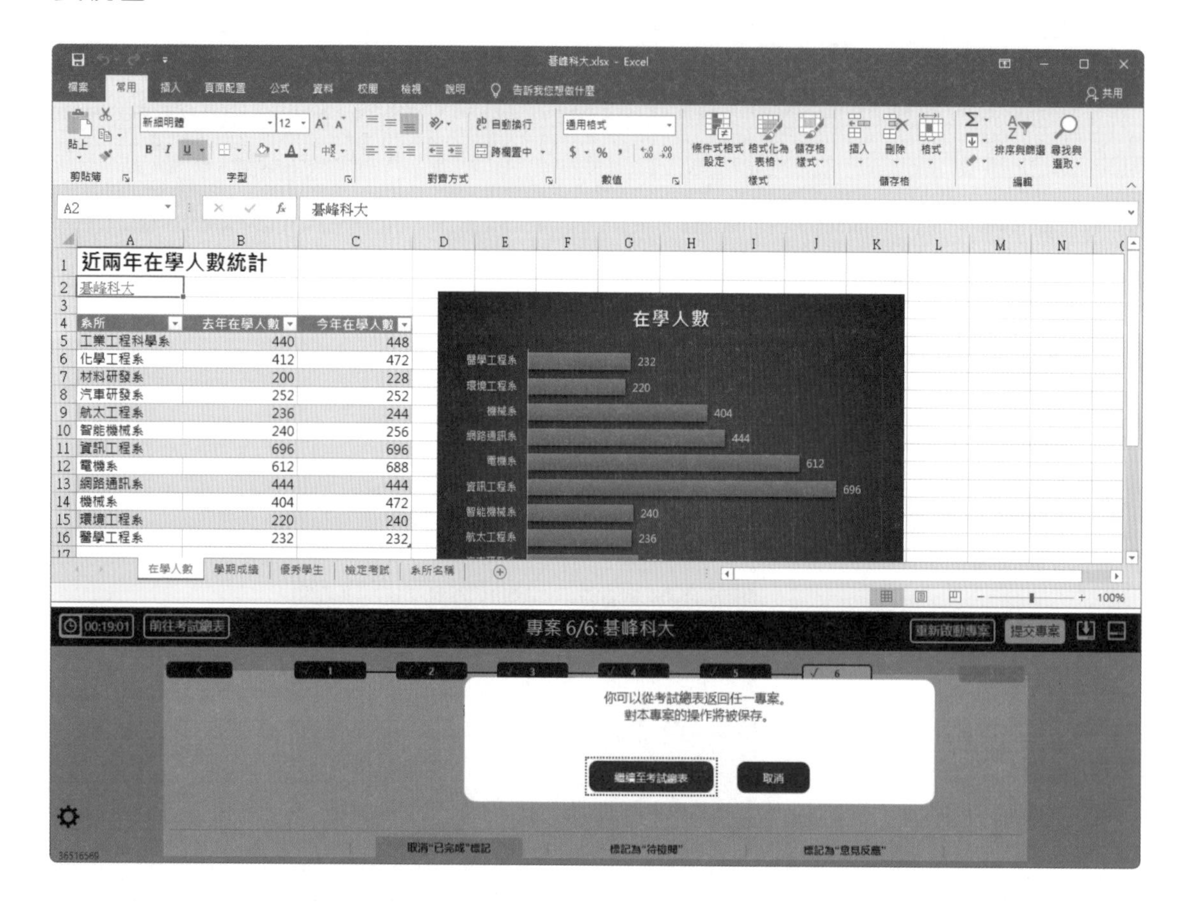

若是完成最後一個專案最後一項任務並點按〔提交專案〕按鈕後，不需點按〔前往考試總表〕按鈕，也會自動切換到考試總表畫面。若要完成考試，即可點按考試總表畫面右下角的〔完成考試〕按鈕。

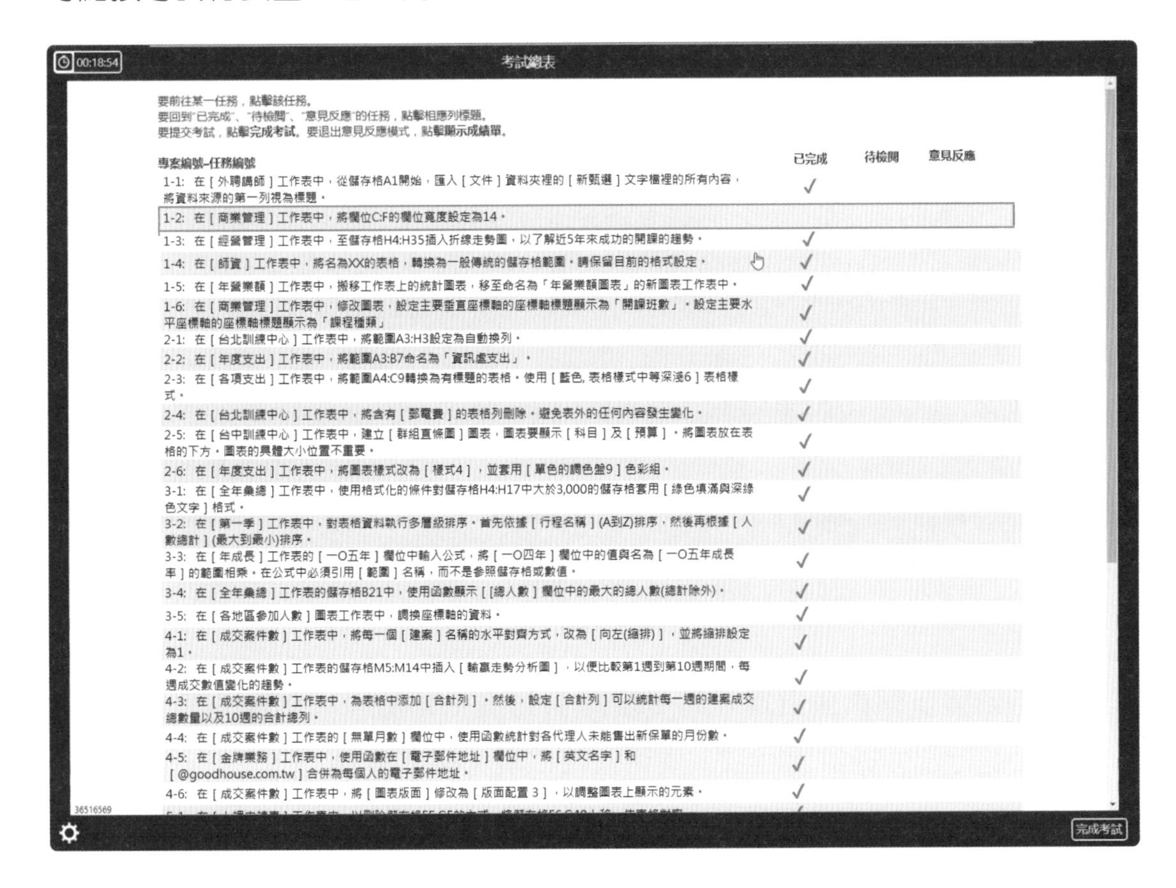

接著，會顯示完成考試將立即計算最終成績的確認對話方塊，此時點按〔完成考試〕按鈕即可。不過切記，一旦按下〔完成考試〕按鈕就無法再返回考試囉！

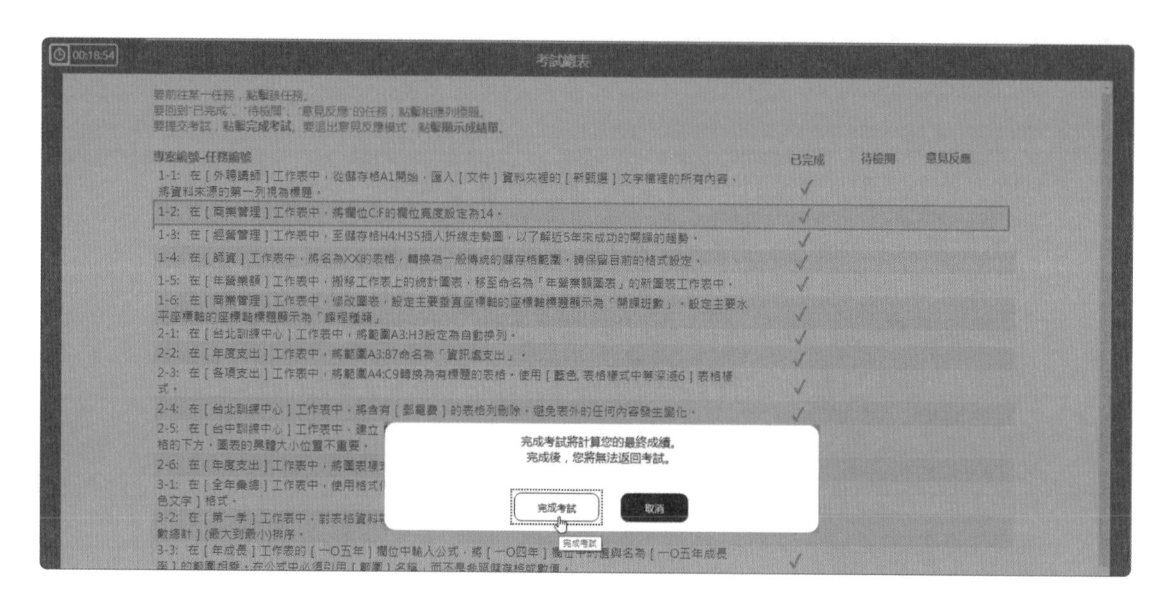

完成考試後可以有兩個選擇，其一是提供回饋意見給測驗開發小組，當然，若沒有要進行任何的意見回饋，便可直接檢視考試成績。

自行決定是否留下意見反應

還記得在考試中，您若對於專案裡的題目設計有話要說，想要提供該題目之回饋意見，則可以在該任務題目上標記 " 意見反應 " 標記 (淺藍色的圖說符號)，便可以在完成考試後，也就是此時進行意見反應的輸入。例如：點按此頁面右下角的〔提供意見反應〕按鈕。

若是點按〔提供意見反應〕按鈕，將立即進入回饋模式，在視窗下方的測驗題目面板裡，會顯示專案裡各項任務的題目，您可以切換到想要提供意見的題目上，然後點按底部的〔對本任務提供意見反應〕按鈕。

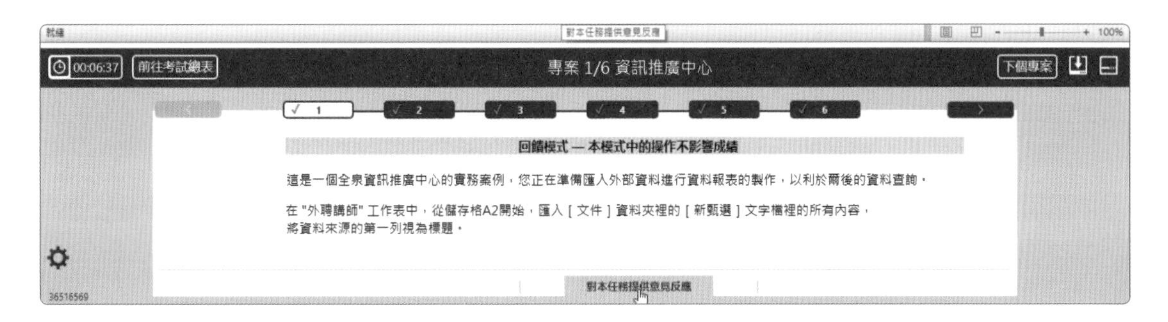

接著，開啟〔留下回應〕對話方塊後，即可在此輸入您的意見與想法，然後按下〔儲存〕按鈕。

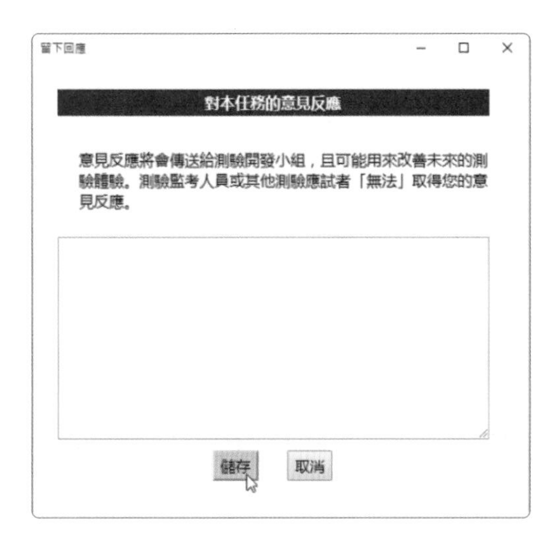

您可以瀏覽至想要評論的專案工作上，點按在測驗面板底部的〔對本任務提供意見反應〕按鈕，留下給測驗開發小組針對目前測驗題目的相關意見反應。若有需求，可以繼續選取〔前往考試總表〕或者點按測驗面板有上方的〔下個專案〕以瀏覽至其他工作，依此類推，完成留下關於特定工作的意見反應。

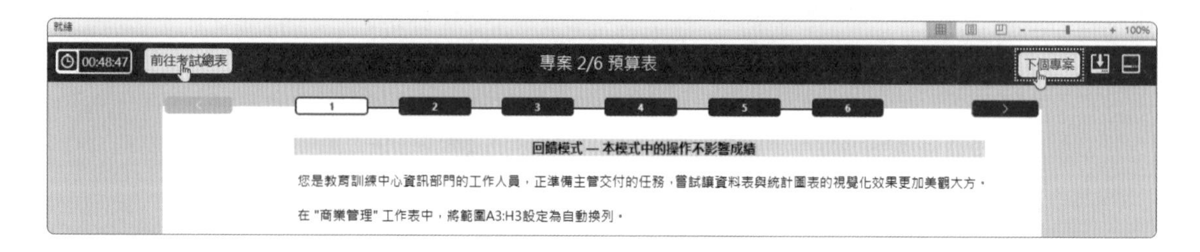

顯示成績

結束考試後若不想要留下任何意見反應，可以直接點按〔留下意見反應〕頁面對話方塊右下角的〔顯示成績單〕按鈕，或者，在結束意見反應的回饋後，亦可前往〔考試總表〕頁面，點按右下角的〔顯示成績單〕按鈕，在即測即評的系統環境下，立即顯示您此次的考試成績。

MOS 認證考試的滿分成績是 1000 分，及格分數是 700 分以上，分數報表畫面會顯示您是否合格，您可以直接列印或儲存成 PDF 檔。

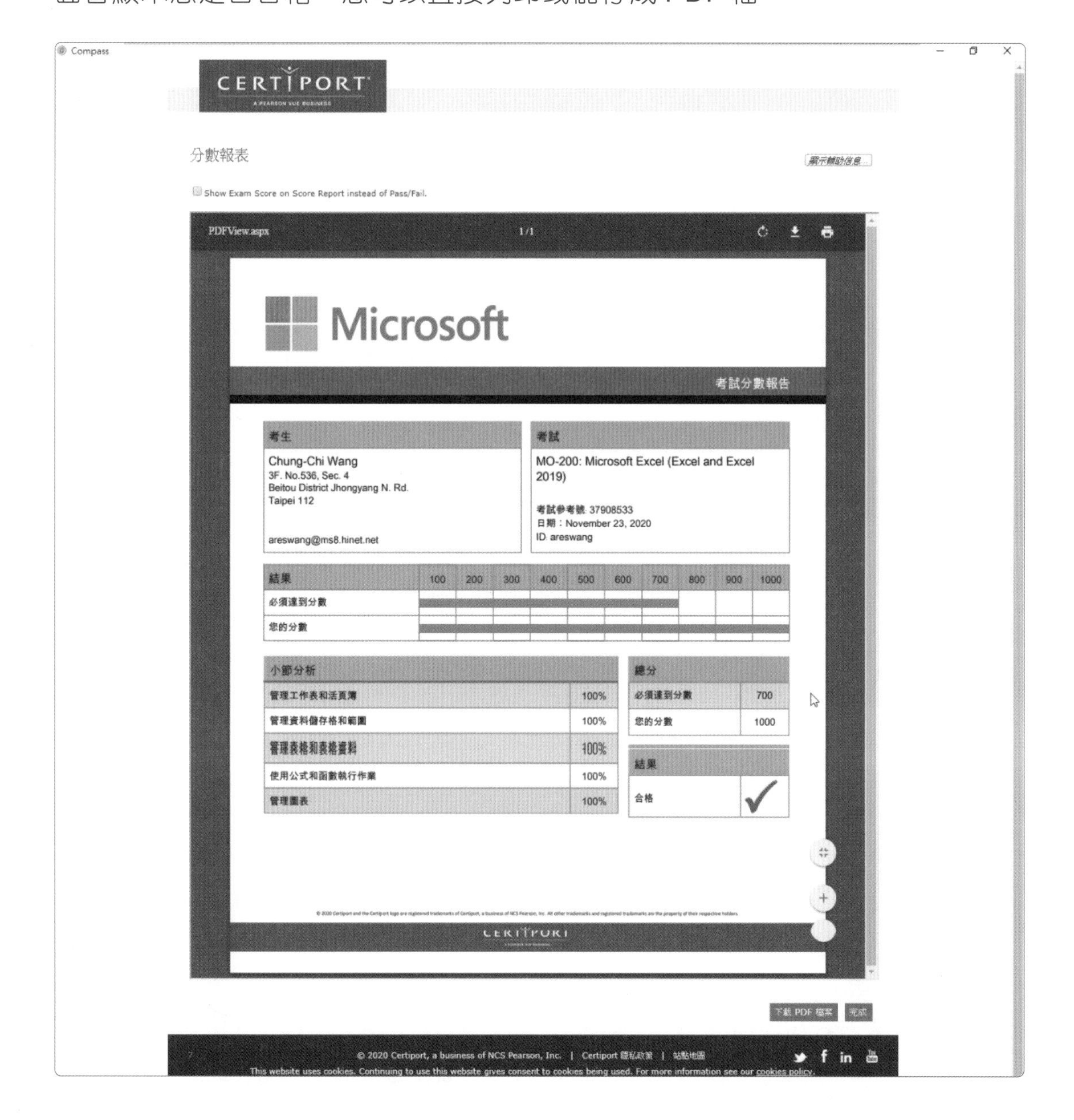

若是勾選分數報表畫面左上方的〔Show Exam Score On Score Report instead of Pass/Fail〕核取方塊，則成績單右下方結果方塊裡會顯示您的實質分數。當然，考後亦可登入 Certiport 網站，檢視、下載、列印您的成績報表或查詢與下載列印證書副本。

2-4 MOS 2019-Excel Expert MO-201 評量技能

在大數據的時代，不論各行各業、各個領域的工作者，面臨的資料愈來愈多元，需要處理與運算的資料量也愈來愈大、整合多方來源的內容、資料查找與搜尋比對，幾乎都變成是工作的日常，因此，在 Excel 操作環境上運用樞紐分析圖表、建立查詢函數、多重條件運算、合併彙算報表、…已經是不能不會的技能，在自我評量以及審視試算表專業技術上，能夠通過 MOS Excel 的 Expert 等級認證，絕對是您提升自我與表現專業的憑證。

MOS Excel 2019 Expert 的認證考試代碼為 Exam MO-201，共分成以下四大核心能力評量領域：

- **1 管理活頁簿選項與設定 (Manage workbook options and settings)**
- **2 管理與格式化資料 (Manage and format data)**
- **3 建立進階公式與巨集 (Create advanced formulas and macros)**
- **4 管理進階圖表與表格 (Manage advanced charts and tables)**

以下是彙整了 Microsoft 公司訓練認證和測驗網站平台所公布的 MOS Excel 2019 Expert 認證考試範圍與評量重點摘要。您可以在學習前後，根據這份評量的技能，看看您已經學會了哪些必備技能，在前面打個勾或做個記號，以瞭解自己的實力與學習進程。

評量領域	評量目標與必備評量技能
1 管理活頁簿選項與設定	管理活頁簿 ☐ 在活頁簿之間複製巨集 ☐ 在其他活頁簿裡參照資料 ☐ 在活頁簿中啟用巨集 ☐ 管理活頁簿版本 為協同作業準備活頁簿 ☐ 限制編輯 ☐ 保護工作表和儲存格範圍 ☐ 保護活頁簿結構 ☐ 設定公式計算選項 ☐ 管理註解 使用與設定語言選項 ☐ 設定編輯和顯示的語言 ☐ 使用特定語言的功能
2 管理與格式化資料	根據既有資料填滿儲存格 ☐ 透過快速填入功能填滿儲存格 ☐ 透過使用進階填滿數列選項填滿儲存格 格式化和驗證資料 ☐ 建立自訂數值格式 ☐ 設定資料驗證 ☐ 群組和取消群組資料 ☐ 透過插入小計和總計來計算資料 ☐ 移除重複的記錄 套用進階的條件式格式設定與篩選 ☐ 建立自訂的條件式格式設定規則 ☐ 建立使用公式的條件式格式設定規則 ☐ 管理條件式格式設定規則

評量領域	評量目標與必備評量技能
3 建立進階公式與巨集	使用函數查找資料
	☐ 使用包含 VLOOKUP()、HLOOKUP()、MATCH() 以及 INDEX() 等函數來查找資料。
	在公式中執行邏輯運算
	☐ 使用包含 IF()、IFS()、SWITCH()、SUMIF()、AVERAGEIF()、COUNTIF()、SUMIFS()、AVERAGEIFS()、COUNTIFS()、MAXIFS()、MINIFS()、AND()、OR() 與 NOT() 等函數來執行邏輯運算、巢串式函數運算。
	使用進階日期與時間函數
	☐ 使用 NOW() 函數和 TODAY() 函數參照日期與時間。 ☐ 使用 WEEKDAY() 函數與 WORKDAY() 函數計算日期。
	執行資料分析
	☐ 使用合併彙算功能摘要多重範圍的資料 ☐ 使用目標搜尋與分析藍本執行模擬分析 ☐ 使用 AND()、IF() 和 NPER() 等函數預測資料 ☐ 使用 PMT 函數計算財務資料
	公式的疑難排除
	☐ 追蹤前導參照與從屬參照 ☐ 使用監看視窗監看儲存格和公式 ☐ 使用錯誤檢查規則驗證公式 ☐ 評估公式
	建立和編輯簡單的巨集
	☐ 錄製簡單的巨集 ☐ 命名簡單的巨 ☐ 編輯簡單的巨集

評量領域	評量目標與必備評量技能
4 管理進階圖表與表格	建立與編輯進階圖表
	☐ 建立和修改雙軸圖表 ☐ 建立和修改包含盒鬚圖、組合圖、漏斗圖、直方圖、矩形式樹狀結構圖、放射環狀圖和瀑布圖等統計圖表。
	建立與編輯樞紐分析表
	☐ 建立樞紐分析表 ☐ 修改欄位區域和選項 ☐ 建立交叉分析篩選器 ☐ 群組樞紐分析表資料 ☐ 添增計算欄位 ☐ 格式化資料
	建立與編輯樞紐分析圖
	☐ 建立樞紐分析圖 ☐ 在既有的樞紐分析圖操作選項 ☐ 對樞紐分析圖套用樣式 ☐ 向下鑽研樞紐分析圖的詳細資料

Chapter 03

模擬試題 I

此小節設計了一組包含 **Excel** 各項必備進階技能的評量實作題目，可以協助讀者順利挑戰各種與 **Excel** 相關的進階認證考試，共計有 **6** 個專案，每個專案包含 **2** ～ **6** 項的任務。

專案 1　樂活瑜珈

您是樂活瑜珈 HappyLife YOGA 助理人員，為了能讓瑜珈健身課程更具發展性，以吸引新、舊客戶群的矚目，所以，正在使用 Excel 分析課程的講師資料、視覺圖表以及相關的報表文案。

1　2　3　4　5

請在〔南區教室〕工作表上，使用資料小計功能的操作，計算出每位講師的課程總時數與講師費總額。在資料下方顯示所有講師的課程總時數以及講師費總額。如有必要，請先排序資料，以確保每個類別只會有一個小計，最後資料下方呈現總計。

評量領域：管理與格式化資料

評量目標：格式化和驗證資料

評量技能：資料 / 小計

解題步驟

	A	B	C	D	E	F	G	H	I	J	K
1	樂活瑜珈中心										
2	南區教室課程名										
3	學員姓名	年齡層	課程編號	課程	開課日期	課程時數	點費	講師費總額	教室	課程時段	講師
4	莊慧瀅	10~15歲	CT02	兒童瑜珈-中級	2021/3/5	9	$700	$6,300	R301	11:00 AM	周婷婷
5	吳瑋強	26~40歲	PT02	強力瑜珈-中級	2021/3/12	12					林欣亭
6	郭姵伶	51~65歲	DT01	哈達瑜珈-入門	2021/3/23	6					怡潔
7	郭振宇	26~40歲	HT01	熱瑜珈-入門	2021/3/5	3					姿怡
8	曾馨漢	51~65歲	ST02	流瑜珈-中級	2021/3/4	6					鈺舒
9	楊柏威	26~40歲	PT01	強力瑜珈-入門	2021/3/9	9	$800	$7,200	R304	11:00 AM	張詠婷
10	顏昱娟	16~25歲	DT01	哈達瑜珈-入門	2021/3/20	6	$800	$4,800	R205	2:00 PM	陳怡潔
11	陳易菁	26~40歲	BT02	基礎瑜珈-中級	2021/3/27	9	$800	$7,200	R206	8:00 AM	沈淑玲
12	楊蕙萍	16~25歲	PT03	強力瑜珈-高階	2021/3/1	9	$1,000	$9,000	R307	9:00 AM	江宇涵
13	劉佩妤	16~25歲	HT01	熱瑜珈-入門	2021/3/6	3	$800	$2,400	R208	10:00 AM	朱姿怡
14	陳彥臻	26~40歲	HT02	熱瑜珈-中級	2021/3/7	6	$1,000	$6,000	R309	11:00 AM	謝宜恬
15	郭郁如	26~40歲	BT01	基礎瑜珈-入門	2021/3/6	6	$700	$4,200	R200	2:00 PM	江麗美
16	鍾采杏	16~25歲	PT03	強力瑜珈-高階	2021/3/25	9	$1,000	$9,000	R301	8:00 AM	江宇涵
17	陳聖鑫	26~40歲	PT03	強力瑜珈-高階	2021/3/5	9	$1,000	$9,000	R202	10:00 AM	江宇涵
18	陳師迪	26~40歲	BT01	基礎瑜珈-入門	2021/3/22	6	$700	$4,200	R303	11:00 AM	江麗美

STEP01　開啟活頁簿檔案後，點選〔南區教室〕工作表。

STEP02　選取儲存格範圍 A3:K3。

STEP03　按下 Ctrl+Shift+ 往下方向鍵，可立即選取 A3:K3 與其下方的整個資料範圍。

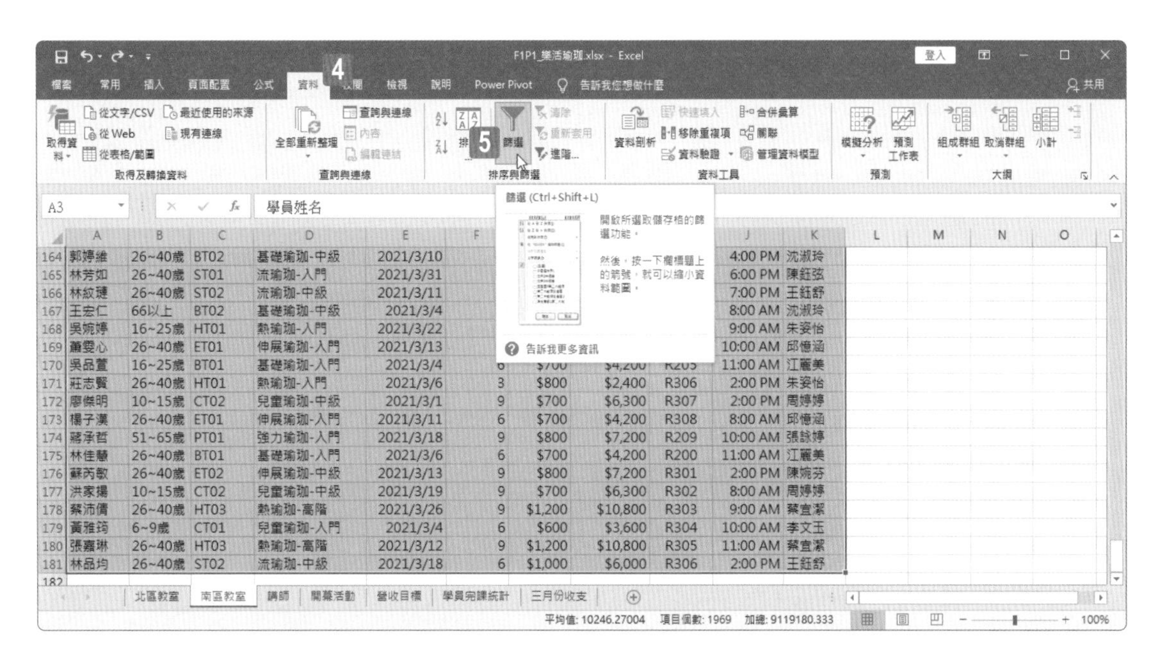

STEP04　點按〔資料〕索引標籤。

STEP05　點按〔排序與篩選〕群組裡的〔篩選〕命令按鈕。

STEP06　點按儲存格 K3「講師」資料欄位旁的篩選按鈕。

STEP07　從展開的功能選單中點選〔從 A 到 Z 排序〕選項。

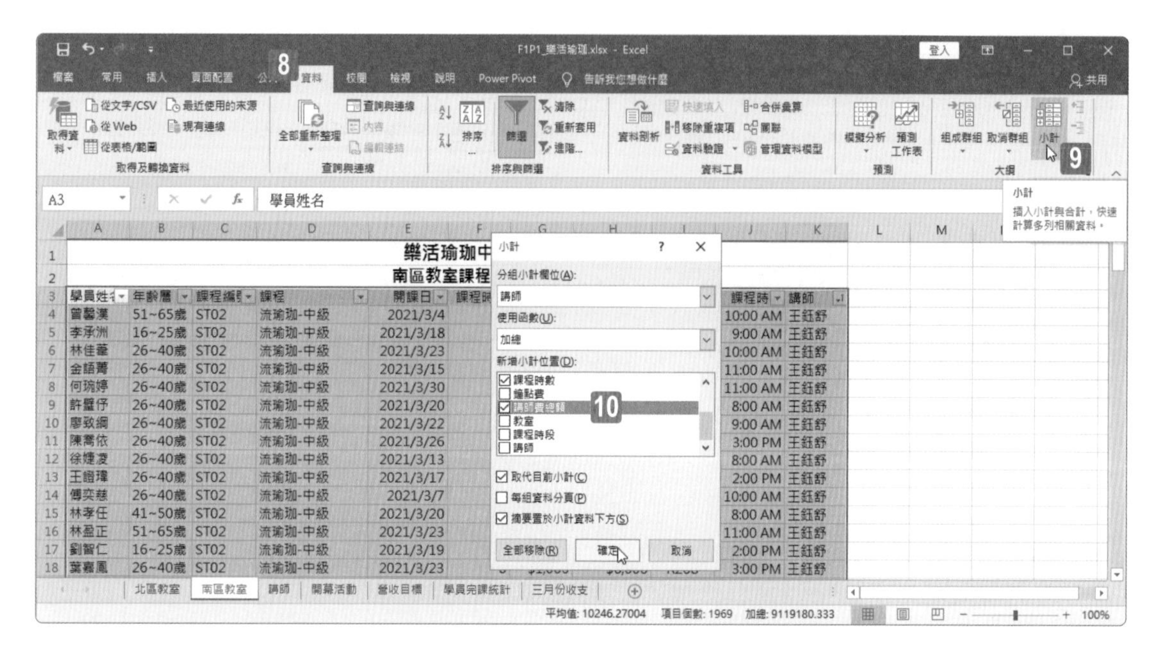

STEP08　點按〔資料〕索引標籤。

STEP09　點按〔大綱〕群組裡的〔小計〕命令按鈕。

STEP10　開啟〔小計〕對話方塊，選擇〔分組小計欄位〕為「講師」、使用函數為「加總」、〔新增小計欄位〕裡僅勾選「課程時數」與「講師費總額」這兩個核取方塊。最後，按下〔確定〕按鈕。

STEP11　完成針對講師的「課程時數」與「講師費總額」欄位進行加總運算。

STEP12　最後完成的總計數值正顯示在儲存格 H197。

在〔講師〕工作表上，修改套用於儲存格 F4:F25 的〔設定格式化的條件〕規則，將紅色、粗斜體字型套用至包含文字「入門」的儲存格，而且不必填滿色彩。

評量領域：管理與格式化資料

評量目標：套用進階的設定格式化的條件和篩選

評量技能：設定格式化的條件

解題步驟

	A	B	C	D	E	F	G	H
1	樂活瑜珈中心							
2	講師名冊							
3	工號	講師	課程編號	課程	課程時數	等級	地點	課程單價
4	EP101	李文玉	CT01	兒童瑜珈	6	入門	北區教室、南區教室	1600
5	EP102	周婷婷	CT02	兒童瑜珈	9	中級	北區教室、南區教室	1800
6	EP103	江麗美	BT01	基礎瑜珈	6	入門	北區教室、南區教室	1800
7	EP104	沈淑玲	BT02	基礎瑜珈	9	中級	北區教室、南區教室	2200
8	EP105	邱憶涵	ET01	伸展瑜珈	6	入門	北區教室、南區教室	2400
9	EP106	陳婉芬	ET02	伸展瑜珈	9	中級	北區教室、南區教室	3600
10	EP107	陳莉螢	ET03	伸展瑜珈	9	高階	北區教室	3600
11	EP108	張詠婷	PT01	強力瑜珈	9	入門	南區教室	3600
12	EP109	林欣亭	PT02	強力瑜珈	12	中級	南區教室	4800
13	EP110	江宇涵	PT03	強力瑜珈	9	高階	南區教室	3600
14	EP111	林穎婕	AT01	香薰瑜珈	9	入門	北區教室	3600
15	EP112	鄭雅心	AT02	香薰瑜珈	12	中級	北區教室	4800
16	EP113	林貞伶	AT03	香薰瑜珈	12	高階	北區教室	4800
17	EP114	陳怡潔	DT01	哈達瑜珈	6	入門	北區教室、南區教室	2400
18	EP115	顏珮珺	DT02	哈達瑜珈	9	中級	北區教室	3600
19	EP116	曾詩婷	DT03	哈達瑜珈	12	高階	北區教室	4800
20	EP117	朱姿怡	HT01	熱瑜珈	3	入門	北區教室、南區教室	1200
21	EP118	謝宜恬	HT02	熱瑜珈	6	中級	南區教室	2400
22	EP119	蔡宜潔	HT03	熱瑜珈	9	高階	南區教室	3600
23	EP120	陳鈺弦	ST01	流瑜珈	3	入門	北區教室、南區教室	1200
24	EP121	王鈺舒	ST02	流瑜珈	6	中級	北區教室、南區教室	2400
25	EP122	何怡萱	ST03	流瑜珈	9	高階	北區教室	3600

STEP01 點選〔講師〕工作表。

STEP02 選取儲存格範圍 F4:F25。

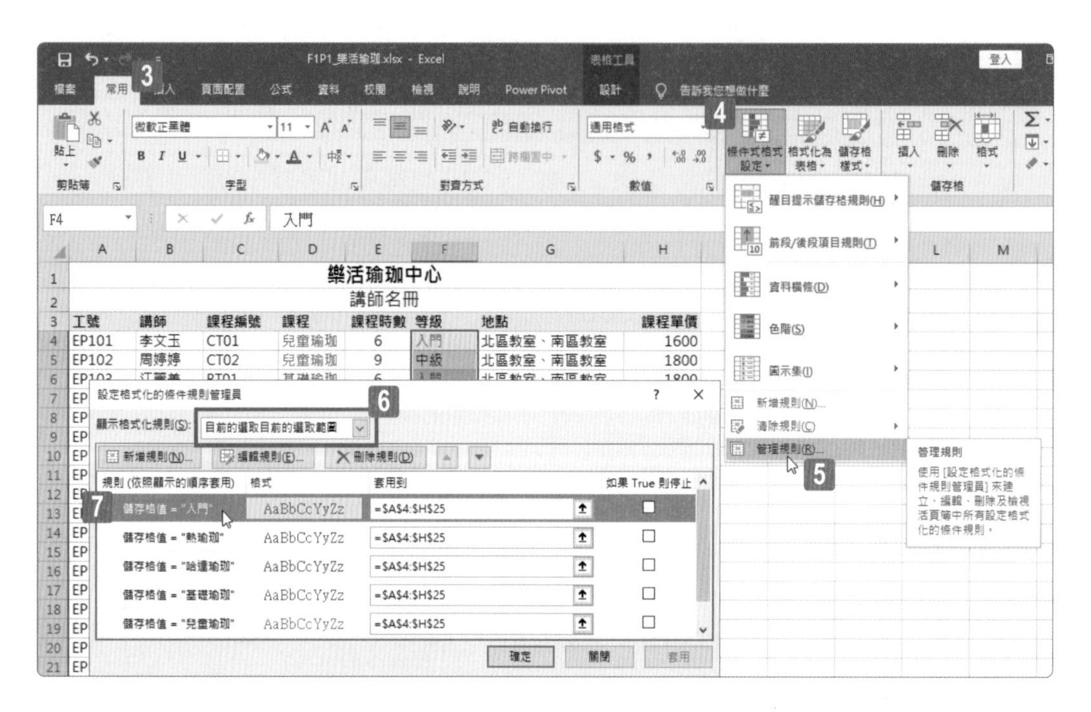

STEP**03** 點按〔常用〕索引標籤。

STEP**04** 點按〔樣式〕群組裡的〔條件式格式設定〕命令按鈕。

STEP**05** 從展開的格式化條件選單中點選〔管理規則〕功能選項。

STEP**06** 開啟〔設定格式化的條件規則管理員〕對話方塊，在顯示格式化規則旁確認所選取的選項是目前的選取範圍。

STEP**07** 點按兩下〔儲存格值 =" 入門 "〕這項規則以編輯此規則。

STEP**08** 開啟〔編輯格式化規則〕對話方塊，點按〔格式〕按鈕。

STEP09

開啟〔設定儲存格格式〕對話方塊，點選〔字型〕索引頁籤。

STEP10

選擇〔粗斜體〕字型樣式。

STEP11

點選字型色彩為〔紅色〕。

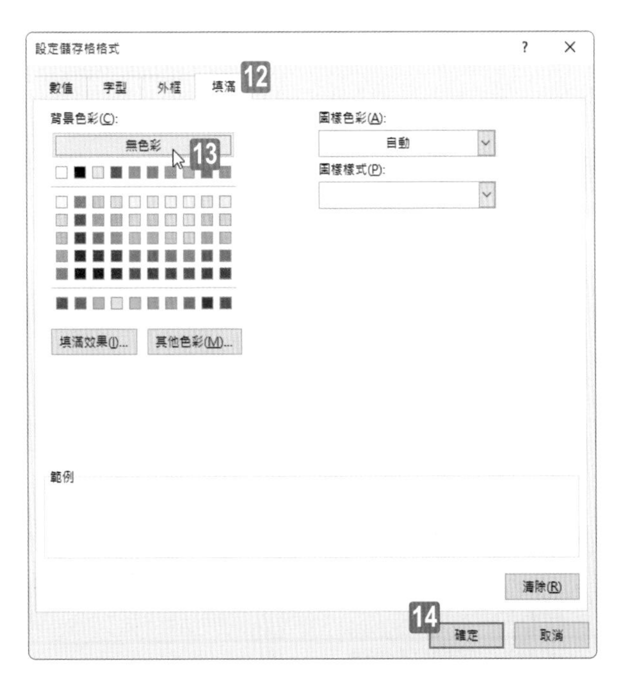

STEP12

點選〔填滿〕索引頁籤。

STEP13

點選背景色彩為〔無色彩〕。

STEP14

點按〔確定〕按鈕。

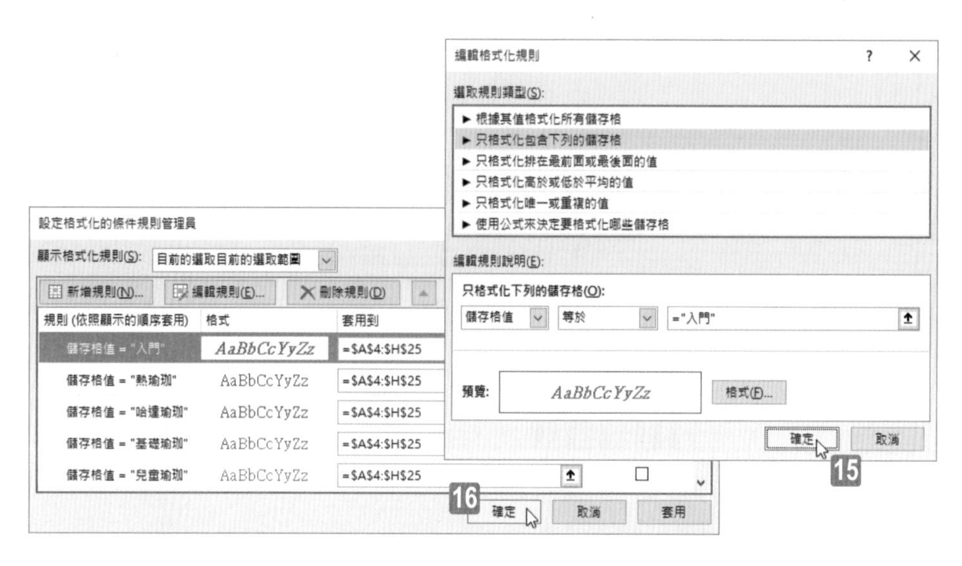

STEP15　回到〔編輯格式化規則〕對話方塊，點按〔確定〕按鈕。

STEP16　回到〔設定格式化的條件規則管理員〕對話方塊，點按〔確定〕按鈕。

完成設定格式化條件規則的變更，包含文字「入門」的儲存格會顯示紅色、粗斜體字型並取消填滿色彩的格式：

樂活瑜珈中心

講師名冊

工號	講師	課程編號	課程	課程時數	等級	地點	課程單價
EP101	李文玉	CT01	兒童瑜珈	6	入門	北區教室、南區教室	1600
EP102	周婷婷	CT02	兒童瑜珈	9	中級	北區教室、南區教室	1800
EP103	江麗美	BT01	基礎瑜珈	6	入門	北區教室、南區教室	1800
EP104	沈淑玲	BT02	基礎瑜珈	9	中級	北區教室、南區教室	2200
EP105	邱憶涵	ET01	伸展瑜珈	6	入門	北區教室、南區教室	2400
EP106	陳婉芬	ET02	伸展瑜珈	9	中級	北區教室、南區教室	3600
EP107	陳莉螢	ET03	伸展瑜珈	9	高階	北區教室	3600
EP108	張詠婷	PT01	強力瑜珈	9	入門	南區教室	3600
EP109	林欣亭	PT02	強力瑜珈	12	中級	南區教室	4800
EP110	江宇涵	PT03	強力瑜珈	9	高階	南區教室	3600
EP111	林穎婕	AT01	香薰瑜珈	9	入門	北區教室	3600
EP112	鄭雅心	AT02	香薰瑜珈	12	中級	北區教室	4800
EP113	林貞伶	AT03	香薰瑜珈	12	高階	北區教室	4800
EP114	陳怡潔	DT01	哈達瑜珈	6	入門	北區教室、南區教室	2400
EP115	顏珮珺	DT02	哈達瑜珈	9	中級	北區教室	3600
EP116	曾詩婷	DT03	哈達瑜珈	12	高階	北區教室	4800
EP117	朱姿怡	HT01	熱瑜珈	3	入門	北區教室、南區教室	1200
EP118	謝宜恬	HT02	熱瑜珈	6	中級	南區教室	2400
EP119	蔡宜潔	HT03	熱瑜珈	9	高階	南區教室	3600
EP120	陳鈺弦	ST01	流瑜珈	3	入門	北區教室、南區教室	1200
EP121	王鈺舒	ST02	流瑜珈	6	中級	北區教室、南區教室	2400
EP122	何怡萱	ST03	流瑜珈	9	高階	北區教室	3600

在〔開幕活動〕工作表上的儲存格 B12 中，使用函數來計算樂活 2021 年開幕日期是星期幾。注意：該儲存格已格式化為顯示星期幾的名稱。

評量領域：建立進階公式與巨集

評量目標：使用進階的日期和時間函數

評量技能：函數 WEEKDAY

解題步驟

STEP01 點選〔開幕活動〕工作表。

STEP02 點選儲存格 B12。

STEP03

輸入 WEEKDAY 函數的公式「=WEEKDAY(B11)」。

STEP04

按下 Enter 按鍵後公式的運算結果顯示著「星期六」。

WEEKDAY 函數

這個題目所評量的技巧是 WEEKDAY 函數的使用，有些 Excel 使用者會以為這是一個可以傳回指定日期是星期幾的函數。例如：若指定日期是 2021/9/6，就可以傳回「星期一」，但實質上，此函數是傳回指定日期是一週中的第幾天，也就是傳回 1 至 7 之間的整數值，而非「星期幾」的文字類型，因此，預設狀態下，使用此函數所傳回值會是 1 到 7 之間的整數。例如：若傳回 1，則表示該指定日期是一週中的第 1 天；若傳回 3，則表示該指定日期是一週中的第 3 天。至於一週中的第 1 天是星期一？還是星期日呢？若沒有特別指名，則 WEEKDAY 函數會預設一週中的第 1 天是星期日。所以，若指定日期是 2021/9/6，則 WEEKDAY 傳回的整數值，預設是「2」，因為當天是星期一，也就是一週中的第「2」天。

語法：

WEEKDAY(serial_number, [return_type])

參數說明：

- **serial_number**

  這是不可省略的必要參數，也就是用來表明指定日期的參數。可以是一個日期，或是可傳回日期序列值的公式。

- **[return_type]**

  這是一個可以省略不用輸入的參數，用來表示一週中首日是星期幾的制度定義。也就是說，一週中的第 1 天，到底是以星期一為基準，還是以星期日為基準的制度定義。而此參數值可參考以下表格的說明。

[return_type] 參數值	意義
1 或省略	表示一週中的第一天是星期日，因此，WEEKDAY 函數的結果值若傳回 1，則表示該指定日期是星期日；若結果值傳回 2，則表示該指定日期是星期一；依此類推，若結果值傳回 7，則表示該指定日期是星期六。
2	表示一週中的第一天是星期一，因此，WEEKDAY 函數的結果值若傳回 1，則表示該指定日期是星期一；若結果值傳回 2，則表示該指定日期是星期二；依此類推，若結果值傳回 7，則表示該指定日期是星期日。
3	此參數設為「3」時，表示 WEEKDAY 傳回的值將會是 0 到 6 之間的整數值 (而非 1 到 7 的整數值)。採用此制度值，當 WEEKDAY 函數的結果值傳回 0，則表示該指定日期是星期一；若結果值傳回 1，則表示該指定日期是星期二；依此類推，若結果值傳回 6，則表示該指定日期是星期日。
11	表示一週中的第一天是星期一，因此，WEEKDAY 函數的結果值若傳回 1，則表示該指定日期是星期一；若結果值傳回 2，則表示該指定日期是星期二；依此類推，若結果值傳回 7，則表示該指定日期是星期日。
12	表示一週中的第一天是星期二，因此，WEEKDAY 函數的結果值若傳回 1，則表示該指定日期是星期二；若結果值傳回 2，則表示該指定日期是星期三；依此類推，若結果值傳回 7，則表示該指定日期是星期一。
13	表示一週中的第一天是星期三，因此，WEEKDAY 函數的結果值若傳回 1，則表示該指定日期是星期三；若結果值傳回 2，則表示該指定日期是星期四；依此類推，若結果值傳回 7，則表示該指定日期是星期二。
14	表示一週中的第一天是星期四，因此，WEEKDAY 函數的結果值若傳回 1，則表示該指定日期是星期四；若結果值傳回 2，則表示該指定日期是星期五；依此類推，若結果值傳回 7，則表示該指定日期是星期三。
15	表示一週中的第一天是星期五，因此，WEEKDAY 函數的結果值若傳回 1，則表示該指定日期是星期五；若結果值傳回 2，則表示該指定日期是星期六；依此類推，若結果值傳回 7，則表示該指定日期是星期四。

16	表示一週中的第一天是星期六，因此，WEEKDAY 函數的結果值若傳回 1，則表示該指定日期是星期六；若結果值傳回 2，則表示該指定日期是星期日；依此類推，若結果值傳回 7，則表示該指定日期是星期五。
17	表示一週中的第一天是星期日，因此，WEEKDAY 函數的結果值若傳回 1，則表示該指定日期是星期日；若結果值傳回 2，則表示該指定日期是星期一；依此類推，若結果值傳回 7，則表示該指定日期是星期六。

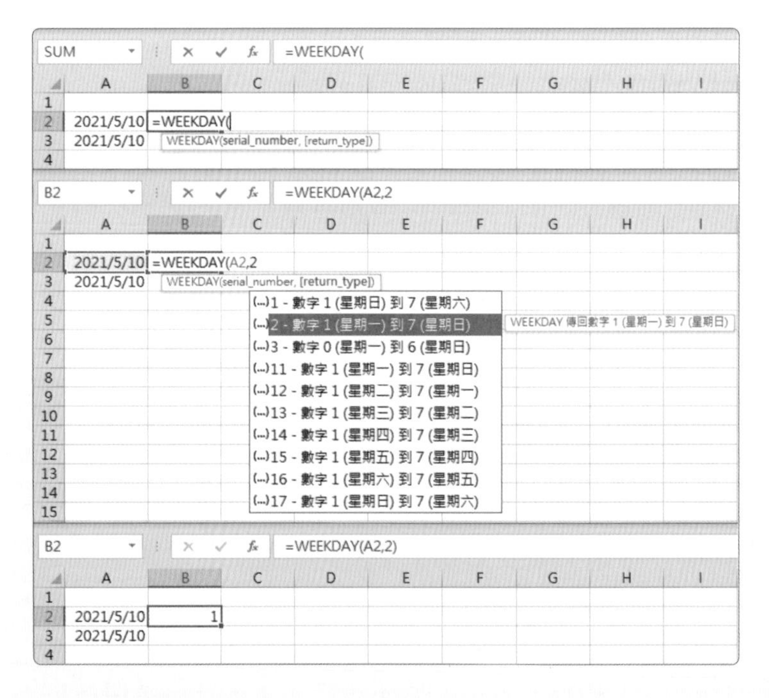

例如：

若要了解儲存格 A2 裡所輸入的日期是星期幾，並想要採用一週中的第 1 天是星期一的制度時，可輸入函數：

=WEEKDAY(A2,2)

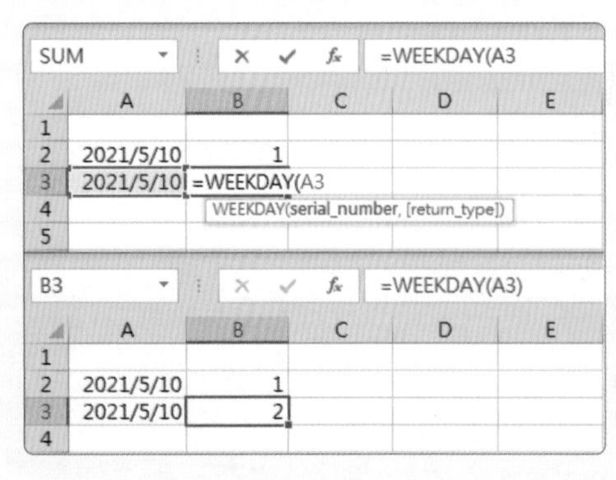

若要了解儲存格 A3 裡所輸入的日期是星期幾，並想要採用一週中的第 1 天是星期日的制度時，可輸入函數：

=WEEKDAY(A3,1)

或是

=WEEKDAY(A3)

1 2 3 4 5

在〔營收目標〕工作表上建立一份圖表，此圖表以〔折線圖〕顯示每個課程的「去年營收」，並在相同軸上以〔群組直條圖〕顯示「今年目標」。圖表的大小和位置使用預設值即可。

評量領域：管理進階圖表與表格

評量目標：建立和修改進階圖表

評量技能：建立組合圖

解題步驟

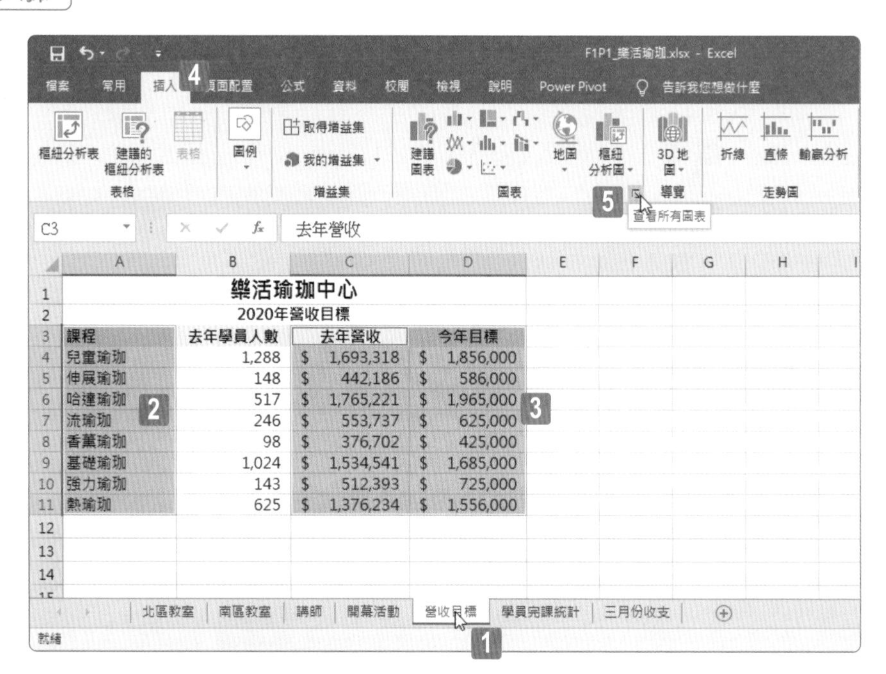

STEP01 點選〔營收目標〕工作表。

STEP02 選取儲存格範圍 A3:A11。

STEP03 按住 Ctrl 按鍵後再複選儲存格範圍 C3:D11。

STEP04 點按〔插入〕索引標籤。

STEP05 點按〔圖表〕群組旁的〔查看所有圖表〕對話方塊啟動器。

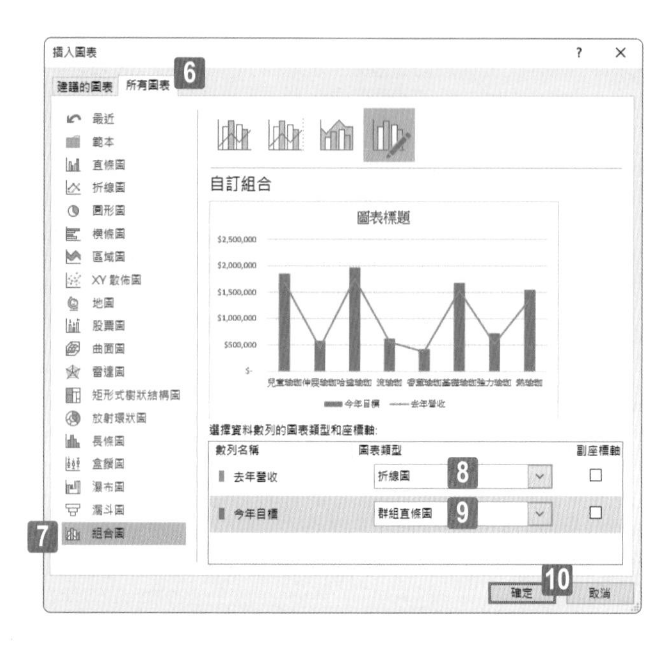

STEP06 開啟〔插入圖表〕對話，點選〔所有圖表〕索引頁籤。

STEP07 點選〔組合圖〕選項。

STEP08 「去年營收」數列設定為「折線圖」

STEP09 「今年目標」數列設定為「群組直條圖」

STEP10 點按〔確定〕按鈕。

完成組合圖表的建立。

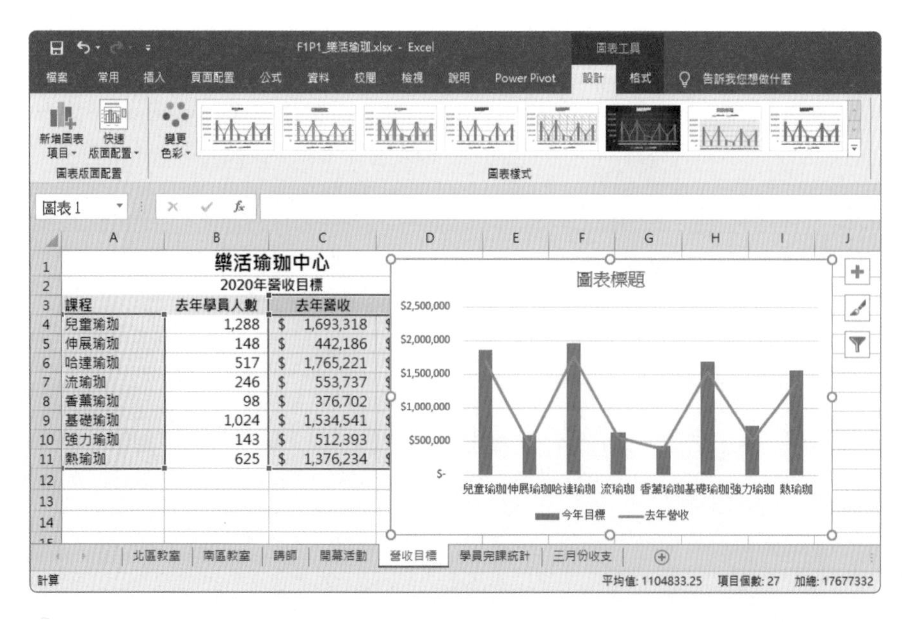

1 2 3 4 5

在〔學員完課統計〕工作表上修改圖表，請套用〔版面配置 9〕和〔樣式 5〕，並將圖表色彩變更為〔單色的調色盤 6〕，然後設定圖表標題為「完課統計」。

評量領域：管理進階圖表與表格

評量目標：建立和修改樞紐分析圖

評量技能：圖表版面配置、樣式、色彩

解題步驟

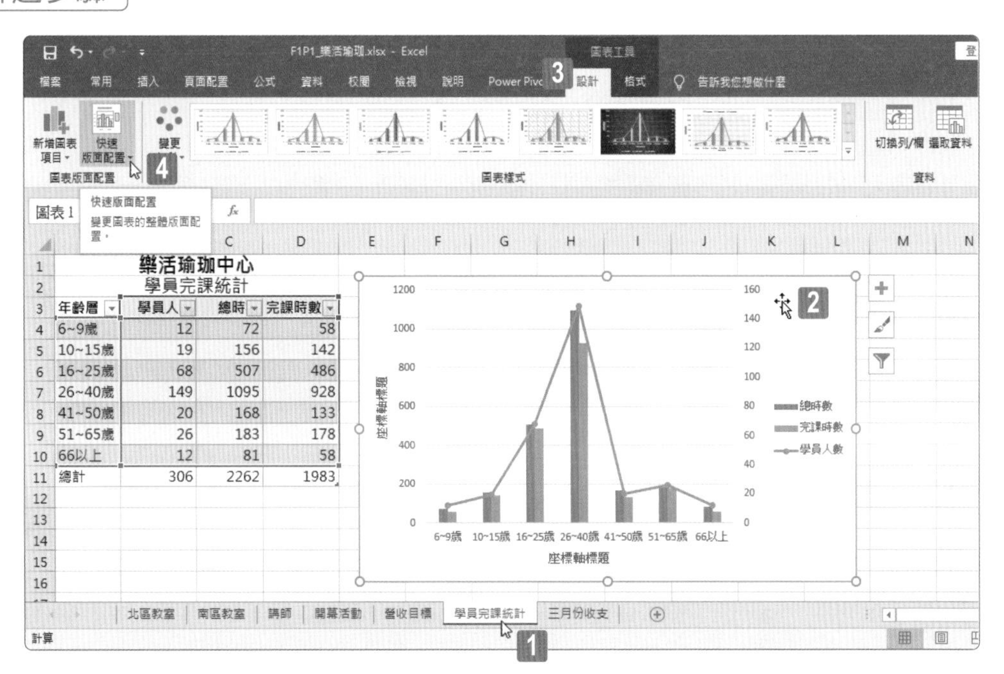

STEP01 點選〔學員完課統計〕工作表。

STEP02 點選工作表裡的統計圖表。

STEP03 點選功能區裡〔圖表工具〕底下的〔設計〕索引標籤。

STEP04 點按〔圖表版面配置〕群組裡的〔快速版面配置〕命令按鈕。

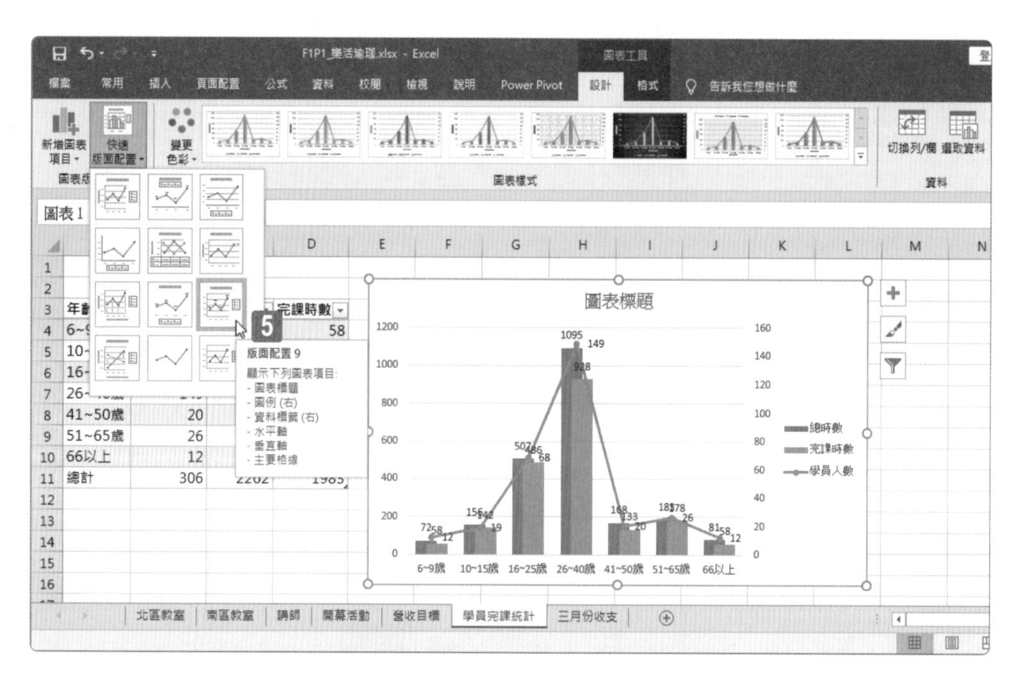

STEP05 從展開的快速版面配置選單中點選〔版面配置 9〕選項。

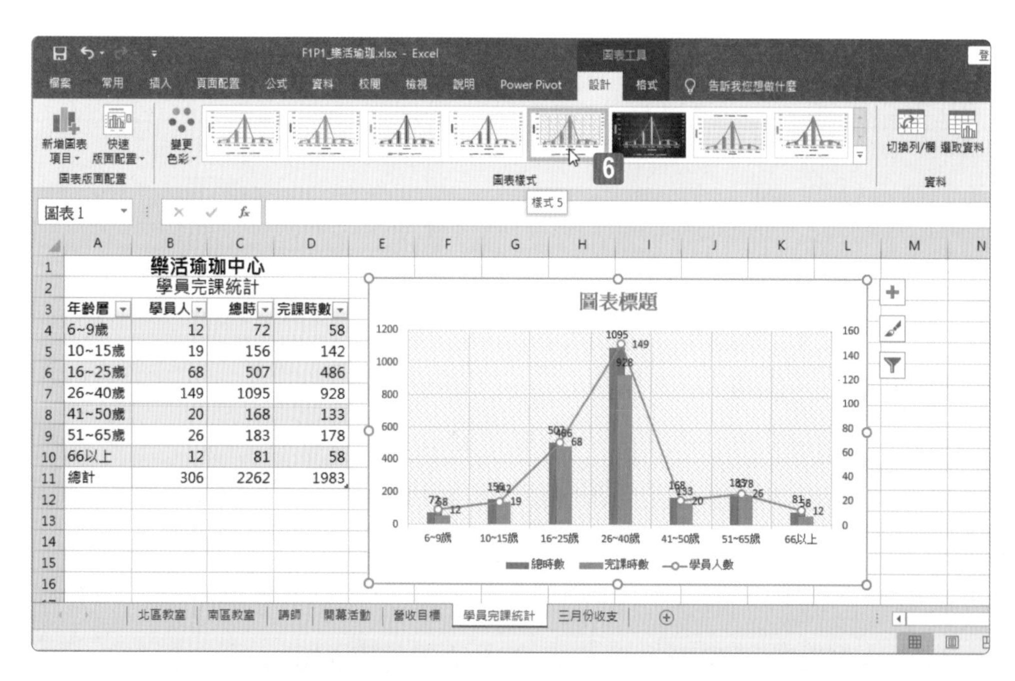

STEP06 點按〔圖表樣式〕群組裡的〔樣式 5〕。

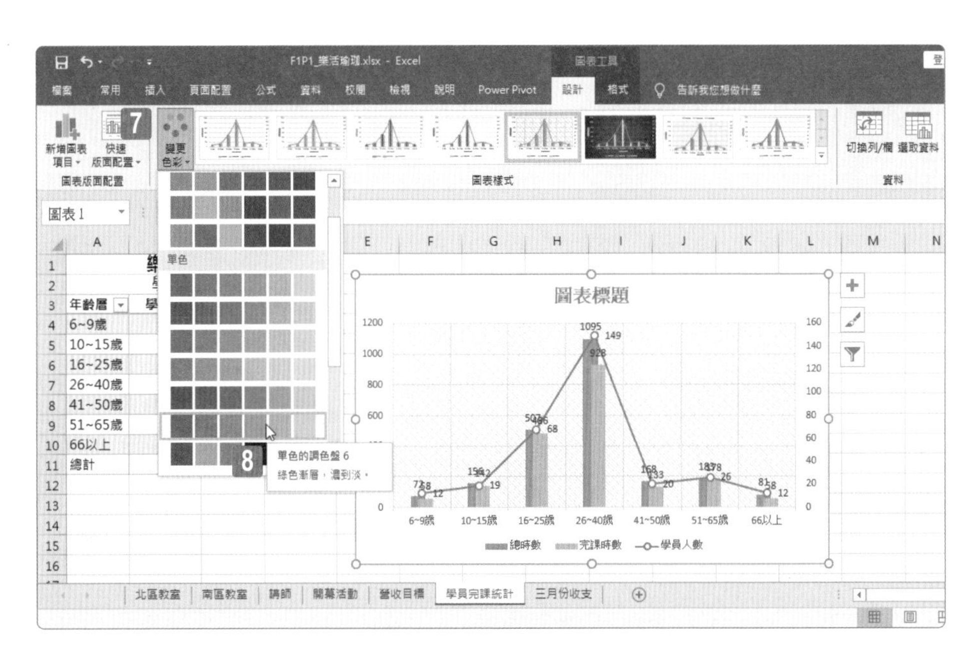

STEP07 點按〔圖表樣式〕群組裡的〔變更色彩〕命令按鈕。

STEP08 從展開的色彩選單中點選〔單色的調色盤 6〕選項。

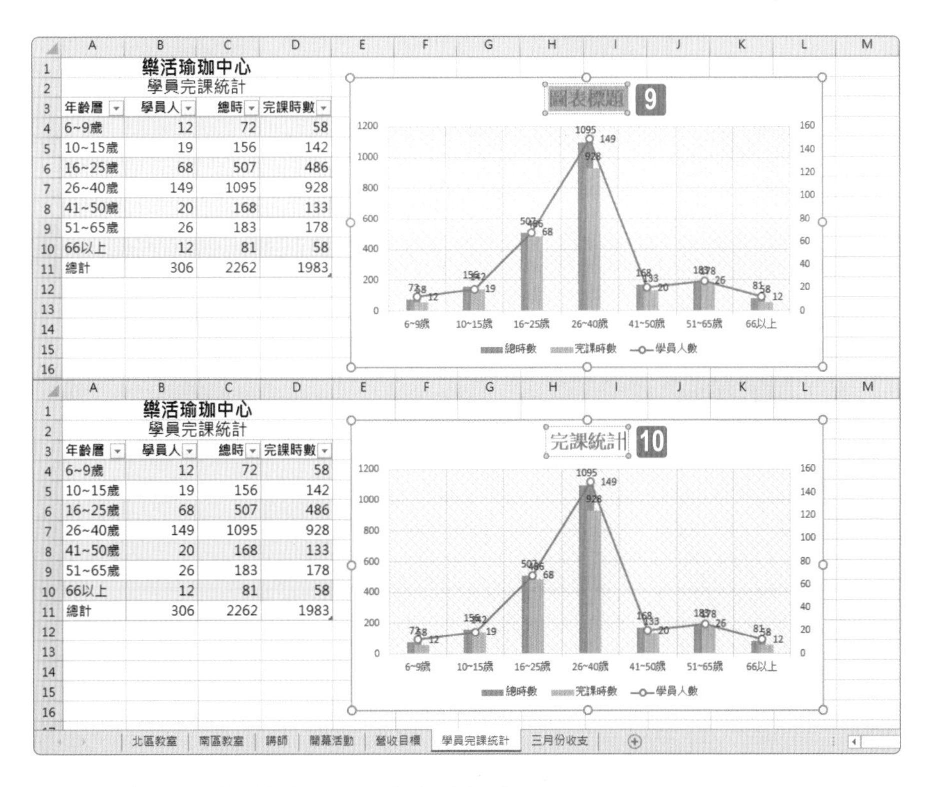

STEP09 選取圖表標題裡的預設文字將其刪除。

STEP10 輸入新的圖表標題文字「完課統計」。

專案 2 樂活健身中心

您是健身中心資訊部門的工作人員，經常運用 Excel 處理相關資料與事物，正準備進行活頁簿的環境預設與使用環境設定。

1 — 2

請設定 Excel 僅在儲存活頁簿時會自動重算公式，而不是在每次資料變更時才進行重算。

評量領域：管理活頁簿選項與設定

評量目標：準備活頁簿以進行共同作業

評量技能：自動計算選項的設定

解題步驟

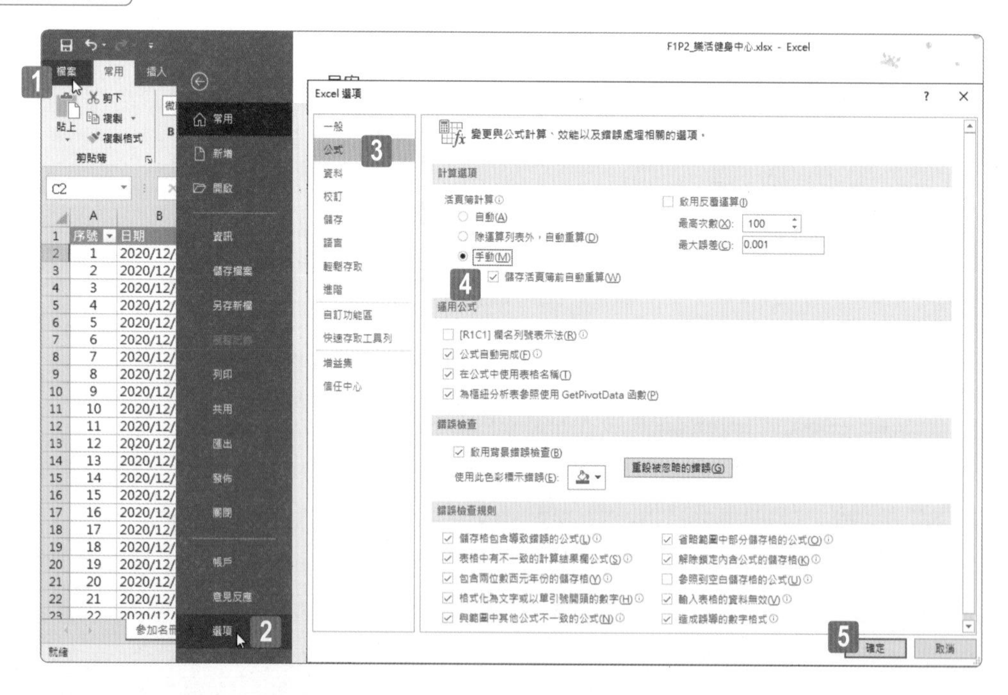

STEP01 點按〔檔案〕索引標籤。

STEP02 進入後台管理頁面，點按〔選項〕。

STEP03 進入〔Excel 選項〕操作頁面，點按〔公式〕選項。

STEP04 點選〔計算選項〕底下的〔手動〕選項，並勾選〔儲存活頁簿前自動重算〕核取方塊。

STEP05 最後按下〔確定〕按鈕。

1 — 2

請設定Excel在建立新的活頁簿時，預設字型為微軟正黑體、字的大小為11。

評量領域：管理活頁簿選項與設定

評量目標：管理活頁簿

評量技能：設定活頁簿的預設字型與字的大小

解題步驟

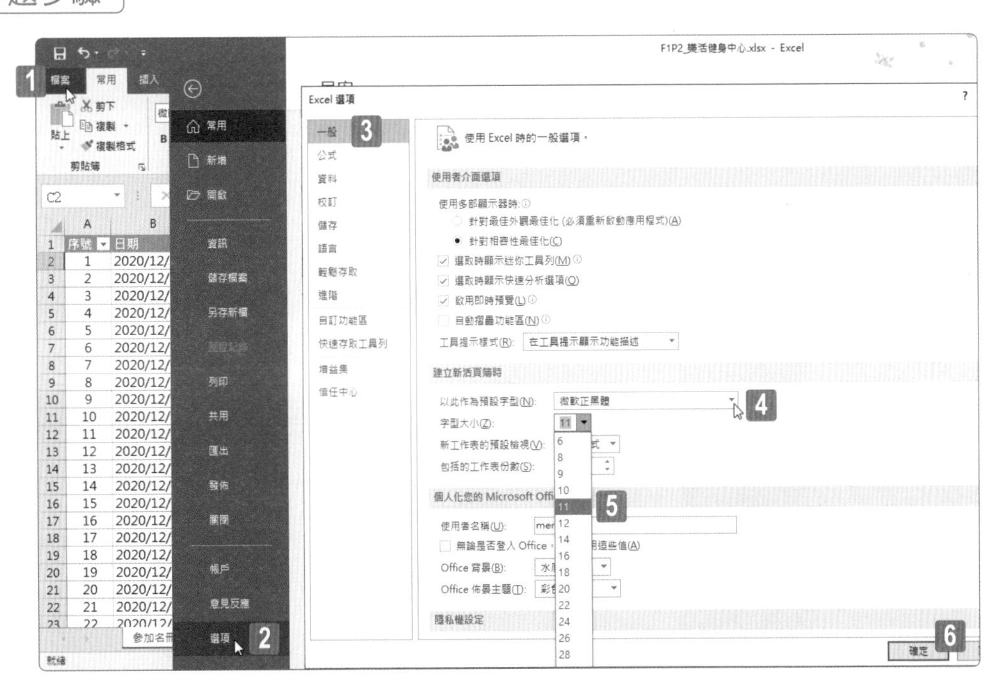

STEP01 點按〔檔案〕索引標籤。

STEP02 進入後台管理頁面，點按〔選項〕。

STEP03 進入〔Excel 選項〕操作頁面，點按〔一般〕選項。

STEP04 點選〔建立新活頁簿時〕底下的〔以此作為預設字型〕選項，並從右邊的下拉式選單中選擇「微軟正黑體」。

STEP05 選擇〔字型大小〕為「11」。

STEP06 最後點按〔確定〕按鈕。

專案 3 訂單資料

您任職於電商平台業務經理，正運用 Excel 分析訂單交易資料，製作相關的摘要報表與統計圖表，並設定活頁簿在分享與共用時的安全性考量。

請設定 Excel 停用活頁簿中的所有巨集，並且不會發出通知。

評量領域：管理活頁簿選項與設定

評量目標：管理活頁簿

評量技能：設定巨集的安全性

解題步驟

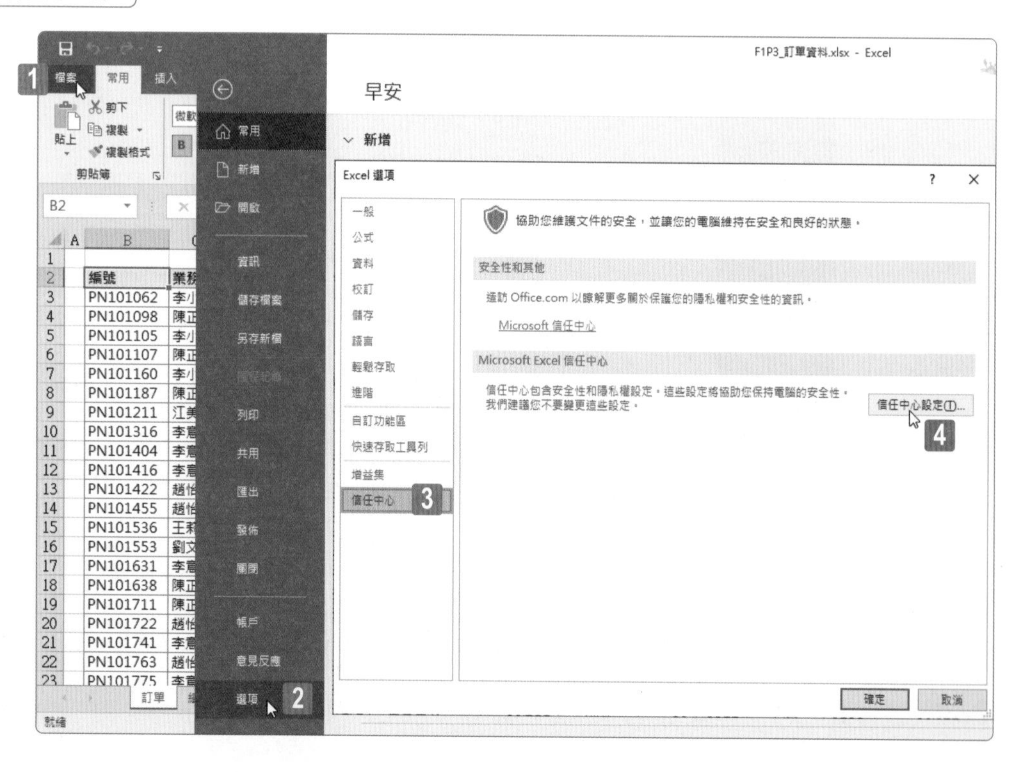

STEP01 點按〔檔案〕索引標籤。

STEP02 進入後台管理頁面，點按〔選項〕選項。

STEP03 開啟〔Excel 選項〕對話方塊，點按〔信任中心〕選項。

STEP04 點按〔信任中心設定〕按鈕。

STEP05 開啟〔信任中心〕對話方塊，點按〔巨集設定〕選項。

STEP06 點選〔停用所有巨集 (不事先通知)〕選項。

STEP07 點按〔確定〕按鈕。

STEP08 回到〔Excel 選項〕對話方塊，點按〔確定〕選項。

1 2 3 4 5

請設定此活頁簿，要求使用者輸入密碼「123456」，才能對活頁簿進行結構性的變更。

評量領域：管理活頁簿選項與設定

評量目標：準備活頁簿以進行共同作業

評量技能：設定活頁簿密碼以保護活頁簿結構

解題步驟

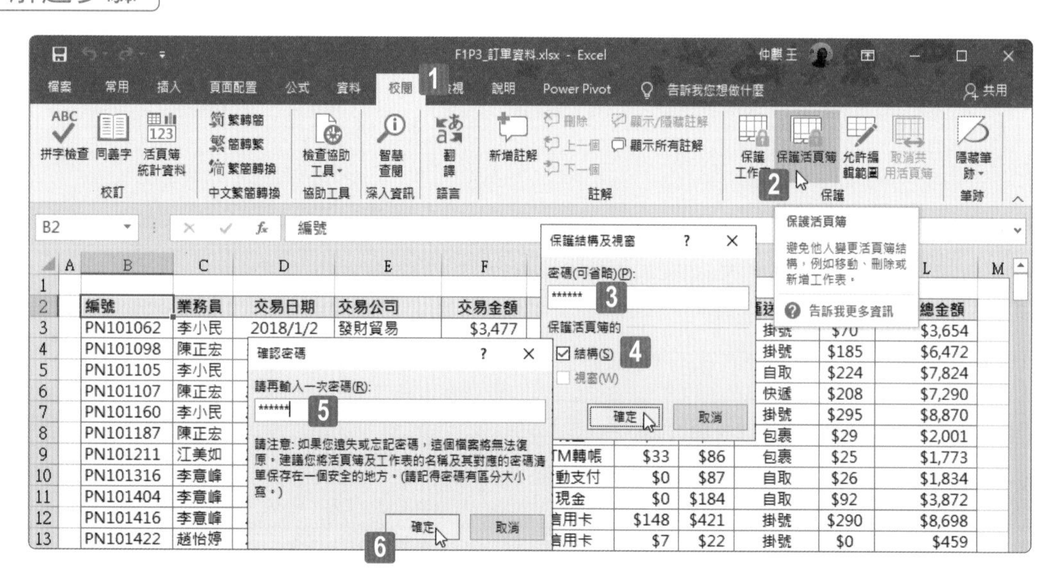

STEP01 點按〔校閱〕索引標籤。

STEP02 點按〔保護〕群組裡的〔保護活頁簿〕命令按鈕。

STEP03 開啟〔保護結構及視窗〕對話方塊，輸入密碼「123456」。

STEP04 勾選「結構」核取方塊並按下〔確定〕按鈕。

STEP05 開啟〔確認密碼〕對話方塊，再輸入一次相同的密碼以確認。

STEP06 點按〔確定〕按鈕。

1 2 3 4 5

在〔訂單〕工作表上的儲存格 R3 中，輸入公式以計算出所有訂單其〔稅後總金額〕的平均值，但是必須符合〔交易方式〕為「現金」且〔運送方式〕為「包裹」。

評量領域：建立進階公式與巨集

評量目標：在公式中執行邏輯運算

評量技能：函數 AVERAGEIFS

解題步驟

STEP01 點選〔訂單〕工作表。

STEP02 點選儲存格 R3。

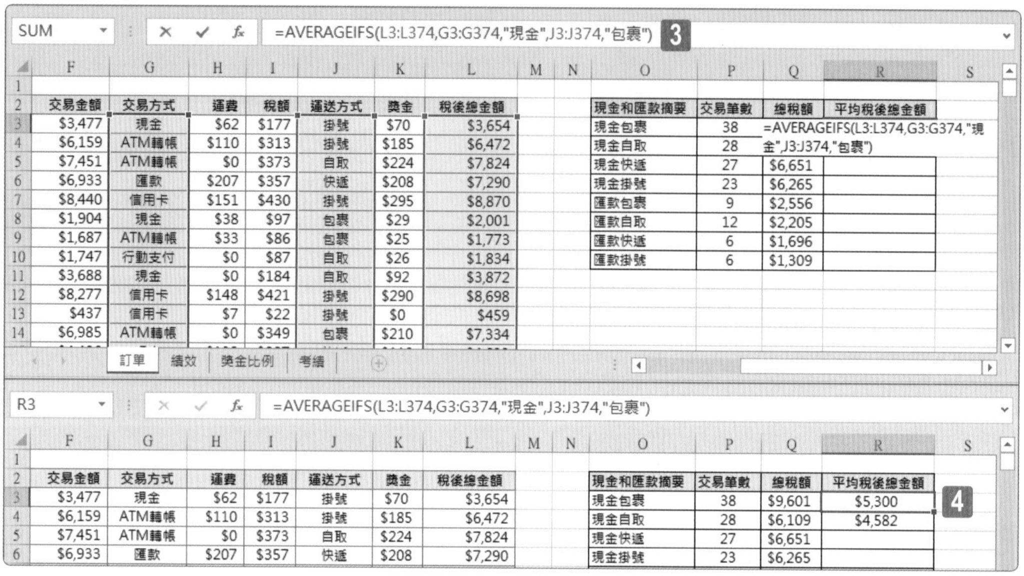

SUM | =AVERAGEIFS(L3:L374,G3:G374,"現金",J3:J374,"包裹") **3**

	F	G	H	I	J	K	L
2	交易金額	交易方式	運費	稅額	運送方式	獎金	稅後總金額
3	$3,477	現金	$62	$177	掛號	$70	$3,654
4	$6,159	ATM轉帳	$110	$313	掛號	$185	$6,472
5	$7,451	ATM轉帳	$0	$373	自取	$224	$7,824
6	$6,933	匯款	$207	$357	快遞	$208	$7,290
7	$8,440	信用卡	$151	$430	掛號	$295	$8,870
8	$1,904	現金	$38	$97	包裹	$29	$2,001
9	$1,687	ATM轉帳	$33	$86	包裹	$25	$1,773
10	$1,747	行動支付	$0	$87	自取	$26	$1,834
11	$3,688	現金	$0	$184	自取	$92	$3,872
12	$8,277	信用卡	$148	$421	掛號	$290	$8,698
13	$437	信用卡	$7	$22	掛號	$0	$459
14	$6,985	ATM轉帳	$0	$349	包裹	$210	$7,334

	O	P	Q	R
2	現金和匯款摘要	交易筆數	總稅額	平均稅後總金額
3	現金包裹	38	=AVERAGEIFS(L3:L374,G3:G374,"現金",J3:J374,"包裹")	
4	現金自取	28		
5	現金快遞	27	$6,651	
6	現金掛號	23	$6,265	
7	匯款包裹	9	$2,556	
8	匯款自取	12	$2,205	
9	匯款快遞	6	$1,696	
10	匯款掛號	6	$1,309	

訂單 | 績效 | 獎金比例 | 考績

R3 | =AVERAGEIFS(L3:L374,G3:G374,"現金",J3:J374,"包裹")

	F	G	H	I	J	K	L
2	交易金額	交易方式	運費	稅額	運送方式	獎金	稅後總金額
3	$3,477	現金	$62	$177	掛號	$70	$3,654
4	$6,159	ATM轉帳	$110	$313	掛號	$185	$6,472
5	$7,451	ATM轉帳	$0	$373	自取	$224	$7,824
6	$6,933	匯款	$207	$357	快遞	$208	$7,290

	O	P	Q	R
2	現金和匯款摘要	交易筆數	總稅額	平均稅後總金額
3	現金包裹	38	$9,601	$5,300
4	現金自取	28	$6,109	$4,582
5	現金快遞	27	$6,651	
6	現金掛號	23	$6,265	

4

STEP03 輸入AVERAGEIFS函數的公式「=AVERAGEIFS(L3:L374,G3:G374," 現金 ",J3:J374," 包裹 ")」。

STEP04 按下 Enter 按鍵後公式的運算結果顯示著「5300」。

AVERAGEIFS 函數

這個題目所評量的技巧是 AVERAGEIFS 函數的使用，此函數是用來計算符合多個指定準則條件下的平均值 (算術平均值) 計算。

語法：

AVERAGEIFS(average_range,criteria_range1,criteria1,criteria_range2,criteria2...)

參數說明：

- **average_range**

  要計算平均值的資料範圍。這是當每一組 criteria_range 範圍裡的儲存格內容皆符合其對應的 criteria 準則之條件定義時，要實際進行平均值運算的儲存格範圍。

- **criteria_range1, criteria_range2, criteria_range3, ...**

  定義每一組準則範圍。這些是欲進行評估的各組儲存格範圍。您可以定義多組準則範圍，但至多 127 個範圍。每一組 criteria_range 範圍皆與每一個 criteria 參數裡所定義的準則條件進行評估比對。

- **criteria1, criteria2,criteria3, ...**

  準則條件的設定。這些參數是用來定義要進行平均值運算的各個準則條件，最多也是 127 個準則。在撰寫上，每一個 criteria 可以是數字、運算式或是文字，譬如：可以撰寫成 18、"18"、">18" 、B2 或是 " 銀級 "。每一個 criteria 參數對應著每一個 criteria_range 參數。

以下的範例將使用 AVERAGEIFS 函數，計算 2 月份銀級客戶平均交易金額。言下之意，要計算平均值的範圍是「交易金額」，但必須符合兩個準則，第一個準則是「月份」必須是「2 月」；第二個準則是「客戶等級」必須是「銀級」，同時符合這兩個準則的交易金額才進行平均值運算。所以，此 AVERAGEIFS 函數的撰寫，必須包含 5 個參數：

第 1 個參數 **average_range**，是要計算平均值的資料範圍「交易金額」，也就是 F2:F11。

第 2 個參數 **criteria_range1**，是第一組準則範圍「月份」，也就是 B2:B11。

第 3 個參數 **criteria1**，是第一組準則定義「2 月」，也就是字串 "2 月 "。

第 4 個參數 **criteria_range2**，是第二組準則範圍「客戶等級」，也就是 D2:D11。

第 5 個參數 **criteria2**，是第二組準則定義「銀級」，也就是字串 " 銀級 "。

函數撰寫如下：

=AVERAGEIFS(F2:F11, B2:B11,"2 月 ",D2:D11," 銀級 ")

SUM　=AVERAGEIFS(F2:F11,B2:B11,"2月",D2:D11,"銀級")

	A	B	C	D	E	F	G	K
1	日期	月份	客戶代碼	客戶等級	經手人	交易金額	獎金	
2	2021/1/24	1月	F1023	金級	林炳源	$58,862	$1,176	2月份銀級客戶的平均交易金額：
3	2021/1/25	1月	F1016	銀級	林炳源	$25,418	$382	=AVERAGEIFS(F2:F11,B2:B11,"2月",D2:D11,"銀級")
4	2021/2/8	2月	F1016	銀級	林炳源	$29,838	$446	AVERAGEIFS(average_range, criteria_range1, criteria1, [criteria_range2, criteria2], [criteria_range3, criteria3], ...)
5	2021/2/15	2月	F1017	銅級	邱筱智	$12,584	$102	
6	2021/2/17	2月	F1011	金級	邱筱智	$39,857	$795	
7	2021/2/18	2月	F1016	銀級	邱筱智	$21,057	$315	
8	2021/2/22	2月	F1021	銀級	林炳源	$28,574	$428	
9	2021/3/4	3月	F1017	銅級	邱筱智	$16,624	$134	
10	2021/3/11	3月	F1011	金級	邱筱智	$47,856	$957	
11	2021/3/19	3月	F1011	金級	邱筱智	$38,442	$768	
12								

K3　=AVERAGEIFS(F2:F11,B2:B11,"2月",D2:D11,"銀級")

	A	B	C	D	E	F	G	K
1	日期	月份	客戶代碼	客戶等級	經手人	交易金額	獎金	
2	2021/1/24	1月	F1023	金級	林炳源	$58,862	$1,176	2月份銀級客戶的平均交易金額：
3	2021/1/25	1月	F1016	銀級	林炳源	$25,418	$382	26489.66667
4	2021/2/8	2月	F1016	銀級	林炳源	$29,838	$446	

既然有多重條件的平均函數 AVERAGEIFS，當然也少不了多重條件的加總函數 SUMIFS 囉！在使用上及語法上皆大同小異，只是計算的方式一個是平均值運算、一個是加總運算。後續的章節與模擬試題中將會逐一介紹這些非常有用的函數。

在〔訂單〕工作表，使用錯誤檢查找出與附近不一致的公式。更正錯誤。

評量領域：建立進階公式與巨集

評量目標：疑難排解公式

評量技能：公式 / 錯誤檢查

解題步驟

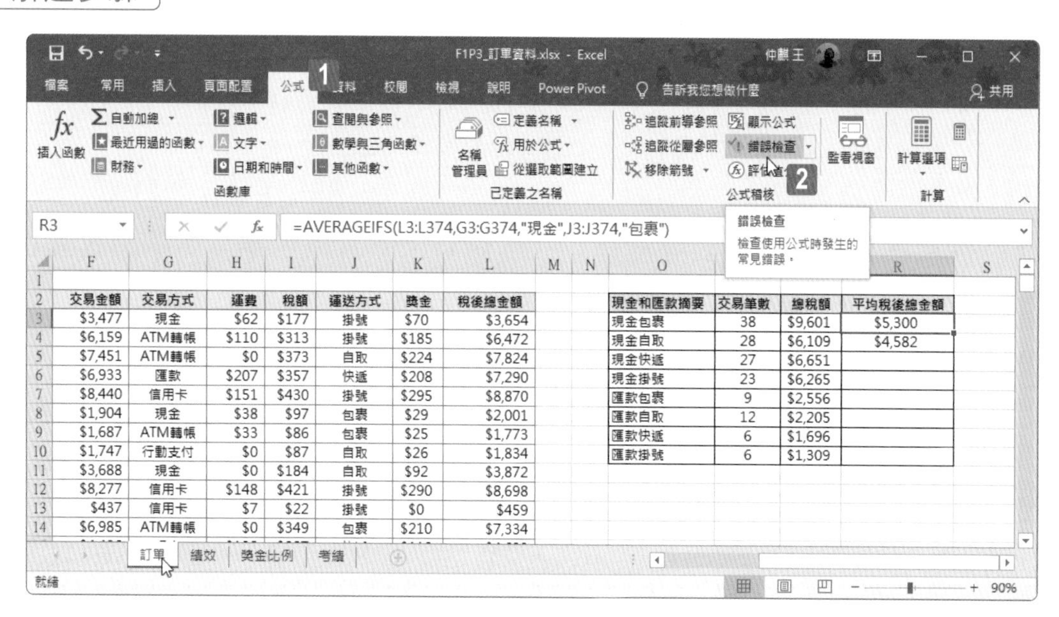

STEP01 點按〔公式〕索引標籤。

STEP02 點按〔公式稽核〕群組裡的〔錯誤檢查〕命令按鈕。

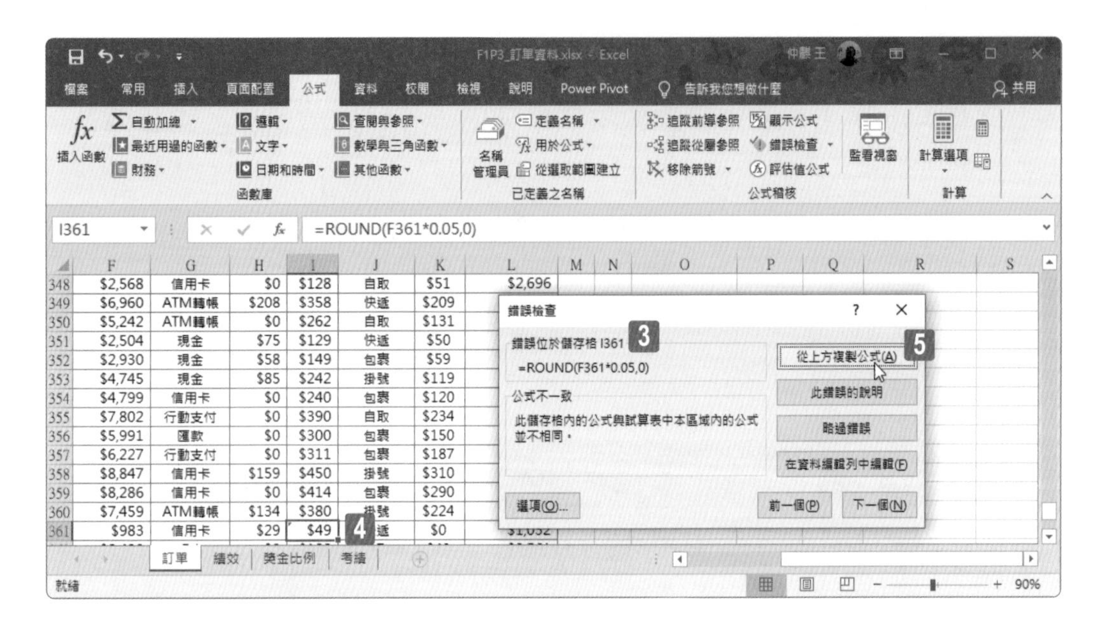

STEP03　開啟〔錯誤檢查〕對話方塊，立即檢查出此工作表裡發生的錯誤公式，正位於儲存格 I361。

STEP04　在工作表上含有錯誤公式的儲存格其左上方有綠色三角形的標示。

STEP05　此例的錯誤原因是儲存格裡公式與相鄰的儲存格公式不一致，因此，點按〔從上方複製公式〕按鈕。

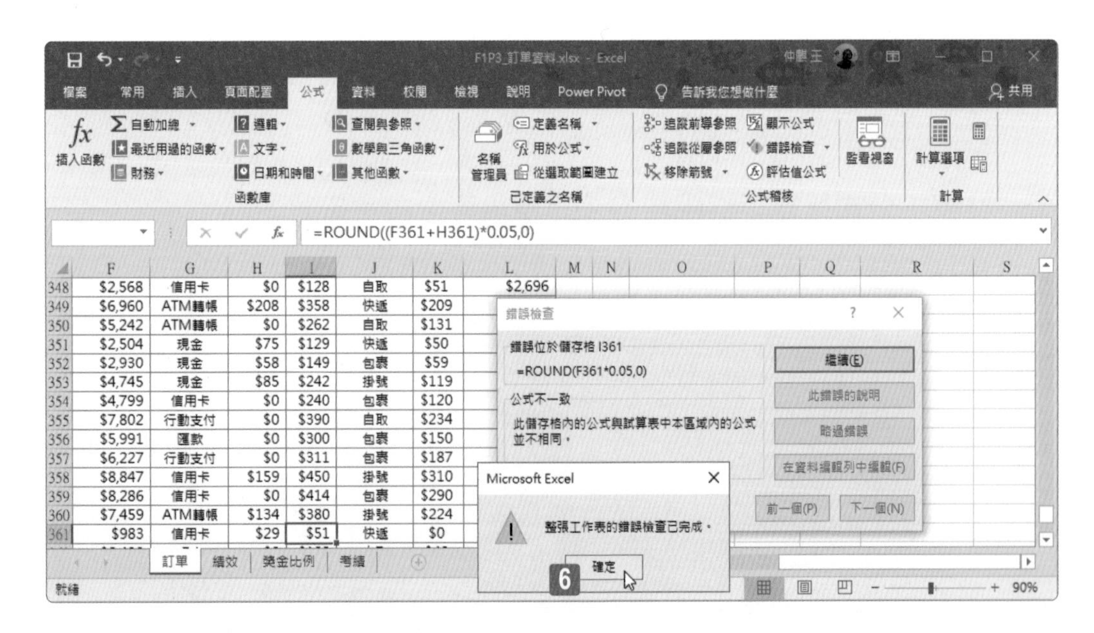

STEP06　顯示整張工作表的錯誤檢查已完成的對話，點按〔確定〕按鈕。

1 2 3 4 5

在〔績效〕工作表上，插入可讓您依照〔交易方式〕來篩選樞紐分析表的交叉分析篩選器。使用交叉分析篩選器篩選僅顯示〔交易方式〕為「信用卡」的記錄，交叉分析篩選器大小和位置不重要。

評量領域：管理進階圖表與表格

評量目標：建立和修改樞紐分析表

評量技能：在樞紐分析表上插入交叉分析篩選器

解題步驟

STEP01 點選〔績效〕工作表。

STEP02 點選工作表上樞紐分析表裡的任一儲存格。例如：儲存格 C6。

STEP03 點按〔樞紐分析表工具〕底下的〔分析〕索引標籤。

STEP04 點按〔篩選〕群組裡的〔插入交叉分析篩選器〕命令按鈕。

STEP05 開啟〔插入交叉分析篩選器〕對話方塊，勾選〔交易方式〕核取方塊，然後，點按〔確定〕按鈕。

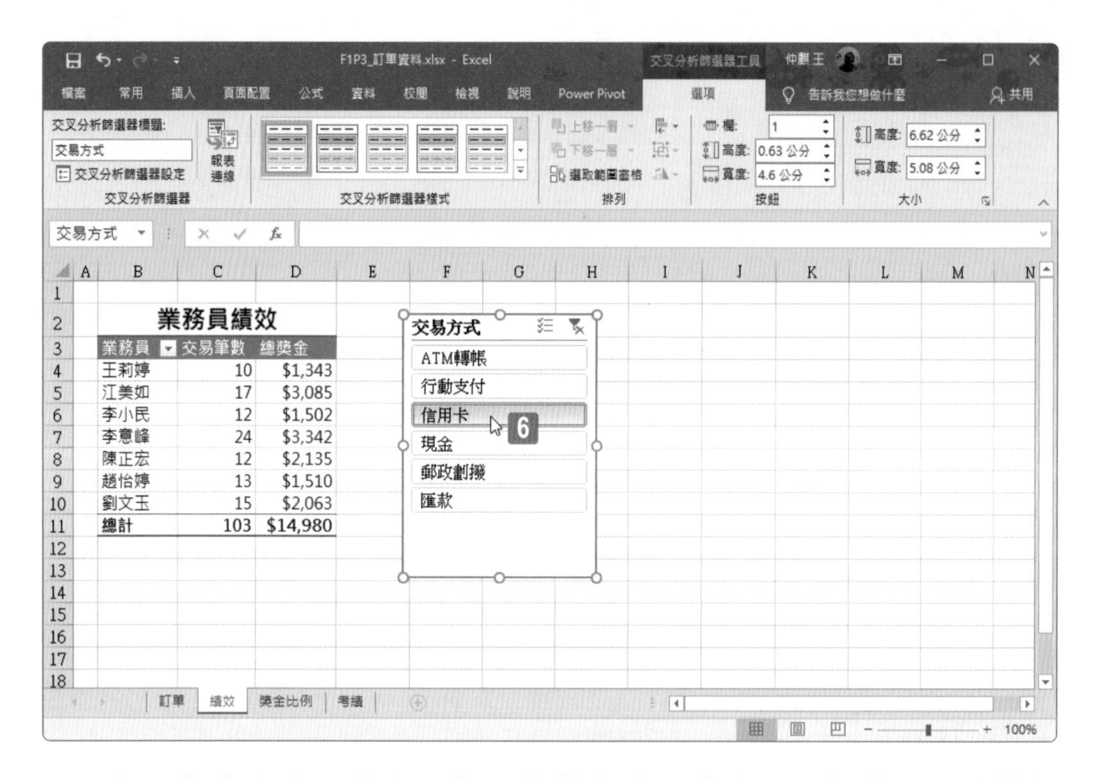

STEP06 在工作表上立即產生名為〔交易方式〕的交叉分析篩選器（按鈕面板），點選「信用卡」按鈕，篩選相關記錄。

專案 4 香醇咖啡

您是咖啡公司的營業主管，準備進行銷售資料以及採購咖啡烘焙機新設備的籌畫與分析，並透過函數的使用來統計與摘要數據資料、繪製相關圖表。

1 2 3 4 5 6

請設定 Excel 讓您可以使用哈薩克文作為編輯語言來編輯內容。請勿將哈薩克文設為預設編輯語言。如果系統提示您重新啟動 Office，請關閉提示，不要重新啟動 Excel。

評量領域：管理活頁簿選項與設定
評量目標：使用和設定語言選項
評量技能：設定操作環境所選用的語言語系

解題步驟

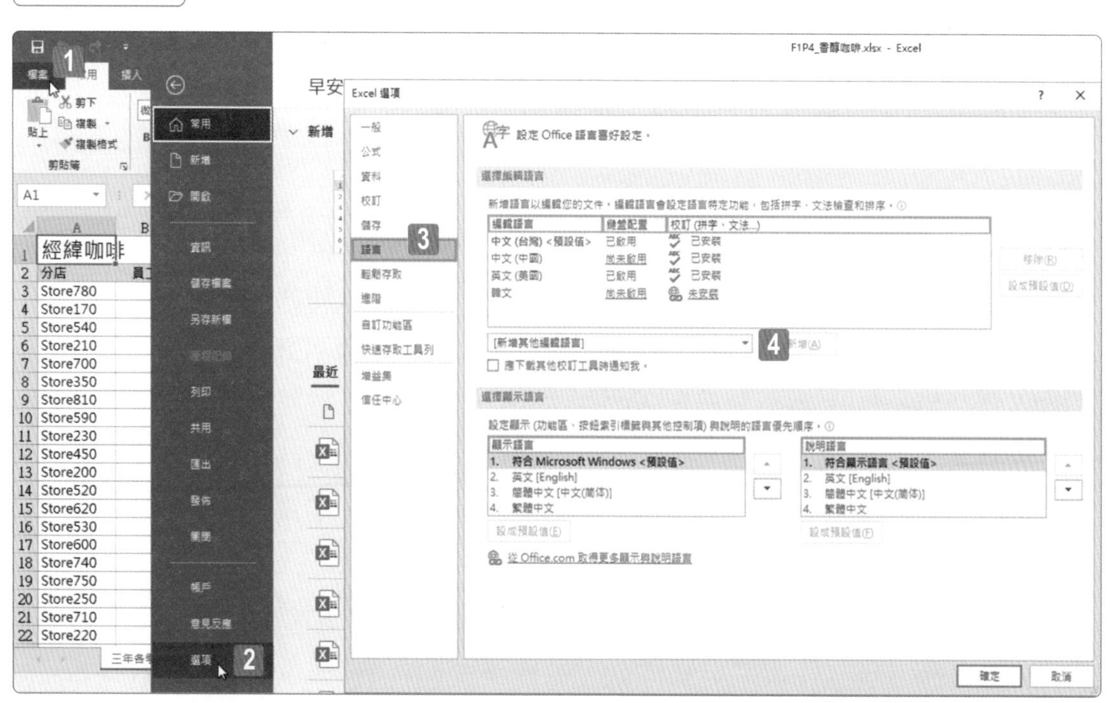

STEP01 點按〔檔案〕索引標籤。

STEP02 進入後台管理頁面，點按〔選項〕選項。

STEP03 開啟〔Excel 選項〕對話方塊，點按〔語言〕選項。

STEP04 點按〔新增其他編輯語言〕下拉式選單按鈕。

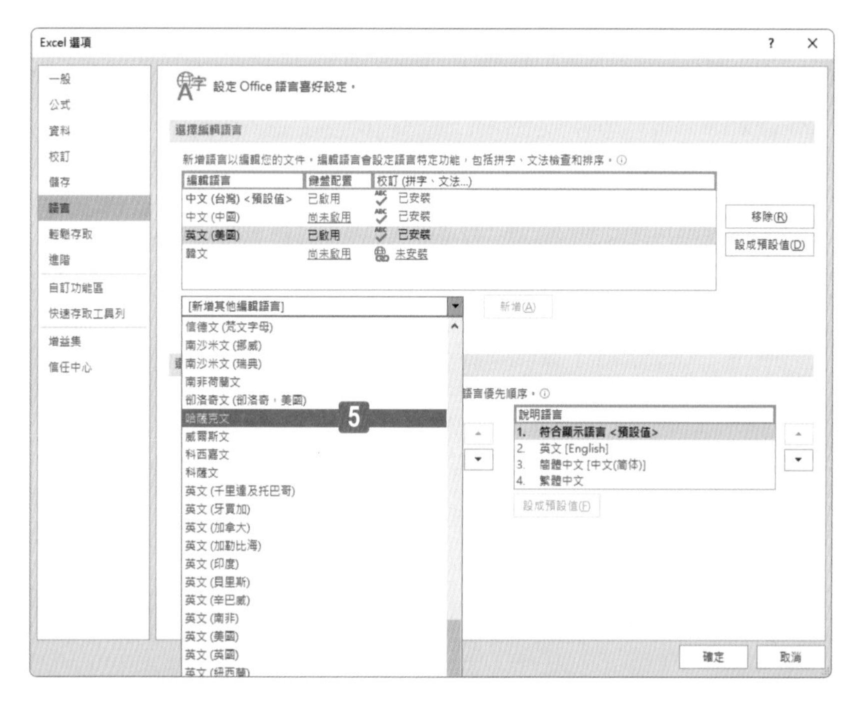

STEP05 從展開的功能選單中點選〔哈薩克文〕選項。

特別注意：如果您在此任務的解題實作上，發覺設定 Office 語言喜好設定的操作介面與對話選項上，與本書的截圖畫面並不相同而無法實作，請多擔待。那極有可能是您電腦裡所安裝的 Office 系統與考試系統裡的 Office 版本有些許不同。由於現在的 Office 應用程式已經是時時刻刻都會在線上即時更新，而極少數的功能選項也或許會有小小差異。此任務的語系功能設定剛好碰到這樣的問題。正式考試所使用的系統在本書出刊之前，都是屬於 32 位元的 Office 2019，因此，本書的模擬試題也是根據 32 位元的 Office 2019 實作界面而來的。所以，只要閱讀與理解此任務的解題方式以及對話選項介面，即便您現在無法跟著書本一起演練，在面臨正式考試時，一定也可以順利過關的。

STEP06 點按〔新增〕按鈕。

STEP07 開啟〔Microsoft Office 語言喜好設定變更〕對話方塊，按下右上角的「X」關閉此對話並結束語言喜好設定的操作。(請勿按下〔確定〕按鈕)。

1 2 3 4 5 6

在〔三年各季業績〕工作表上，使用 Excel 功能從〔三年各季業績〕範圍 (儲存格 A3:N67) 移除重複的記錄。

評量領域：管理與格式化資料
評量目標：格式化和驗證資料
評量技能：資料 / 移除重複項

解題步驟

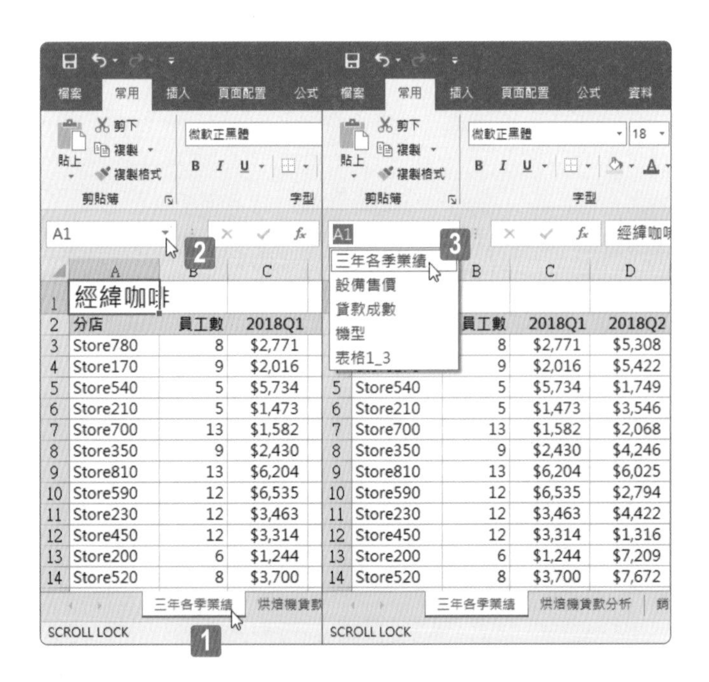

STEP01 點選〔三年各季業績〕工作表。

STEP02 點按工作表左上方名稱方塊右側的選項按鈕。

STEP03 從展開的名稱選單中點選〔三年各季業績〕範圍名稱。

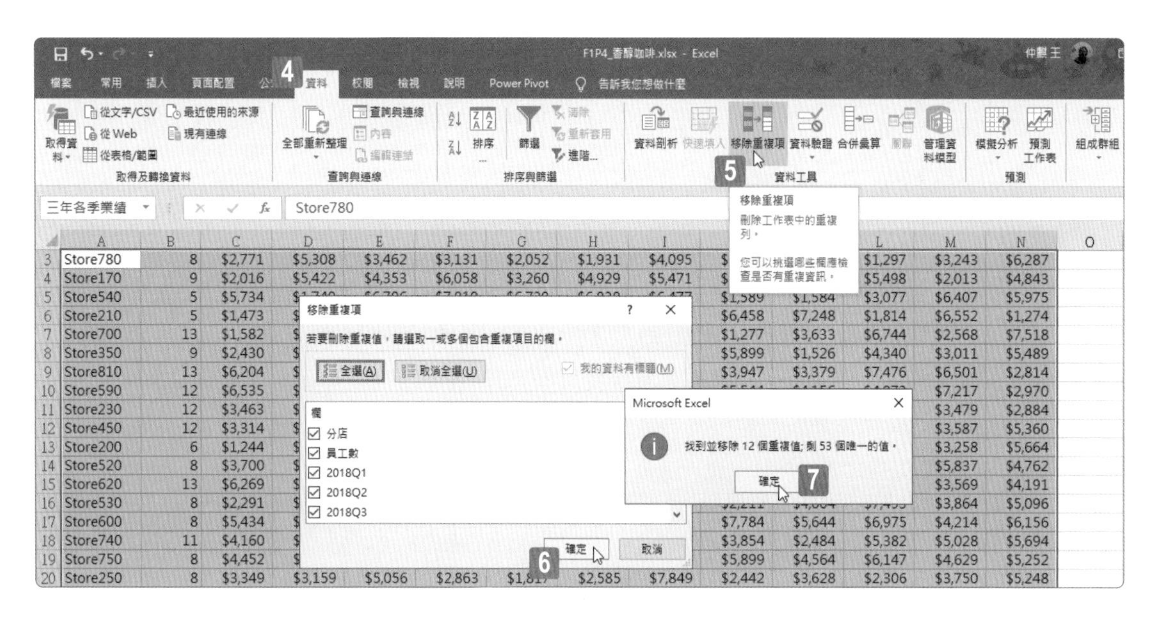

STEP04 點按〔資料〕索引標籤。

STEP05 點按〔資料工具〕群組裡的〔移除重複項〕命令按鈕。

STEP06 開啟〔移除重複項〕對話方塊，然後，點按〔確定〕按鈕。

STEP07 顯示尋獲並成功移除的重複資料筆數，以及保留資料筆數的訊息對話，請點按〔確定〕按鈕。

1 2 3 4 5 6

在〔銷售統計〕工作表上的儲存格 P4 中，計算交易筆數，其中「品名」為「提拉米蘇」，〔銷售量〕超過 300 個。

評量領域：建立進階公式與巨集

評量目標：在公式中執行邏輯運算

評量技能：函數 COUNTIFS

解題步驟

P4

香醇經典咖啡輕食

各分店銷售資料

品名	類別	單位成本	採購量	總成本	銷售量	單位售價	總收入	目前收益
焦糖瑪奇朵	飲品類	$624	459	$286,416	933	$810	$755,730	$469,314
經典總匯三明治	輕食類	$45	485	$21,825	719	$75	$53,925	$32,100
提拉米蘇	糕點類	$25	304	$7,600	256	$55	$14,080	$6,480
鮮蔬義大利麵	輕食類	$58	188	$10,904	247	$120	$29,640	$18,736
檸檬塔	糕點類	$30	338	$10,140	533	$70	$37,310	$27,170
燻肉起司堡	輕食類	$46	303	$13,938	469	$90	$42,210	$28,272
經典那堤	飲品類	$485	261	$126,585	909	$885	$804,465	$677,880
每日精選咖啡	飲品類	$369	288	$106,272	798	$740	$590,520	$484,248
經典那堤	飲品類	$485	324	$157,140	489	$885	$432,765	$275,625
起司牛肉可頌	輕食類	$38	430	$16,340	448	$85	$38,080	$21,740
經典松露蛋糕	糕點類	$42	271	$11,382	356	$95	$33,820	$22,438

熱銷糕點統計

說明	筆數	最小銷售量	最大銷售量
提拉米蘇且銷售量過300個			
檸檬塔且銷售量過300個			
經典松露蛋糕且銷售量過300個			
經典起司蛋糕且銷售量過300個			

採購分析

類別	最小	最大	筆數
飲品類	162	864	48
輕食類	143	529	40
糕點類	180	516	32

三年各季業績 | 烘焙機貸款分析 | 銷售統計 | 第一季營業額 | 銷售分析 | 咖啡銷售量

SCROLL LOCK

STEP01 點選〔銷售統計〕工作表。

STEP02 點選儲存格 P4。

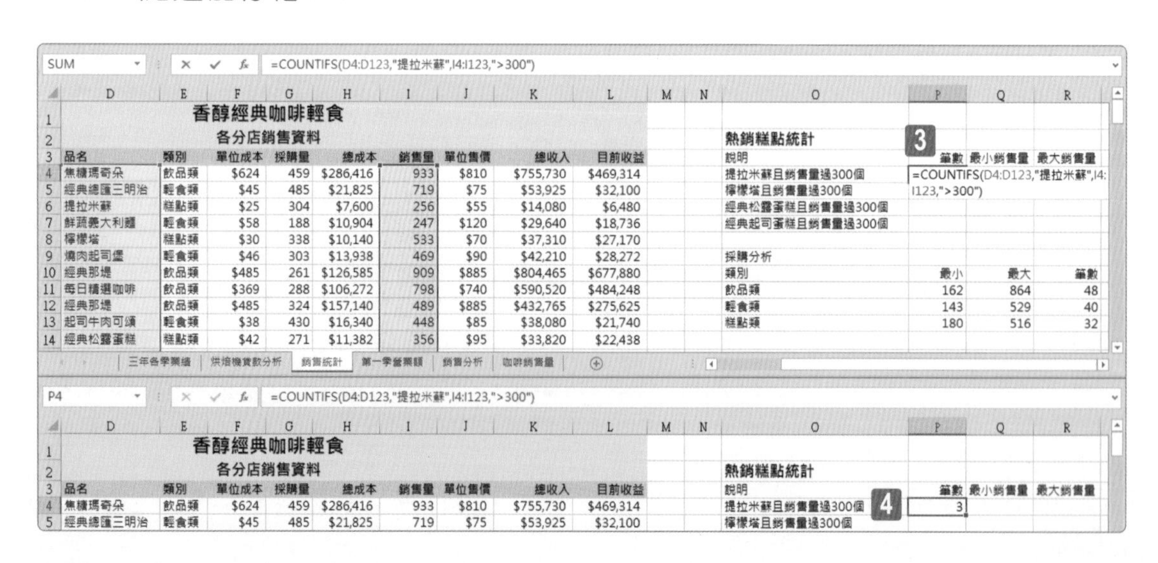

STEP03 輸入 COUNTIFS 函數的公式「=COUNTIFS(D4:D123," 提拉米蘇",I4:I123,">300")」。

STEP04 按下 Enter 按鍵後公式的運算結果顯示著「3」。

COUNTIFS 函數

這個題目所評量的技巧是 COUNTIFS 函數的使用，此函數是用來計算符合多個準則條件下的儲存格數目。

語法：

COUNTIFS(criteria_range1,criteria1,criteria_range2,criteria2...)

參數說明：

- **criteria_range1,criteria_range2,criteria_range3, ...**

  每一組準則範圍。這些參數是欲進行評估的各組儲存格範圍。您可以定義多組準則範圍，至多 127 個範圍。每一個 criteria_range 範圍皆與每一個 criteria 參數裡所定義的準則條件進行評估比對。

- **criteria1, criteria2,criteria3, ...**

  準則條件的設定。這些參數是您用來定義要進行儲存格數量計算 (計算個數) 的準則條件，最多也是 127 個準則，撰寫上，每一個 criteria 可以是數字、運算式或是文字，譬如：可以撰寫成 18、"18"、">18"、B2 或是 " 金級 "。每一個 criteria 參數對應著每一個 range 參數。

以下的範例將使用 COUNTIFS 函數，計算 2 月份交易金額超過 25000(含) 以上的資料有幾筆。意即，要計算同時符合月份是「2 月」、交易金額是「>=25000」的資料筆數，所以，使用的是多重條件的計數函數，而函數的參數設定上，必須符合兩個準則，第一個準則是「月份」必須是「2 月」；第二個準則是「交易金額」必須是「>=25000」。所以，此 COUNTIFS 函數的撰寫，必須包含 4 個參數：

第 1 個參數 **criteria_range1**，是第一組準則範圍「月份」，也就是 B2:B11。

第 2 個參數 **criteria1**，是第一組準則定義「2 月」，也就是字串 "2 月 "。

第 3 個參數 **criteria_range2**，是第二組準則範圍「交易金額」，也就是 F2:F11。

第 4 個參數 **criteria2**，是第二組準則定義「>=25000」，也就是字串 ">=25000"。

函數撰寫如下：

=COUNTIFS(B2:B11,"2 月 ",F2:F11,">=25000")

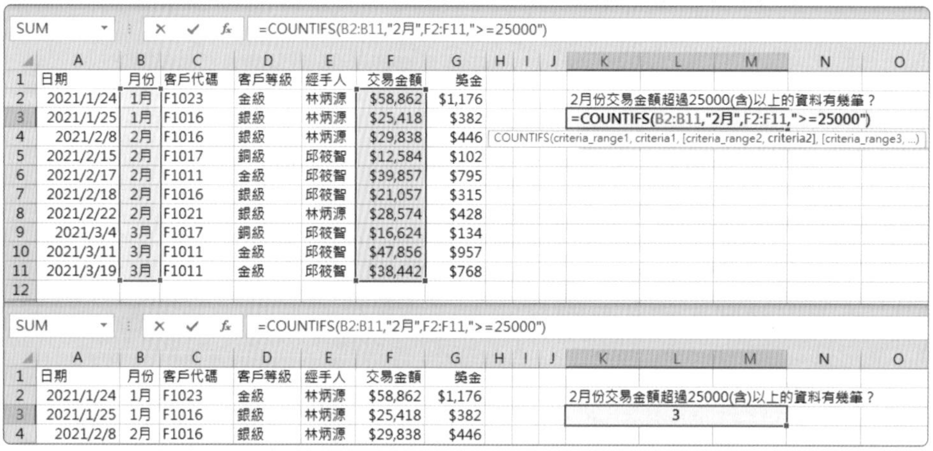

SUM　=COUNTIFS(B2:B11,"2月",F2:F11,">=25000")

	A	B	C	D	E	F	G	H	I	J	K	L	M	N	O
1	日期	月份	客戶代碼	客戶等級	經手人	交易金額	獎金								
2	2021/1/24	1月	F1023	金級	林炳源	$58,862	$1,176				2月份交易金額超過25000(含)以上的資料有幾筆？				
3	2021/1/25	1月	F1016	銀級	林炳源	$25,418	$382				=COUNTIFS(B2:B11,"2月",F2:F11,">=25000")				
4	2021/2/8	2月	F1016	銀級	林炳源	$29,838	$446				COUNTIFS(criteria_range1, criteria1, [criteria_range2, criteria2], [criteria_range3, ...)				
5	2021/2/15	2月	F1017	銅級	邱筱智	$12,584	$102								
6	2021/2/17	2月	F1011	金級	邱筱智	$39,857	$795								
7	2021/2/18	2月	F1016	銀級	邱筱智	$21,057	$315								
8	2021/2/22	2月	F1021	銀級	林炳源	$28,574	$428								
9	2021/3/4	3月	F1017	銅級	邱筱智	$16,624	$134								
10	2021/3/11	3月	F1011	金級	邱筱智	$47,856	$957								
11	2021/3/19	3月	F1011	金級	邱筱智	$38,442	$768								
12															

SUM　=COUNTIFS(B2:B11,"2月",F2:F11,">=25000")

	A	B	C	D	E	F	G	H	I	J	K	L	M	N	O
1	日期	月份	客戶代碼	客戶等級	經手人	交易金額	獎金								
2	2021/1/24	1月	F1023	金級	林炳源	$58,862	$1,176				2月份交易金額超過25000(含)以上的資料有幾筆？				
3	2021/1/25	1月	F1016	銀級	林炳源	$25,418	$382				3				
4	2021/2/8	2月	F1016	銀級	林炳源	$29,838	$446								

COUNTBLANK 函數

雖然 COUNTBLANK 函數沒有出現在這份模擬題上，但它曾經在歷年的考試題目中出現，也是頗為重要且常用的函數之一。此函數是用來計算儲存格範圍中空白儲存格的數目。因此，我們可以藉由 COUNTBLANK 函數瞭解到諸如：未成交的資料有幾筆 (沒有交易金額的空白格數量)、沒有參加比賽的人數有幾人 (沒有姓名的空白格數量) 等等問題。

語法：

COUNTBLANK(range)

參數：

- **range**

  這是不可省略的必要參數，用來表明要計算空白儲存格的範圍所在。

注意，若範圍裡的儲存格內含 "" (空白文字)，也會納入計算。不過，包含零值的儲存格則不會計算。

在〔烘焙機貸款分析〕工作表的儲存格 B11 中，使用函數來計算貸款採購咖啡機時繳清貸款所需的月份數。

評量領域：建立進階公式與巨集

評量目標：執行資料分析

評量技能：函數 NPER

解題步驟

STEP01

點選〔烘焙機貸款分析〕工作表。

STEP02

點選儲存格 B11。

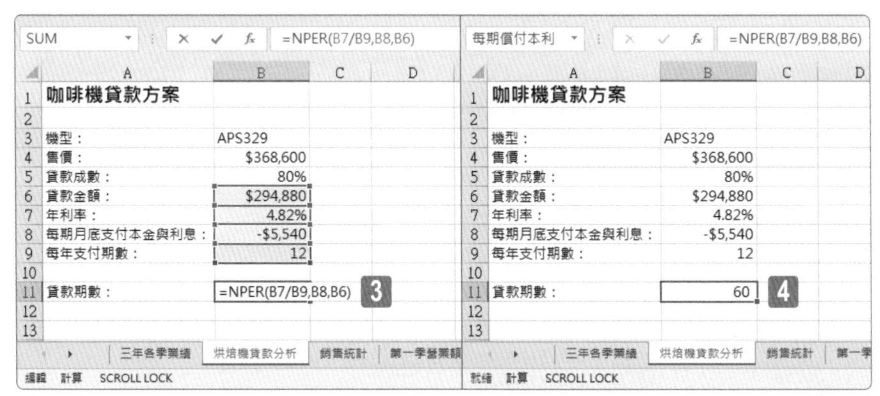

STEP03 輸入 NPER 函數的公式「=NPER(B7/B9,B8,B6)」。

STEP04 按下 Enter 按鍵後公式的運算結果顯示著「60」。

注意：這一題要注意的是借貸分析試算時的期數與利率單位是否一致。若利率是年利率，期數就必須是年；若利率是月利率，期數就必須是月。已知的年利率除以 12 便是月利率、年數乘以 12 自然便是月份數囉！

借貸方面的財務函數

雖然 Excel 與財務相關的函數多達五十多個，不過，諸如 PMT、FV、PV、RATE、NPER、IRR、…等等會計領域或日常生活中會運用到的借貸類別函數還是頗為常用且實用的。

PMT 函數

PMT 為 Payment 之縮寫，此 PMT 函數運用在借貸行為中，每期償付本金利息的計算。大家比較有經驗與觀念的借貸運算，應該是：若有一筆「貸款金額」，只要提供貸款「期數」、與貸款「利率」，就可以計算出在複利計算下，每期貸款應繳交的本利 (本金與利息之合計)，而這當中：

- 貸款金額 (present value，簡稱 pv，現值)
- 貸款期數 (The total number of payments for the loan，簡稱 nper，貸款次數或償還次數)
- 貸款利率 (The interest rate for the loan，簡稱 rate，貸款年利率)

就變成計算借貸時不可或缺的三個參數。

而 PMT 函數的完整語法是：

=PMT(rate, nper, pv, [fv], [type])

缺一不可的前三個參數便是 rate、nper、pv，至於 PMT 函數中後兩個參數在某些運算需求與情境是可省略的，其中：

- 最後一次付款完成後的餘額 (The future value，簡稱 fv，未來值)，在 PMT 函數的運算中，未輸入此參數值即預設為 0，也就是說，貸款的未來值是 0)。
- 借貸給付時間點 (The type of payments due，簡稱 type，期初或期末)，在與財務相關且為借貸、或有期數相關的參數中，多有 type 參數的規範，而所謂 type(型態) 參數設定，指的是給付時間點是期末還是期初。若是設定此 type 參數為 0 或省略，代表期末給付本利；若是設定此 type 參數為 1 則代表期初給付本利。

因此，下列簡單的借貸運算範例，若貸款金額是 2500000(儲存格 B1)、貸款期數 (年) 是 20(儲存格 B2)、貸款年利率是 1.85%(儲存格 B3)，則每期 (每年) 要繳交的本利是：

=PMT(B3,B2,B1)

所傳回的結果是 -150687.57，也就是每一年要繳交 150687.57 本利。而此值為什麼會是負數值呢？原因很簡單，「借」與「貸」原本就是一體兩面，是「借」還是「貸」，端賴報表角色的定位。若是計算貸款的報表，PMT 函數裡第 1 個參數貸款所得金額，是收入 (正數)，所以，計算出來的每期繳交本利就是負數值囉！若是借錢給別人，PMT 函數裡第 1 個參數是借出金額，也就是支出 (負數)，所以，PMT 計算出來的每期繳交本利代表的是收入，也就是正數值囉！

SUM =PMT(B3,B2,B1)

	A	B	C	D
1	貸款金額：	2500000		
2	貸款期數(年)：	20		
3	貸款利率(年)：	1.85%		
4				
5	每期償付本利：	=PMT(B3,B2,B1)		
6		PMT(rate, nper, pv, [fv], [type])		
7				

B5 =PMT(B3,B2,B1)

	A	B	C	D
1	貸款金額：	2500000		
2	貸款期數(年)：	20		
3	貸款利率(年)：	1.85%		
4				
5	每期償付本利：	-$150,687.57		
6				

想想，每年繳交 150687.57 的本利，持續繳交 20 年，就是：

150687.57 x 20 = 3013751.47

而與當初貸款金額 2500000 相比，多出來的 513751.47 (3013751.47-2500000) 便是這 20 年來頗為可觀的利息了！

若是想瞭解同樣的貸款數據與條件下，將原本每年繳交本金利息的運算，改採每月繳交本金利息，則每個月要繳多少錢呢？絕對不是將剛剛 PMT 函數的運算結果 (每年繳交的本利) 直接除以 12 喔！因為，Excel 與利率有關的函數，都是採用複利計算的，因此，應該是將運算單位做適度的調整，也就是原本的年利率改採月利率，原本期數若為「年」者，改採期數為「月」，而此例的函數撰寫如下：

=PMT(B3/12,B2*12,B1)

SUM | =PMT(B3/12,B2*12,B1)

	A	B	C	D
1	貸款金額：	2500000		
2	貸款期數(年)：	20		
3	貸款利率(年)：	1.85%		
4				
5	每期償付本利：	-$150,687.57		
6	每月償付每本：	=PMT(B3/12,B2*12,B1)		
7		PMT(rate, nper, pv, [fv], [type])		
8				

SUM | =PMT(B3/12,B2*12,B1)

	A	B	C	D
1	貸款金額：	2500000		
2	貸款期數(年)：	20		
3	貸款利率(年)：	1.85%		
4				
5	每期償付本利：	-$150,687.57		
6	每月償付每本：	-$12,470.25		
7				

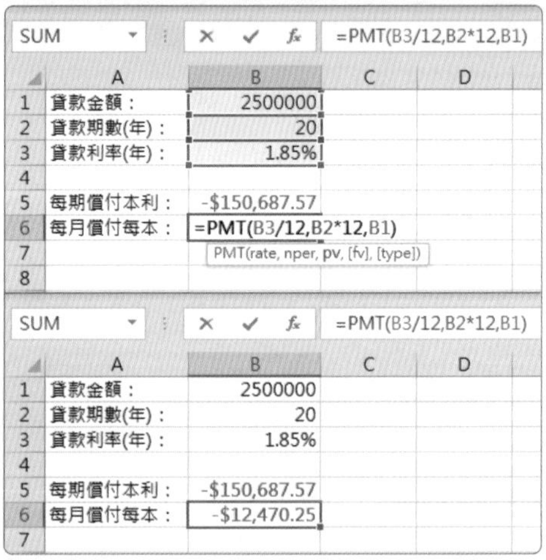

在 PMT 函數的使用中，第 3 個參數 fv，未來值，也就是最後一次付款完成後的餘額，其應用情境為何，下列範例將顯而易見。例如：在年利率為 3.5%(儲存格 F3)、繳交 24 個月 (儲存格 F2)，每個月一期、一年 12 期的情況下，每個月必須投入多少錢，才能在期滿後會有 50000 金額 (儲存格 F1)。此刻在運用 PMT 函數時採用年利率，因此，第 1 個參數 rate 儲存格 F3 必須除以 12、第 3 個參數 pv 現值應設定為 0，而第 4 個參數 fv 未來值，則可設定為期滿應得金額 50000 金額 (儲存格 F1)。

=PMT(F3/12,F2,0,-F1)

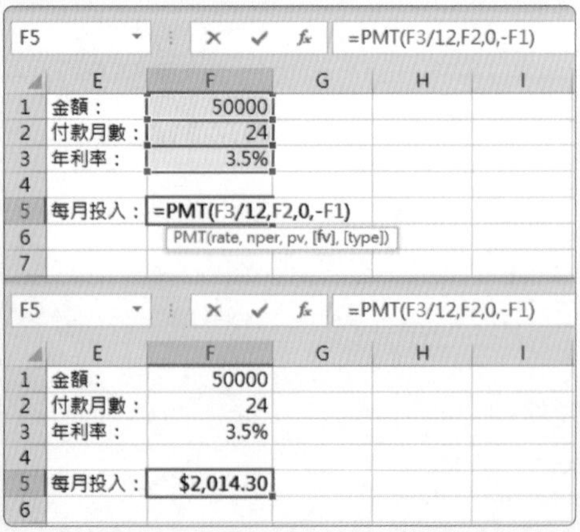

傳回 2014.30 即表示每個月存入這麼多錢，在年利率 3.5% 的狀態下，未來 24 個月後期滿會有 500000 的金額。

F5 | =PMT(F3/12,F2,0,-F1)

	E	F	G	H	I
1	金額：	50000			
2	付款月數：	24			
3	年利率：	3.5%			
4					
5	每月投入：	=PMT(F3/12,F2,0,-F1)			
6		PMT(rate, nper, pv, [fv], [type])			
7					

F5 | =PMT(F3/12,F2,0,-F1)

	E	F	G	H	I
1	金額：	50000			
2	付款月數：	24			
3	年利率：	3.5%			
4					
5	每月投入：	$2,014.30			
6					

TIPS & TRICKS

在與財務相關且為借、貸、或有期數相關的參數中，多有 type 參數的規範，所謂 type(型態) 參數設定，指的是給付時間點是期末還是期初。若是設定此 type 參數為 0 或省略，代表期末給付本利；若是設定此 type 參數為 1 則代表期初給付本利。

NPER 函數

瞭解了前述的 PMT 函數後，應該也可以猜得出來，NPER 函數是用在當已知貸款金額、年利率，以及每期繳交本利的這三個參數狀態下，計算出總共要繳交多少期的函數。其語法為：

NPER(rate,pmt,pv,[fv],[type])

函數裡各項參數的意義與功能，與前述範例 PMT 函數裡的參數一致，請參考前述說明。以下的範例表示：在貸款 500000(儲存格 B1)、年利率 2.0%(儲存格 B2)、每年期數為 12 期 (儲存格 B4)、每期 (也就是每個月) 繳交 8763.88 的本金利息 (儲存格 B3) 的情況下，透過 NPER 函數的撰寫，可計算出總共要繳交 60 期 (月)：

=NPER(B2/B4,B3,B1)

注意：由於繳交貸款，所以，儲存格 B3 的繳交本利是用負數值 -8763.88。

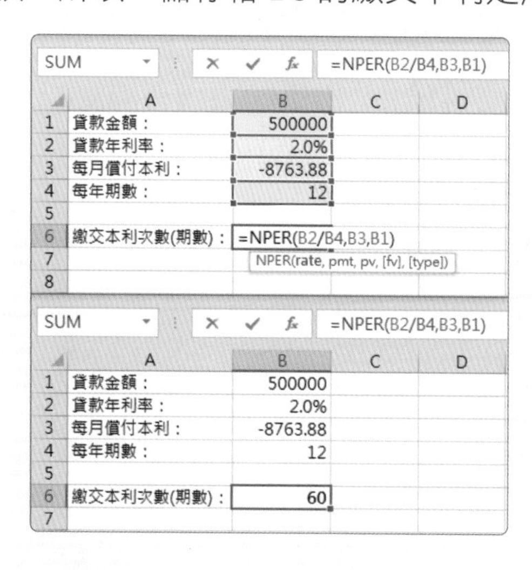

FV 函數

瞭解了 PMT 函數、NPER 函數後，FV 函數的理解與運用應該就更不是問題了！這是一個計算未來值 (future value) 的函數，意為可計算出在一連串的每期存 (付) 款下，期終未來總值是多少。其語法為：

FV(rate,nper,pmt,[pv],[type])

箇中參數的意義與使用方式，也都與 PMT 函數、NPER 函數相同，可參考前述的說明。簡單的說，我們可以利用 FV 函數來決定投資的未來值之最佳規劃。例如：小陳每月存款 2 萬元 (儲存格 B1)、年利率固定 1.25%(儲存格 B2) 的條件下，採複利計算利息，每一年繳交 12 期 (儲存格 B3)，也就是每個月一期，在繳交 10 年 (儲存格 B4) 後，期滿小陳會有多少存款？FV 函數可撰寫如下：

=FV(B2/B3,B4*B3,B1)

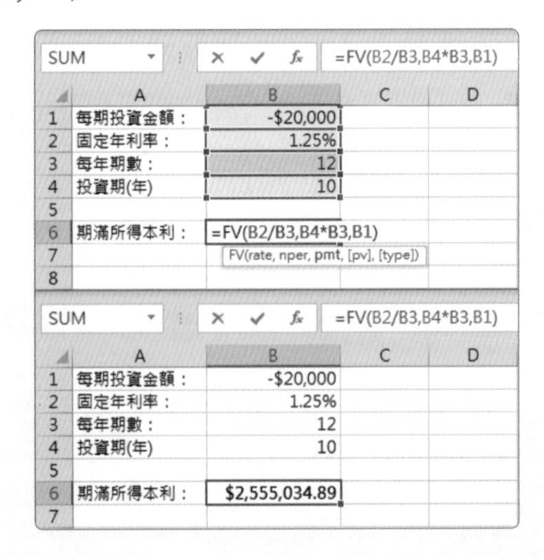

概念便是使用 FV 函數透過已知的支付額、利率、與期數，求得投資期滿後可以回收的金額 (未來值)。因此，FV 函數的語法可解讀為：

=FV(利率 , 期數 , 每期投資金額 ,[期初存入金額],[型態])

期初若未投入任額金額，第 4 個參數 [期初存入金額] 可省略不必輸入；若採用的是期末給付本利，則第 5 個參數 [型態] 亦可省略不必輸入。

我們再換個例子，小羅想參加定期定額投資，而期初就已經預先存入 20 萬元 (儲存格 B10)，以後，每月存入 5 千元 (儲存格 B11)，在年利率固定為 1.08%(儲存格 B12) 的狀態下，持續存款 5 年 (儲存格 B13)，則期滿後的本利會是多少錢呢？以下的 FV 函數可大顯身手！

=FV(B12/12,B13*12,B11,B10)

所以，5 年後小羅的投資期滿可領回 519,197 元。

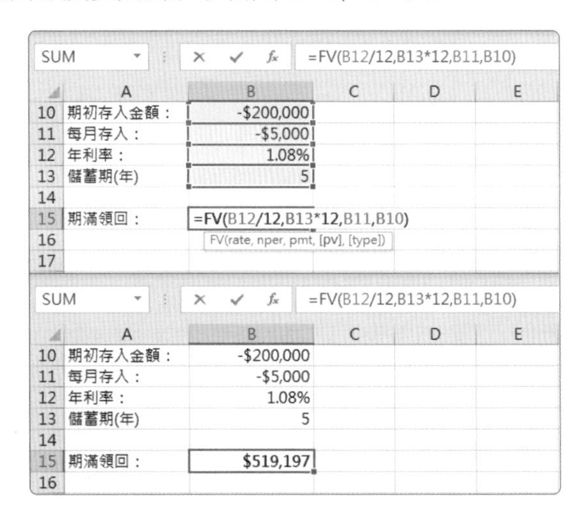

1 2 3 4 5 6

在〔第一季營業額〕工作表上，建立顯示「三月業績」各商品營業額的〔漏斗圖〕圖表，並在圖表左側加上商品名稱。將〔圖表標題〕變更為「三月營業成果」。圖表的大小和位置不重要。

評量領域：管理進階圖表與表格

評量目標：建立和修改進階圖表

評量技能：插入 / 漏斗圖

解題步驟

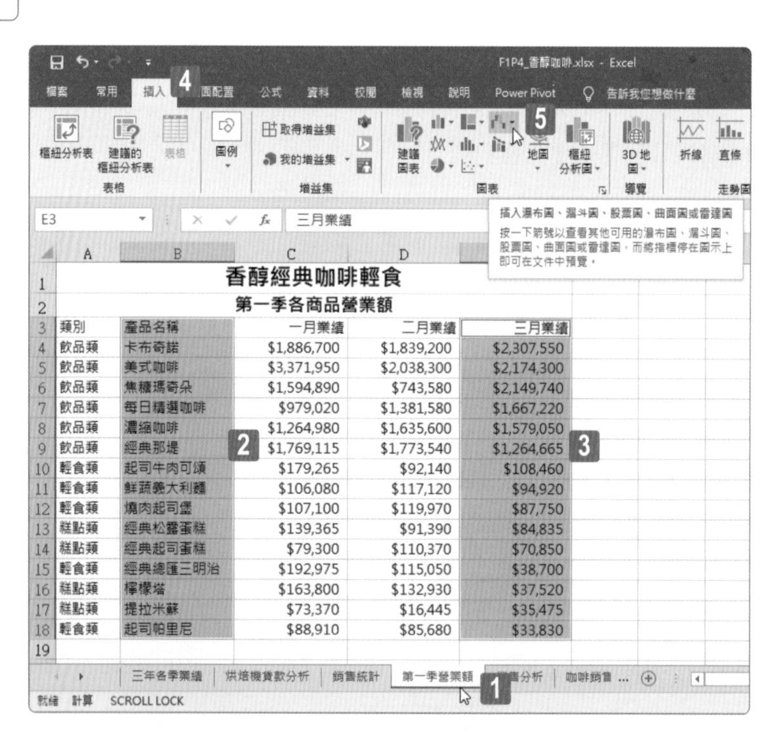

	A	B	C	D	E
1	香醇經典咖啡輕食				
2	第一季各商品營業額				
3	類別	產品名稱	一月業績	二月業績	三月業績
4	飲品類	卡布奇諾	$1,886,700	$1,839,200	$2,307,550
5	飲品類	美式咖啡	$3,371,950	$2,038,300	$2,174,300
6	飲品類	焦糖瑪奇朵	$1,594,890	$743,580	$2,149,740
7	飲品類	每日精選咖啡	$979,020	$1,381,580	$1,667,220
8	飲品類	濃縮咖啡	$1,264,980	$1,635,600	$1,579,050
9	飲品類	經典那堤	$1,769,115	$1,773,540	$1,264,665
10	輕食類	起司牛肉可頌	$179,265	$92,140	$108,460
11	輕食類	鮮蔬義大利麵	$106,080	$117,120	$94,920
12	輕食類	燻肉起司堡	$107,100	$119,970	$87,750
13	糕點類	經典松露蛋糕	$139,365	$91,390	$84,835
14	糕點類	經典起司蛋糕	$79,300	$110,370	$70,850
15	輕食類	經典總匯三明治	$192,975	$115,050	$38,700
16	糕點類	檸檬塔	$163,800	$132,930	$37,520
17	糕點類	提拉米蘇	$73,370	$16,445	$35,475
18	輕食類	起司帕里尼	$88,910	$85,680	$33,830
19					

STEP01 點選〔第一季營業額〕工作表。

STEP02 選取儲存格範圍 B3:B18。

STEP03 按住 Ctrl 按鍵後再複選儲存格範圍 E3:E18。

STEP04 點按〔插入〕索引標籤。

STEP05 點按〔圖表〕群組裡的〔插入瀑布圖、漏斗圖、股票圖、曲面圖或雷達圖〕命令按鈕。

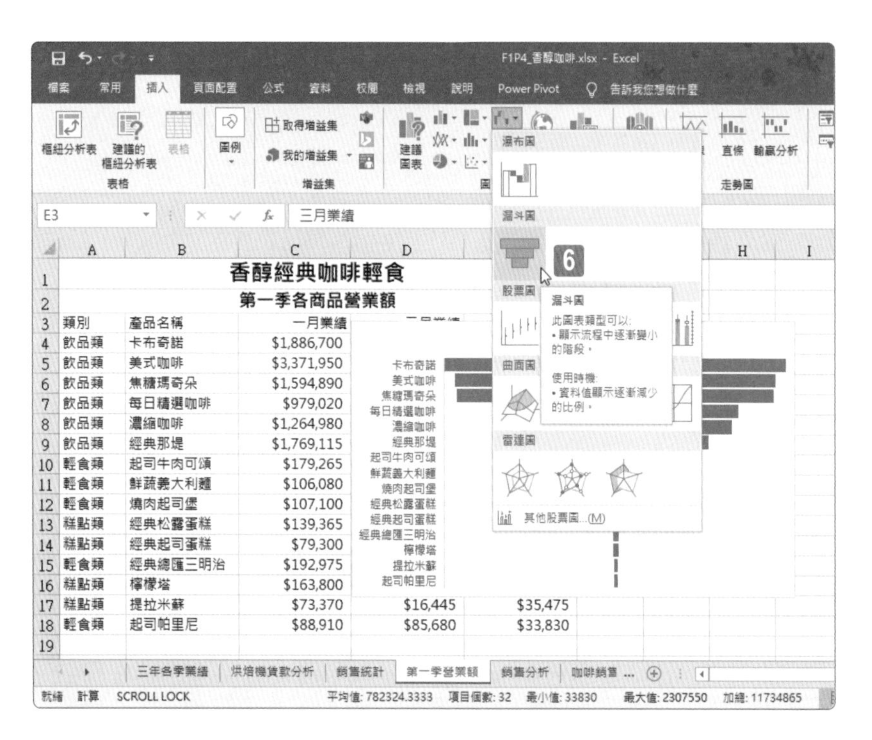

STEP06 從展開的圖表選單中點選〔漏斗圖〕。

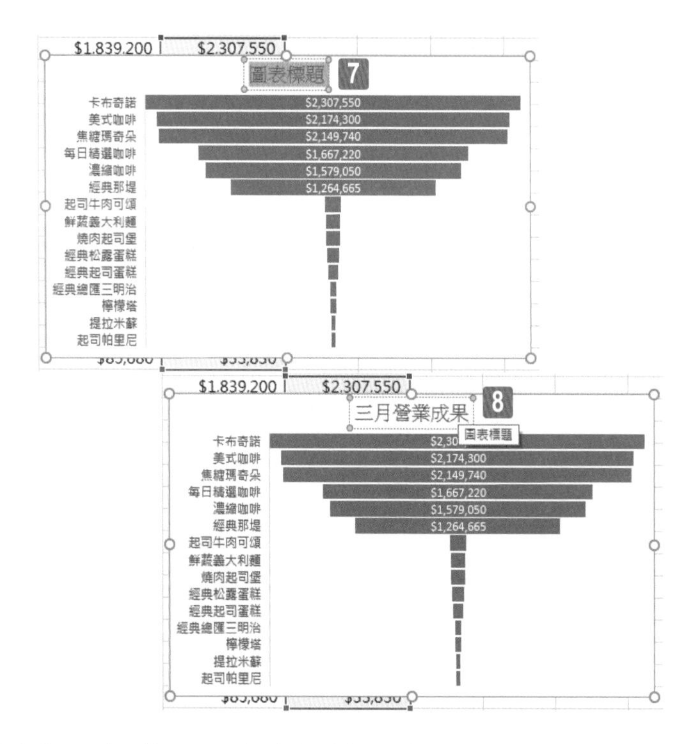

STEP07 選取圖表標題裡的預設文字將其刪除。

STEP08 輸入新的圖表標題文字「三月營業成果」。

1 2 3 4 5 6

在〔銷售分析〕工作表上，建立一個可顯示樞紐分析表資料的〔立體圓形圖〕〔樞紐分析圖〕。篩選圖表以僅顯示商品類別為「飲品類」的資料。圖表的大小和位置不重要。

評量領域：管理進階圖表與表格
評量目標：建立和修改樞紐分析圖
評量技能：建立樞紐分析圖

解題步驟

STEP01 點選〔銷售分析〕工作表。

STEP02 點選工作表上樞紐分析表裡的任一儲存格。例如：儲存格 B4。

STEP03 點按〔插入〕索引標籤。

STEP04 點按〔圖表〕群組裡的〔插入圓形圖或環圈圖〕命令按鈕。

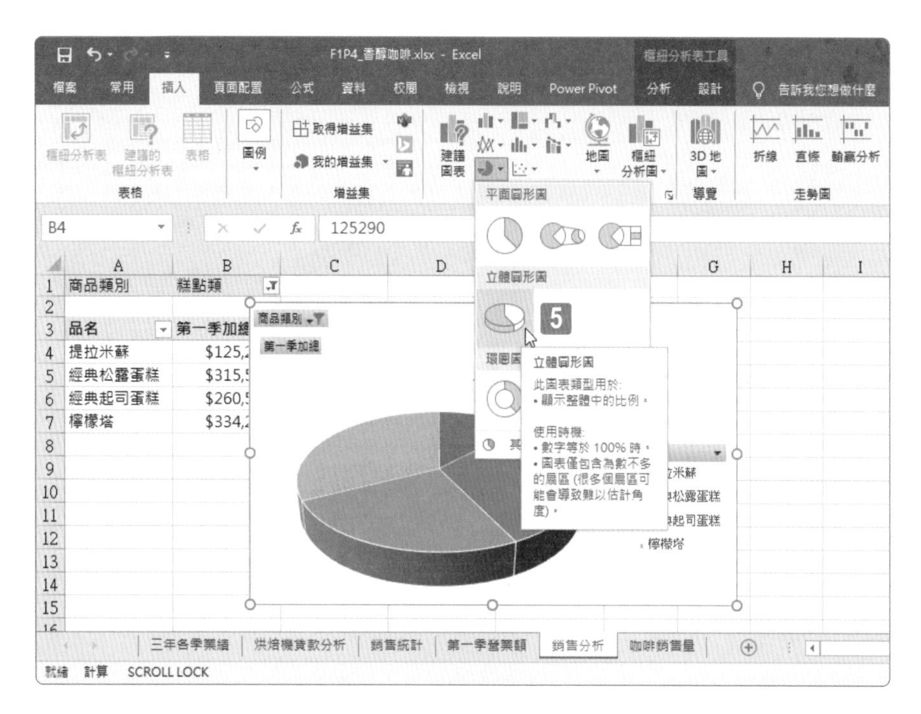

STEP 05 從展開的圖表選單中點選〔立體圓形圖〕。

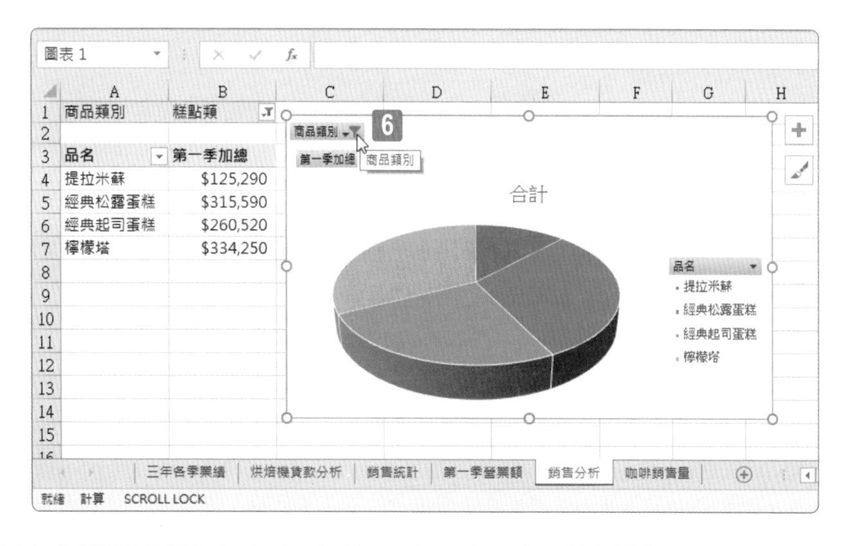

STEP 06 點按立體圓形圖表左上方的〔商品類別〕篩選按鈕。

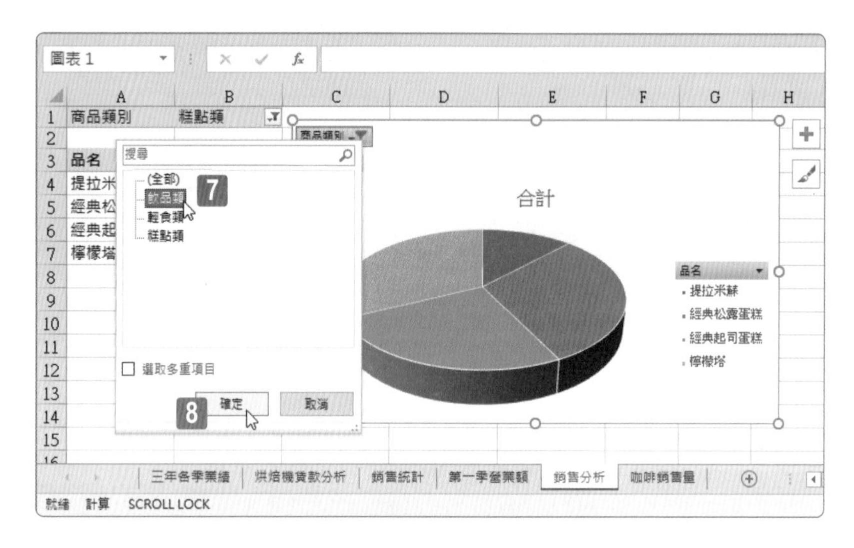

STEP07 從開啟的選單中點選「飲品類」。

STEP08 點按〔確定〕按鈕。

完成僅篩選商品類別為「飲品類」的資料。

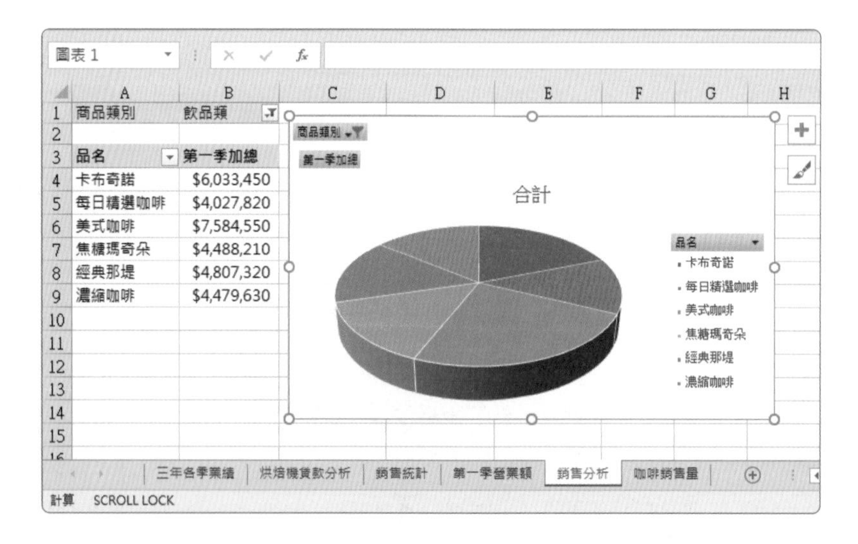

專案 5 台灣鄉鎮市人口

您正在研究台灣人口資料以準備進行近期內的全國人口普查工作，其中，資料確認的工作、醒目報表的製作，都是追求報表無誤以及視覺化呈現的重要目標與原則。

1 2 3 4

在〔縣市人口排名〕工作表上，將儲存格 F4:F25 的資料驗證錯誤訊息變更為「請輸入 1 到 22 之間的數字」。

評量領域：管理與格式化資料

評量目標：格式化和驗證資料

評量技能：資料 / 資料驗證

解題步驟

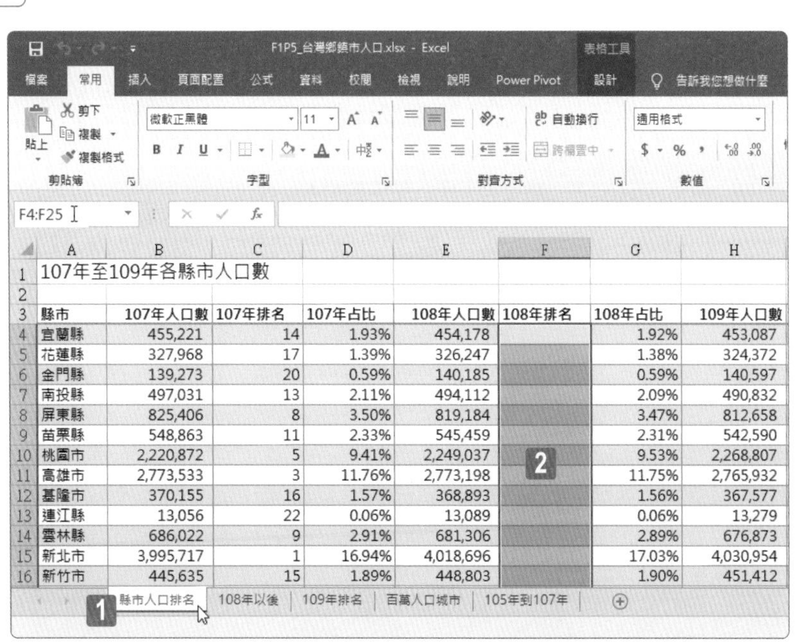

STEP01 點選〔縣市人口排名〕工作表。

STEP02 選取儲存格範圍 F4:F25。

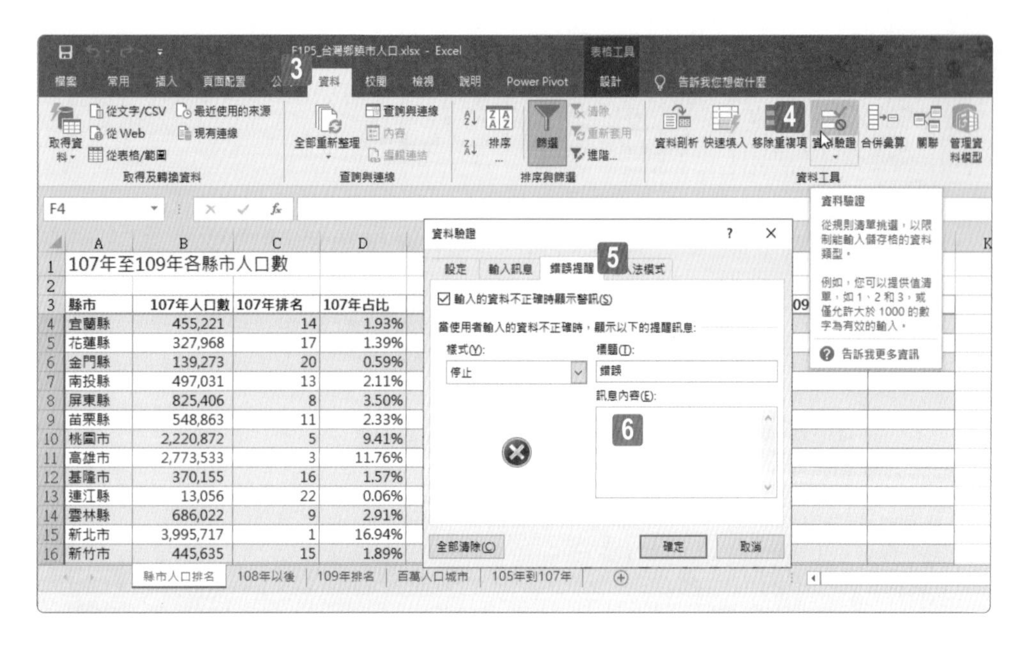

STEP03 點按〔資料〕索引標籤。

STEP04 點按〔資料工具〕群組裡的〔資料驗證〕命令按鈕。

STEP05 開啟〔資料驗證〕對話方塊，點按〔錯誤提醒〕索引頁籤。

STEP06 點按一下訊息內容文字區塊。

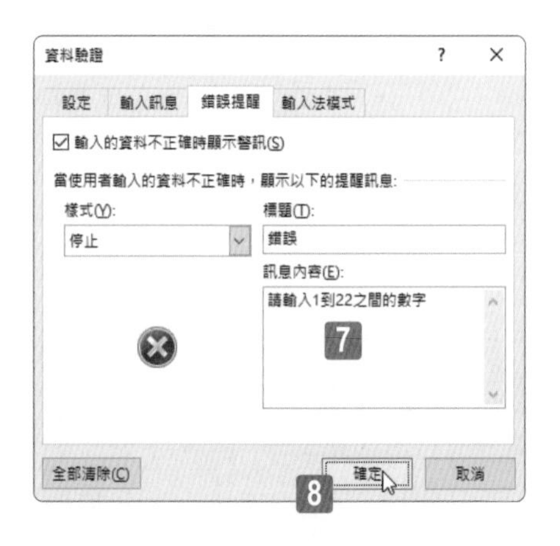

STEP07 在此輸入文字：「請輸入 1 到 22 之間的數字」。

STEP08 按下〔確定〕按鈕。

1 2 3 4

在〔縣市人口排名〕工作表上的儲存格 E4:E25 中，建立使用〔三色色階〕格式樣式的〔設定格式化的條件〕規則，以黃色顯示最小值，以橙色顯示中間點，並以紅色顯示最大值。

評量領域：管理與格式化資料

評量目標：套用進階的設定格式化的條件和篩選

評量技能：設定格式化的條件 - 色階

解題步驟

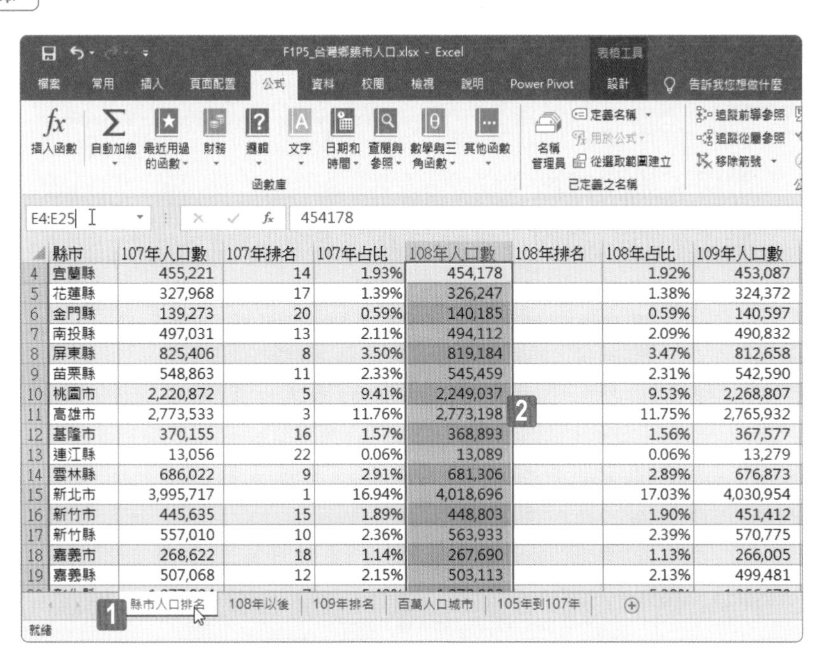

STEP01 點選〔縣市人口排名〕工作表。

STEP02 選取儲存格範圍 E4:E25。

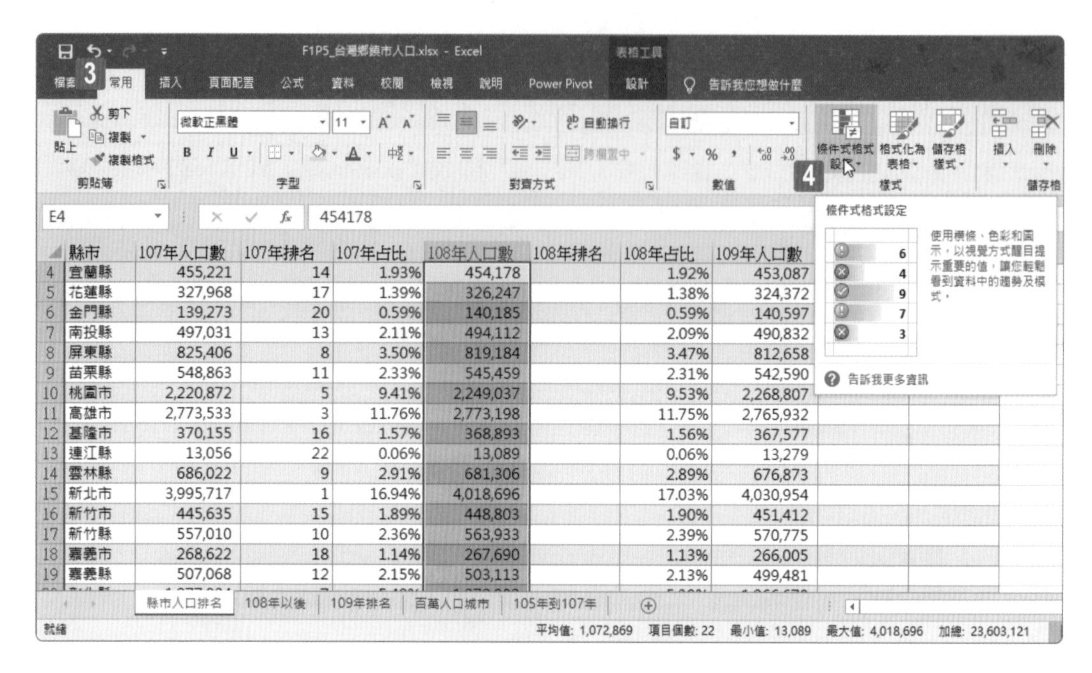

STEP03 點按〔常用〕索引標籤。

STEP04 點按〔樣式〕群組裡的〔條件式格式設定〕命令按鈕。

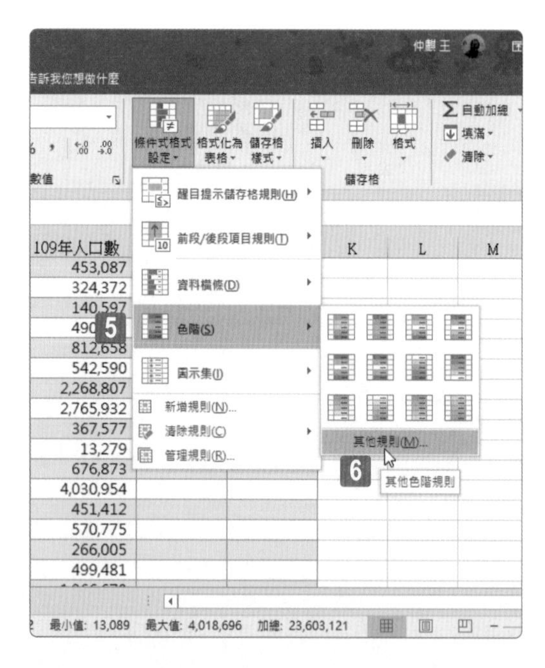

STEP05 從展開的格式化條件選單中點選〔色階〕功能選項。

STEP06 再從展開的副選單中點選〔其他規則〕。

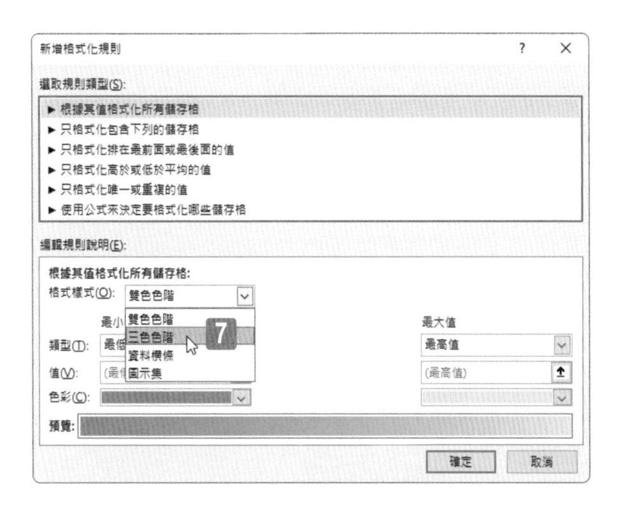

STEP07

開啟〔新增格式化規則〕對話方塊，將〔格式樣式〕設定為〔三色色階〕。

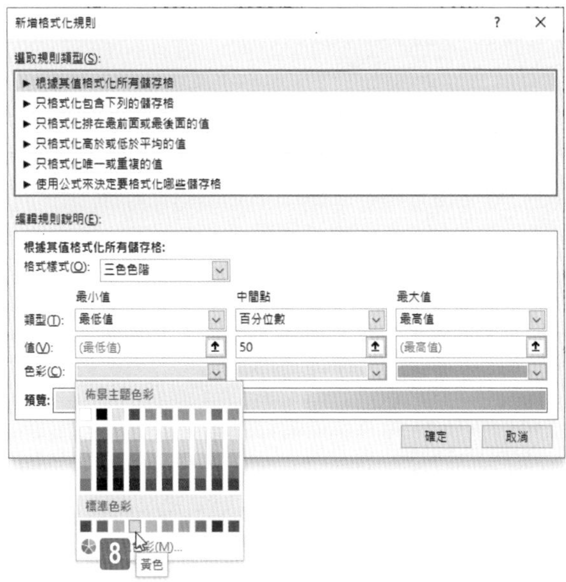

STEP08

設定最小值的色彩為〔黃色〕。

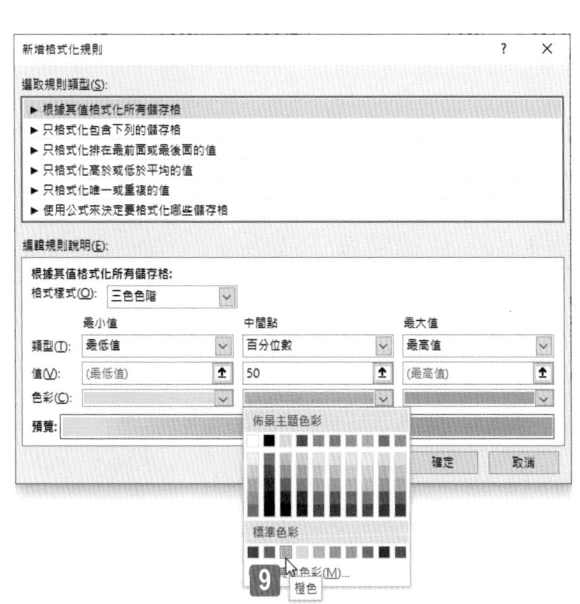

STEP09

設定中間點的色彩為〔橙色〕。

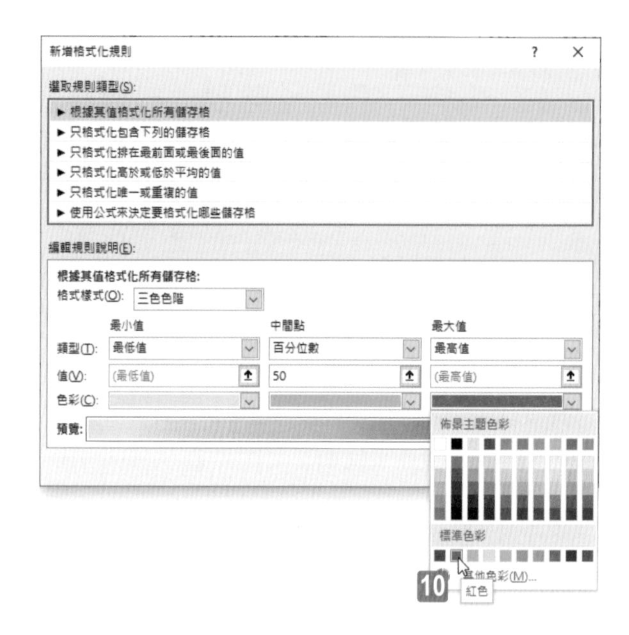

STEP10 設定最大值的色彩為〔紅色〕。

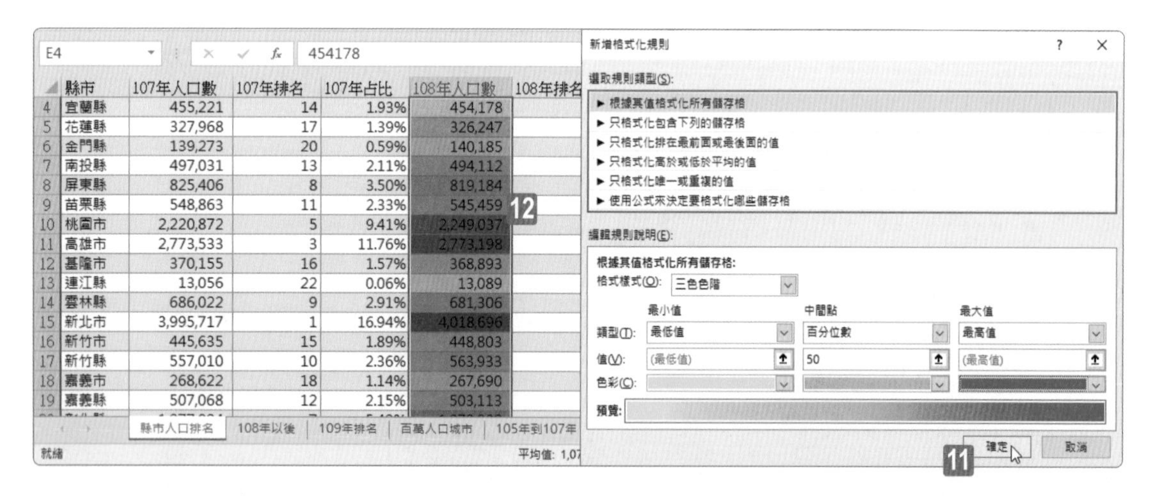

STEP11 完成〔三色色階〕的三個色彩之設定，點按〔確定〕按鈕，結束〔新增格式化規則〕對話方塊的操作。

STEP12 儲存格範圍 E4:E25 已經順利套用了〔三色色階〕的格式。

1 2 3 4

在〔108 年以後〕工作表上的 G 欄中，輸入公式使其可運用〔109 年排名〕工作表的資料，傳回每一個縣市鄉鎮區的人口數。

評量領域：建立進階公式與巨集

評量目標：使用函數查詢資料

評量技能：函數 VLOOKUP

解題步驟

F1P5_台灣鄉鎮市人口.xlsx - Excel　表格工具

G2

	A	B	C	D	E	F	G	H
1	ID	縣市鄉鎮區	縣市鄉	108年人口數	108年排名	108年佔比	109年人口數	109年排名
2	1	新北市八里區	新北市	39,531	151	0.17%		
3	2	新北市三芝區	新北市	22,768	226	0.10%		
4	3	新北市三重區	新北市	386,336	6	1.64%		
5	4	新北市三峽區	新北市	116,478	61	0.49%		
6	5	新北市土城區	新北市	237,696	16	1.01%		
7	6	新北市中和區	新北市	413,069	5	1.75%		
8	7	新北市五股區	新北市	88,000	81	0.37%		
9	8	新北市平溪區	新北市	4,546	351	0.02%		
10	9	新北市永和區	新北市	220,595	22	0.93%		
11	10	新北市石門區	新北市	11,834	291	0.05%		
12	11	新北市石碇區	新北市	7,629	321	0.03%		
13	12	新北市汐止區	新北市	203,429	28	0.86%		
14	13	新北市坪林區	新北市	6,689	329	0.03%		
15	14	新北市板橋區	新北市	556,897	1	2.36%		
16	15	新北市林口區	新北市	115,582	62	0.49%		

縣市人口排…　108年以後　109年排名　百萬人口城市　105年到107年

就緒

1 2

STEP01 點選〔108 年以後〕工作表。

STEP02 點選儲存格 G2。

G2　=VLOOKUP(

	A	B	C	D	E	F	G	H	I	J
1	ID	縣市鄉鎮區	縣市鄉	108年人口數	108年排名	108年佔比	109年人口數	年排名	109年佔比	
2	1	新北市八里區	新北市	39,531	151	0.17%	=VLOOKUP(			
3	2	新北市三芝區	新北市	22,768	226	0.10%				
4	3	新北市三重區	新北市	386,336	6	1.64%				

VLOOKUP(lookup_value, table_array, col_index_num, [range_lookup])

3

B2　=VLOOKUP([@縣市鄉鎮區]

	A	B	C	D	E	F	G	H	I	J
1	ID	縣市鄉鎮區	縣市鄉	108年人口數	108年排名	108年佔比	109年人口數	109年排	109年佔比	
2	1	新北市八里區	新北市	39,531	151	0.17%	=VLOOKUP([@縣市鄉鎮區]			
3	2	新北市三芝區	新北市	22,768	226	0.10%				
4	3	新北市三重區	新北市	386,336	6	1.64%				

VLOOKUP(lookup_value, table_array, col_index_num, [range_lookup])

4 5

STEP03 輸入 VLOOKUP 函數的公式「=VLOOKUP(」。

STEP04 點選儲存格 B2。

STEP05 由於所點選的儲存格 B2 位於資料表裡，因此，公式裡的參數是以結構化參照的方式參照到儲存格 B2 的內容，形成「=VLOOKUP([@ 縣市鄉鎮區]」。

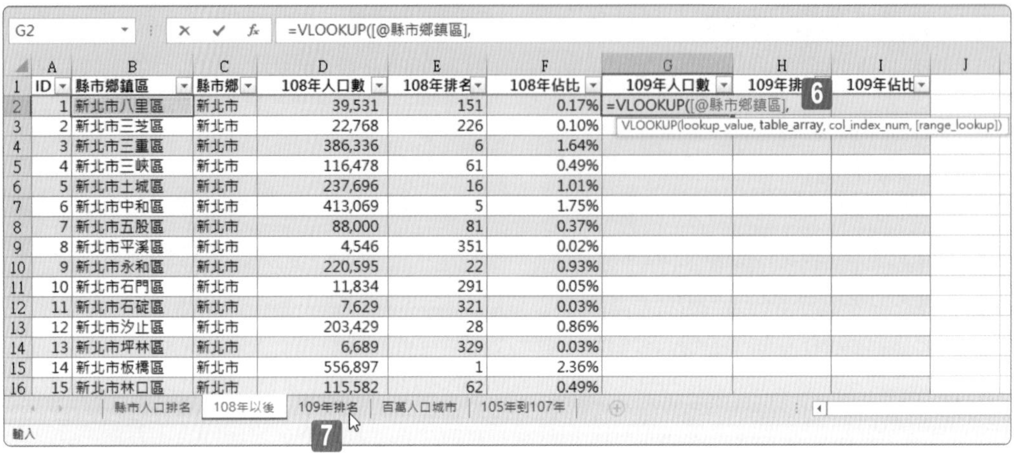

G2 =VLOOKUP([@縣市鄉鎮區],

	A	B	C	D	E	F	G	H	I
1	ID	縣市鄉鎮區	縣市鄉	108年人口數	108年排名	108年佔比	109年人口數	109年排	109年佔比
2	1	新北市八里區	新北市	39,531	151	0.17%	=VLOOKUP([@縣市鄉鎮區],		
3	2	新北市三芝區	新北市	22,768	226	0.10%	VLOOKUP(lookup_value, table_array, col_index_num, [range_lookup])		
4	3	新北市三重區	新北市	386,336	6	1.64%			
5	4	新北市三峽區	新北市	116,478	61	0.49%			
6	5	新北市土城區	新北市	237,696	16	1.01%			
7	6	新北市中和區	新北市	413,069	5	1.75%			
8	7	新北市五股區	新北市	88,000	81	0.37%			
9	8	新北市平溪區	新北市	4,546	351	0.02%			
10	9	新北市永和區	新北市	220,595	22	0.93%			
11	10	新北市石門區	新北市	11,834	291	0.05%			
12	11	新北市石碇區	新北市	7,629	321	0.03%			
13	12	新北市汐止區	新北市	203,429	28	0.86%			
14	13	新北市坪林區	新北市	6,689	329	0.03%			
15	14	新北市板橋區	新北市	556,897	1	2.36%			
16	15	新北市林口區	新北市	115,582	62	0.49%			

縣市人口排名 | 108年以後 | 109年排名 | 百萬人口城市 | 105年到107年

輸入

6 7

STEP06 接著輸入逗點後，進行 VLOOKUP 函數裡第二個參數的參照。

STEP07 點選〔109 年排名〕工作表。

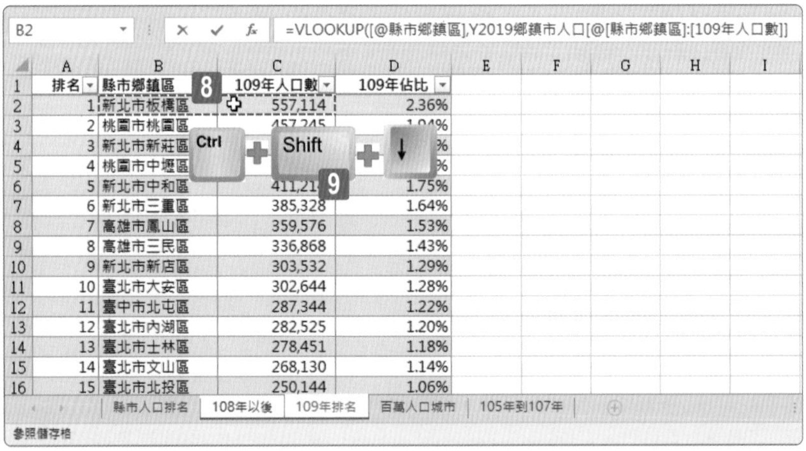

B2 =VLOOKUP([@縣市鄉鎮區],Y2019鄉鎮市人口[@[縣市鄉鎮區]:[109年人口數]]

	A	B	C	D
1	排名	縣市鄉鎮區	109年人口數	109年佔比
2	1	新北市板橋區	557,114	2.36%
3	2	桃園市桃園區	457,245	1.94%
4	3	新北市新莊區		%
5	4	桃園市中壢區		%
6	5	新北市中和區	411,21	1.75%
7	6	新北市三重區	385,328	1.64%
8	7	高雄市鳳山區	359,576	1.53%
9	8	高雄市三民區	336,868	1.43%
10	9	新北市新店區	303,532	1.29%
11	10	臺北市大安區	302,644	1.28%
12	11	臺中市北屯區	287,344	1.22%
13	12	臺北市內湖區	282,525	1.20%
14	13	臺北市士林區	278,451	1.18%
15	14	臺北市文山區	268,130	1.14%
16	15	臺北市北投區	250,144	1.06%

Ctrl + Shift + ↓

8 9

縣市人口排名 | 108年以後 | 109年排名 | 百萬人口城市 | 105年到107年

參照儲存格

STEP08 畫面切換至〔109 年排名〕工作表後，選取儲存格範圍 B2:C2。

STEP09 按下 Ctrl+Shift+ 往下方向鍵，可以迅速選取儲存格範圍 B2:C2 以及其下方的連續範圍。

STEP10 完成 VLOOKUP 函數第二個參數的設定後，再輸入「,2,」準備進行第四個參數的選擇。

STEP11 從下拉選單中點選〔FALSE- 完全符合〕選項，或者親自輸入「FALSE」或是輸入「0」(VLOOKUP 函數的第四個參數不管是設定為 FALSE 或是 0 都是代表完全符合的意思)。

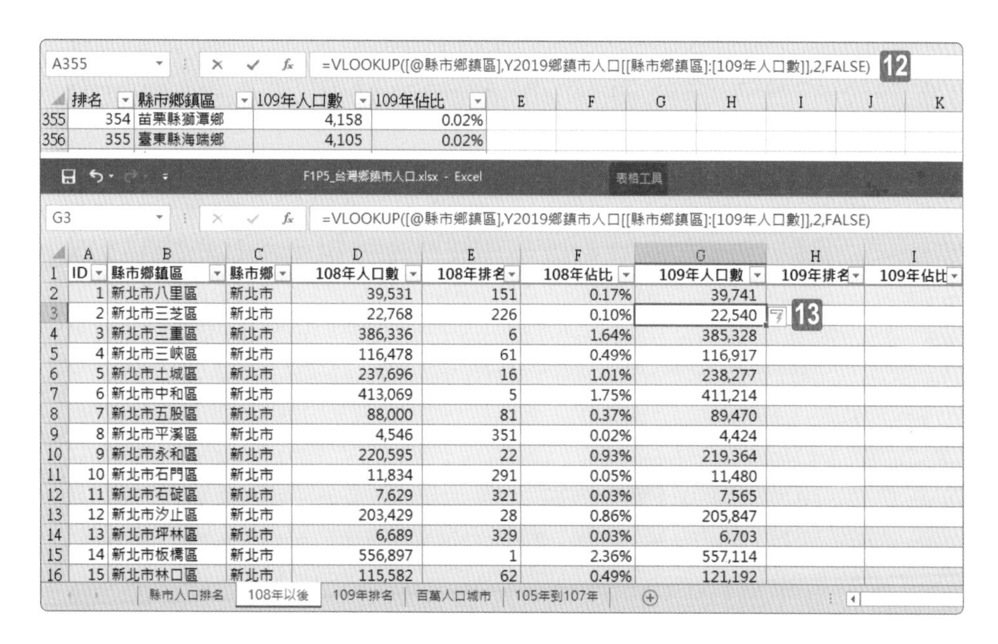

STEP12 最後補上小右括號完成 VLOOKUP 函數的公式輸入，再按下 Enter 按鍵。

STEP13 由於公式是建立在表格裡，因此，僅輸入一個儲存格公式就會自動往下填滿，完成整個資料欄位的公式。

VLOOKUP 查找函數

VLOOKUP 函數的功能正如其函數名稱，V 代表 Vertical(垂直) 之意，而 LOOKUP 當然就是查詢的意思，透過這個垂直查詢函數，可以讓使用者在表格陣列（也就是所謂的比對表）的首欄中搜尋資料，並傳回該表格陣列中同一列之其他欄位裡的內容。此函數的語法為：

VLOOKUP(lookup_value,table_array,col_index_num,range_lookup)

參數說明：

- **lookup_value**

  此參數為查詢值，也就是您想要在 table_array 參數所參照的比對表之首欄中找尋的值。此 lookup_value 參數可以是數值，也可以是參照位址。當 lookup_value 小於 table_array 首欄中的最小值時，VLOOKUP 函數將會傳回錯誤值 #N/A。

- **table_array**

  此參數為進行查詢工作時的比對表，必須是兩欄以上的資料範圍或參照範圍。此 table_array 參數可以是參照位址，也可以是指向某個範圍的範圍名稱，或者可傳回參照範圍的函數。在 table_array 首欄中的值可以是文字、數字或邏輯值 (不分大小寫)。

- **col_index_num**

  此參數為 table_array 欄位編號，通常此值是正整數。如果 col_index_num 參數值為 1，則表示查詢成功後要傳回 table_array 該列第 1 欄裡的內容；如果 col_index_num 參數值為 2，則表示查詢成功後要傳回 table_array 該列第 2 欄裡的內容，依此類推。不過，若 col_index_num 參數值小於 1，則 VLOOKUP 函數將會傳回錯誤值 #VALUE!。如果 col_index_num 參數值大於 table_array 的總欄數，則 VLOOKUP 函數將會傳回錯誤值 #REF!。

- **range_lookup**

  此參數是一個邏輯值，專門用來指定 VLOOKUP 函數應該要尋找完全符合的值還是部分符合的值。若此參數值為 TRUE 或被省略了，則表示要傳回完全符合或部分符合的值，意即當查詢不到完全符合的值時，也會傳回僅次於 lookup_value 的值。此種狀況下，table_array 首欄中的資料必須以遞增順序排序，否則 VLOOKUP 可能無法傳回正確的內容。如果 range_lookup 參數值為 FALSE，則 VLOOKUP 函數只會尋找完全符合的值。在此情況下，table_array 首欄裡的資料便不需要事先排序。而如果 table_array 首欄中有兩個以上的值與想要尋找的 lookup_value 相符時，將會傳回第一個找到的內容。如果找不到完全符合的值，便傳回錯誤值 #N/A。

簡言之，lookup_value 就是您想要查詢的值，table_array 就是資料比對表，其首欄便是 lookup_value 要逐一比對的內容。而 VLOOKUP 的運作原理是將您要查詢的值 (lookup_value) 與資料比對表 (table_array) 其首欄裡的每一個儲存格內容依垂直方向，由上而下逐一進行比對，當查獲到完全一致的值或僅次於要查詢的值後，即表示已經尋獲想要查詢的資料之所在位置，正位於比對表首欄由上而下的某一資料列，然後，再根據 col_index_num 的值，自該資料列由左而右方向，取出指定 (col_index_num) 的儲存格內容 (由左而右的第 n 格)。

以下圖為例，這是一個輸入上課「地點」，然後，根據此「地點」在名為「教室規格表」中，查詢「場地費用」的範例。其中，儲存格 C2 是 lookup_value 參數，也就是上課「地點」；另一工作表 (教室資料) 的範圍 A2:E6 已經事先命名為「教室規格表」，在此 VLOOKUP 範例便是屬於 table_array 參數，也就是存放各個上課地點的基本資料，而此「教室規格表」共有 5 欄，第 1 欄為上課地點、第 2 欄為最大容納人數、第 3 欄為場地費用、第 4 欄為聯絡人、第 5 欄為分機號碼。因此，當 col_index_num 參數為 2 時，即可查詢取得最大容納人數的資訊、若 col_index_num 參數為 3 時，可查詢取得場地費用的資訊。至於此例中的查詢，是根據「場次」工作表裡的上課「地點」(儲存格 C2) 到「教室規格表」首欄由上而下逐一比對，進行完全符合的比對查詢，因此，VLOOKUP 函數中的最後一個參數必須設定為 FALSE，也就是完全符合的比對，因為，地點的查找比對，一定要名稱完全相符才算查找成功啊！

所以，要查找場地費用的 VLOOKUP 函數可寫成：

=VLOOKUP(C2, 教室規格表 ,3,FALSE)

	A	B	C	D
1	日期	主題	地點	場地費用
2	2021/5/3	視覺化分析實作	電腦教室1	=VLOOKUP(C2,教室規格表,3,FALSE
3	2021/6/12	資訊安面面觀	第二會議中心	
4	2021/6/18	論文排版實務	電腦教室2	
5	2021/6/25	生涯規劃從小開始	第一會議中心	
6	2021/7/3	資產管理要務	第二會議中心	
7	2021/7/18	樞紐分析基礎	電腦教室2	
8	2021/7/22	大數據分析實作	電腦教室3	
9	2021/8/16	唐代藝術賞析	第一會議中心	

	A	B	C	D	E
1	上課地點	最大容納人數	場地費用	聯絡人	分機
2	第一會議中心	40	20000	李小明	2763
3	第二會議中心	30	15000	陳曉珊	3345
4	電腦教室1	20	10000	朱惠雯	2123
5	電腦教室2	15	7500	李小明	2763
6	電腦教室3	30	15000	王大德	2234

完成第一個課程主題其上課地點的場地費用查找後，便可以將此 VLOOKUP 公式往下填滿至每一個儲存格，完成所有課程主題之上課地點的場地費用查找。

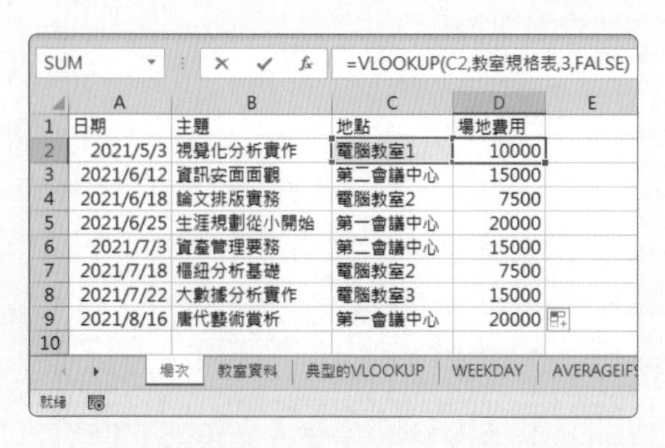

	A	B	C	D
1	日期	主題	地點	場地費用
2	2021/5/3	視覺化分析實作	電腦教室1	10000
3	2021/6/12	資訊安面面觀	第二會議中心	15000
4	2021/6/18	論文排版實務	電腦教室2	7500
5	2021/6/25	生涯規劃從小開始	第一會議中心	20000
6	2021/7/3	資產管理要務	第二會議中心	15000
7	2021/7/18	樞紐分析基礎	電腦教室2	7500
8	2021/7/22	大數據分析實作	電腦教室3	15000
9	2021/8/16	唐代藝術賞析	第一會議中心	20000

瞭解了 VLOOKUP 函數應用在完全符合的比對查找後，再看看以下的範例，可以學習 VLOOKUP 函數在大約符合的查找比對上是如何進行的。此例是希望根據每位員工的業績，來查找符合該業績的應得佣金。以第一位員工的業績為例，其業績金額是位於儲存格 C2 的 69321，因此，儲存格 C2 可視為 lookup_value 參數；在同一張工作表右側的儲存格範圍 H2:K8 已經事先命名為「對照表」，在此 VLOOKUP 範例則是屬於 table_array 參數，也就是存放著不同業績大小可以取得若干佣金、累進稅率以及相對考績等資訊的對照表。其中，第 1 欄是各業績級距的資訊，此欄的數值內容必須由上而下以遞增方式排列，例如：第一個業績級距是 0、第二個業績級距是 1000、第三個業績級距是 5000、第四個業績級距是 10000、….、最後一個業績級距是 100000。此對照表的第 2 欄是佣金，即顯示不同業績級距可獲得的佣金。例如：根據首欄業績級距的對照可知，當業績超過 0 且低於 1000 的級距時，沒有佣金；若業績超過 1000 且低於 5000 的級距時，可獲得佣金 30；如果業績超過 5000 且低於 10000 的級距時，可獲得佣金 150；依此類推當業績超過 50000 且低於 100000 的級距時，可獲得佣金 2560；如果業績超過 100000 以上的級距時，則可獲得最高佣金 6880。此外，此對照表的第 3 欄是累進稅、第 4 欄是考績，所以，同樣的模式，不同的業績級距會有不同的佣金，也會有不同的累進稅與考績。根據 VLOOKUP 函數的應用原理，若是將 col_index_num 參數設定為 2 時，便可以查找到該級距的佣金、，若是將 col_index_num 參數設定為 4 時，便可以查找到該級距的考績。

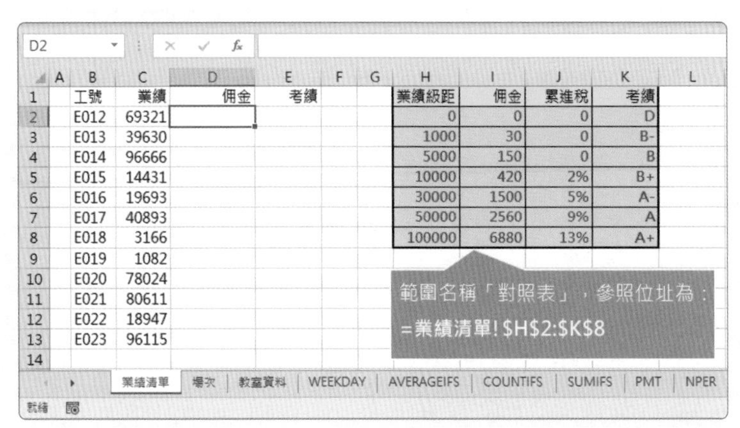

由於此例是根據每位員工的「業績」(位於 C 欄)到「對照表」的首欄由上而下逐一比對，因此，「對照表」的首欄是業績級距，也就是業績區間，因此，員工的業績金額到這裡進行查找比對時，僅需做到大約符合的查找比對即可，也就是比對員工業績是介於哪一個級距區間，而不是一定要與 H2:H8 裡的業績級距值完全符合才算比對成功。所以，數值性的資料比對通常是採取大約符合的查找、文字性的資料比對通常就是採取完全符合的查找比對。在此範例中，針對第一個工號其業績的佣金查詢而言，我們可以在儲存格 D2 裡輸入以下公式：

=VLOOKUP(C2, 對照表 ,2,TRUE)

最後一個參數設定為 TRUE 的目的，就是期望進行大約符合的查照比對。

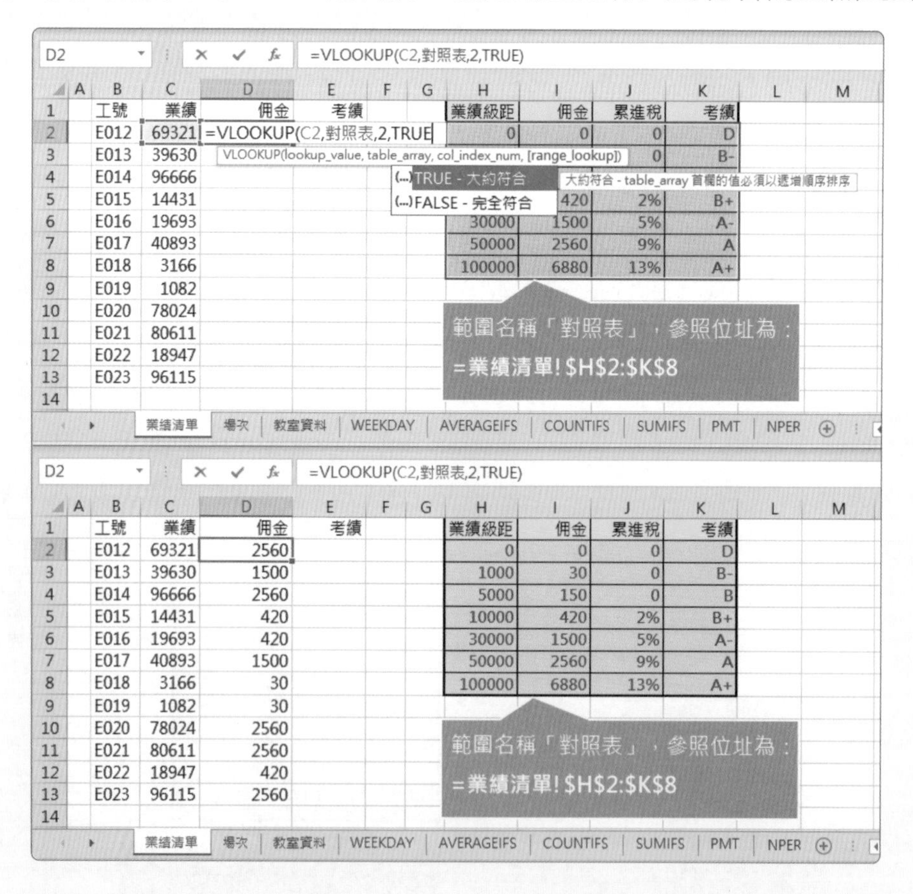

若是要查找考績，則因為考績位於「對照表」的第 4 欄，所以，col_index_num 參數必須設定為 4，以此範例而言。可以在儲存格 E2 裡輸入以下公式：

=VLOOKUP(C2, 對照表 ,4,TRUE)

1 2 3 4

在〔百萬人口城市〕工作表上的樞紐分析表中，建立名為「人口變更」的計算欄位，顯示 107 年人口到 109 年人口的成長變化。

評量領域：管理進階圖表與表格

評量目標：建立和修改樞紐分析表

評量技能：新增與編輯樞紐分析表計算欄位

解題步驟

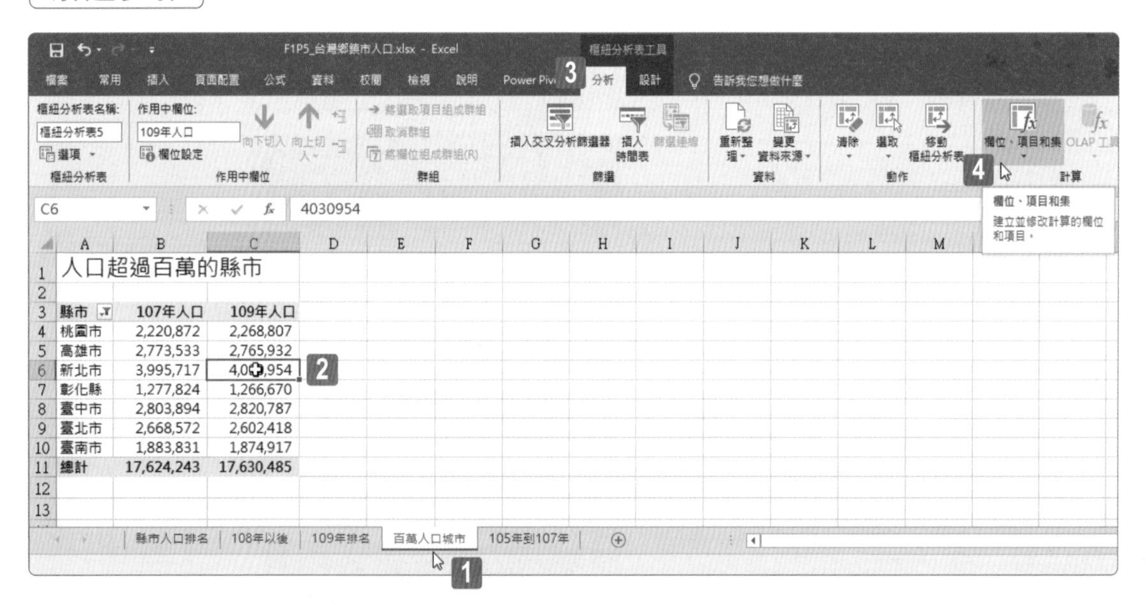

STEP01 點選〔百萬人口城市〕工作表。

STEP02 點選工作表上樞紐分析表裡摘要值的任一儲存格。例如：儲存格 C6。

STEP03 點按〔樞紐分析表工具〕底下的〔分析〕索引標籤。

STEP04 點按〔計算〕群組裡的〔欄位、項目和集〕命令按鈕。

STEP05 從展開的功能選單中點選〔計算欄位〕功能選項。

STEP06 開啟〔插入計算欄位〕對話方塊，選取預設的名稱將其刪除。

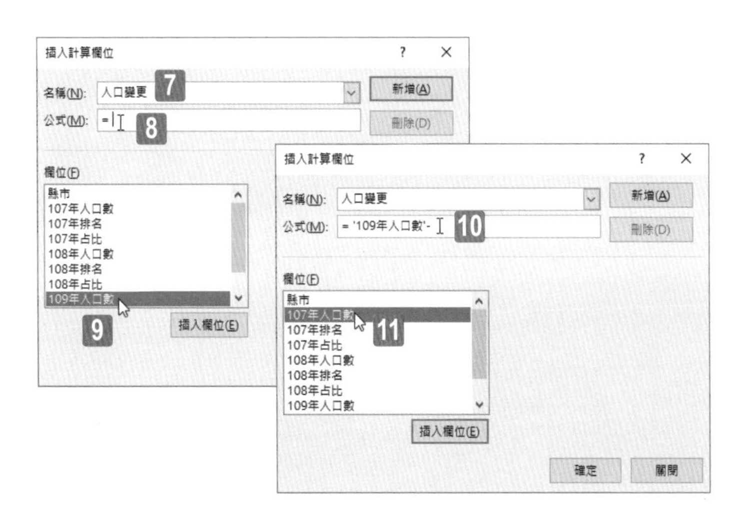

STEP07 輸入新的名稱為「人口變更」。

STEP08 點選公式方塊進行公式的輸入「=」。

STEP09 點按兩下欄位清單裡的「109 年人口數」將其帶入公式之中。

STEP10 在公式編輯裡輸入減號進行減法算運算，「109 年人口數」即為被減數。

STEP11 再點按兩下欄位清單裡的「107 年人口數」將其帶入公式之中，成為減法算式裡的減數。

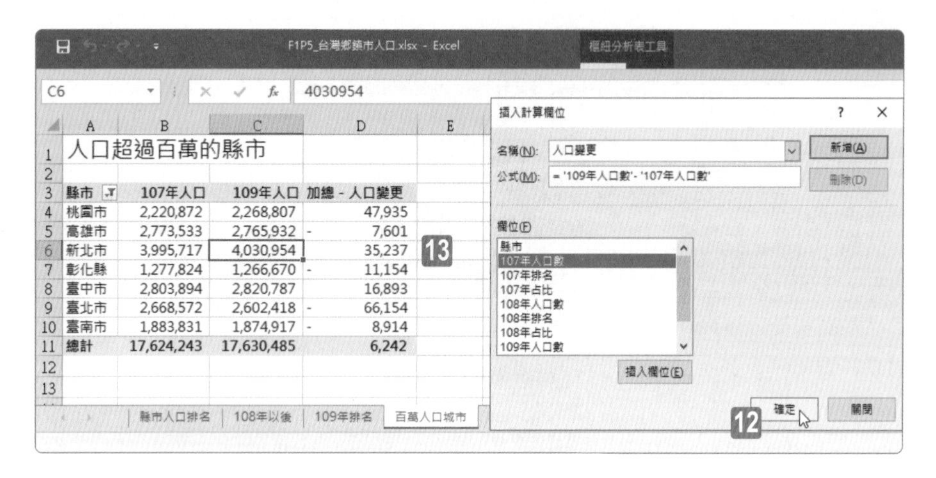

STEP12 完成計算欄位的建立後點按〔確定〕按鈕。

STEP13 樞紐分析表裡立即呈現「人口變更」的加總摘要值運算。

專案 6 電器材料公司

您正在為電器材料公司訂定年度收支成長目標，並針對重要產品進行銷售統計分析、業務考績，以及分群分組的摘要報表建置。

1 2 3 4 5

在〔盈收預測分析藍本〕工作表的儲存格 D7:H11 中，利用〔填滿數列〕功能，以每年 200000 的等差級數成長來完成逐年的費用預估。

評量領域：管理與格式化資料

評量目標：將現有資料填入儲存格

評量技能：填滿數列 - 等差級數

解題步驟

STEP01 點選〔盈收預測分析藍本〕工作表。

STEP02 選取儲存格範圍 D7:H11。

STEP03 點按〔常用〕索引標籤。

STEP04 點按〔編輯〕群組裡的〔填滿〕命令按鈕。

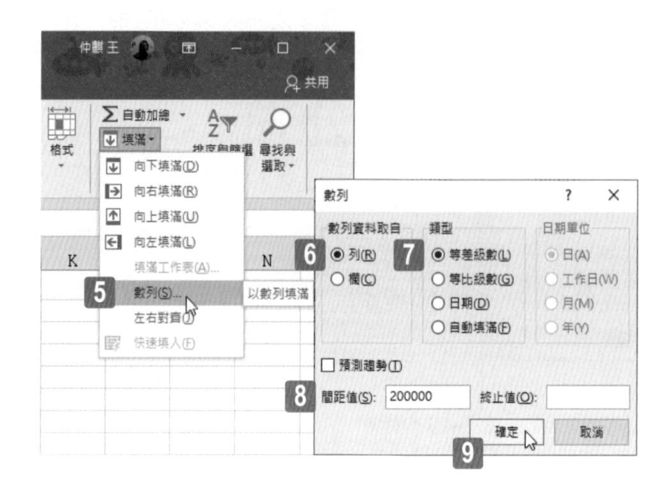

STEP05 從展開的功能選單中點選〔數列〕功能選項。

STEP06 開啟〔數列〕對話方塊，點選數列資料取自〔列〕。

STEP07 點選數列類型為〔等差級數〕。

STEP08 輸入間距值為「200000」

STEP09 按下〔確定〕按鈕。

完成每年 200000 之等差級數成長的逐年費用預估。

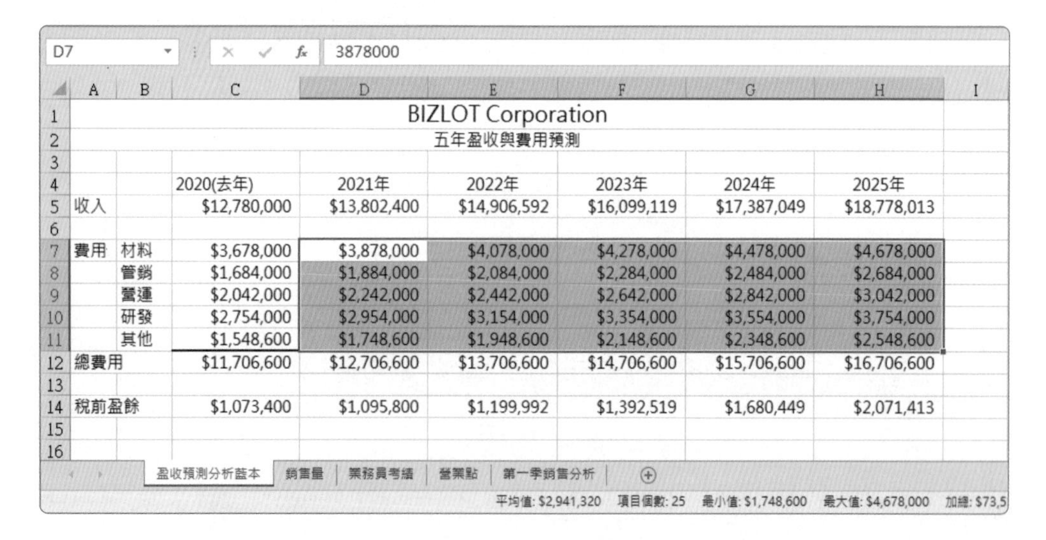

D7 3878000

	A	B	C	D	E	F	G	H
1				BIZLOT Corporation				
2				五年盈收與費用預測				
3								
4			2020(去年)	2021年	2022年	2023年	2024年	2025年
5	收入		$12,780,000	$13,802,400	$14,906,592	$16,099,119	$17,387,049	$18,778,013
6								
7	費用	材料	$3,678,000	$3,878,000	$4,078,000	$4,278,000	$4,478,000	$4,678,000
8		管銷	$1,684,000	$1,884,000	$2,084,000	$2,284,000	$2,484,000	$2,684,000
9		營運	$2,042,000	$2,242,000	$2,442,000	$2,642,000	$2,842,000	$3,042,000
10		研發	$2,754,000	$2,954,000	$3,154,000	$3,354,000	$3,554,000	$3,754,000
11		其他	$1,548,600	$1,748,600	$1,948,600	$2,148,600	$2,348,600	$2,548,600
12	總費用		$11,706,600	$12,706,600	$13,706,600	$14,706,600	$15,706,600	$16,706,600
13								
14	稅前盈餘		$1,073,400	$1,095,800	$1,199,992	$1,392,519	$1,680,449	$2,071,413

盈收預測分析藍本 | 銷售量 | 業務員考績 | 營業點 | 第一季銷售分析

平均值: $2,941,320 項目個數: 25 最小值: $1,748,600 最大值: $4,678,000 加總: $73,5

在〔銷售量〕工作表上，為儲存格 B4:F27 建立設定格式化的條件規則，以粗體深紅字型以及採用自訂色彩 (紅色 252、綠色 242、藍色 232) 的填滿背景色彩，顯示最高的十二個值。

評量領域：管理與格式化資料

評量目標：套用進階的設定格式化的條件和篩選

評量技能：設定格式化的條件 - 醒目顯示

解題步驟

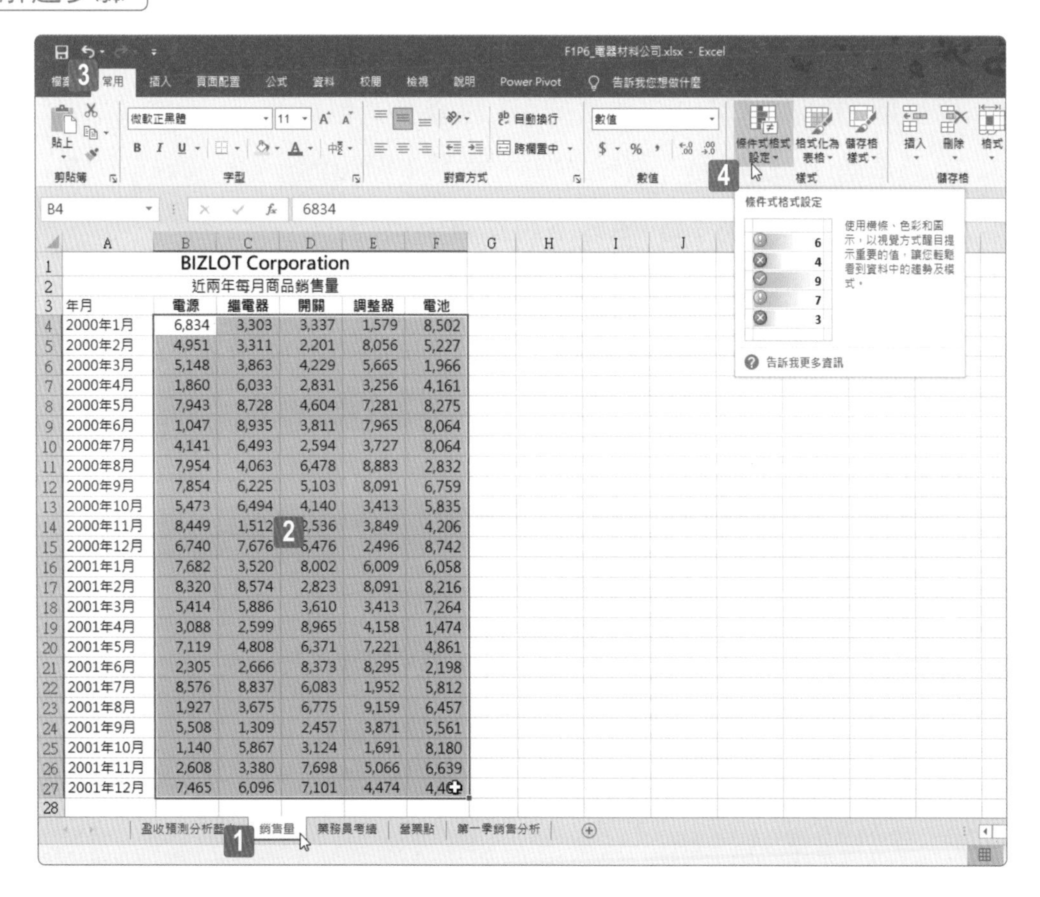

STEP01 點選〔銷售量〕工作表。

STEP02 選取儲存格範圍 B4:F27。

STEP03 點按〔常用〕索引標籤。

STEP04 點按〔樣式〕群組裡的〔條件式格式設定〕命令按鈕。

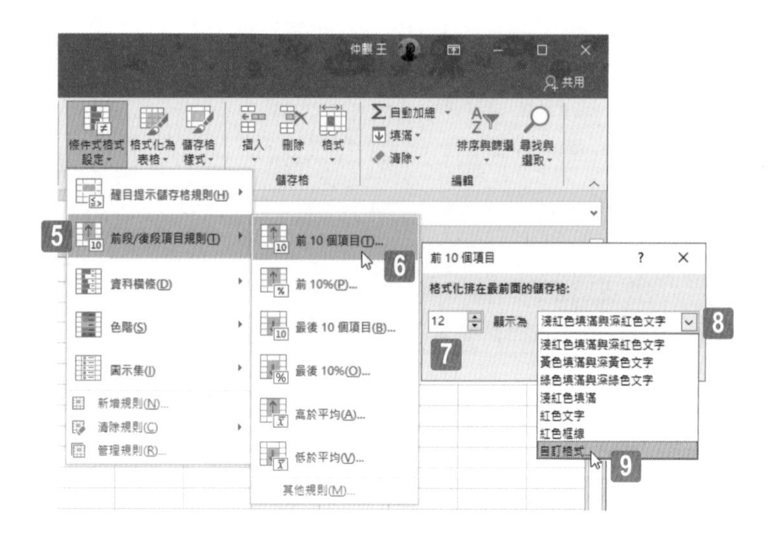

STEP05　從展開的格式化條件選單中點選〔前段 / 後段項目規則〕功能選項。

STEP06　再從展開的副選單中點選〔前 10 個項目〕。

STEP07　開啟〔前 10 個項目〕對話方塊，將原本預設的「10」改成「12」。

STEP08　點按〔顯示為〕右側的格式下拉式選項按鈕。

STEP09　從展開格式選單中點選〔自訂格式〕。

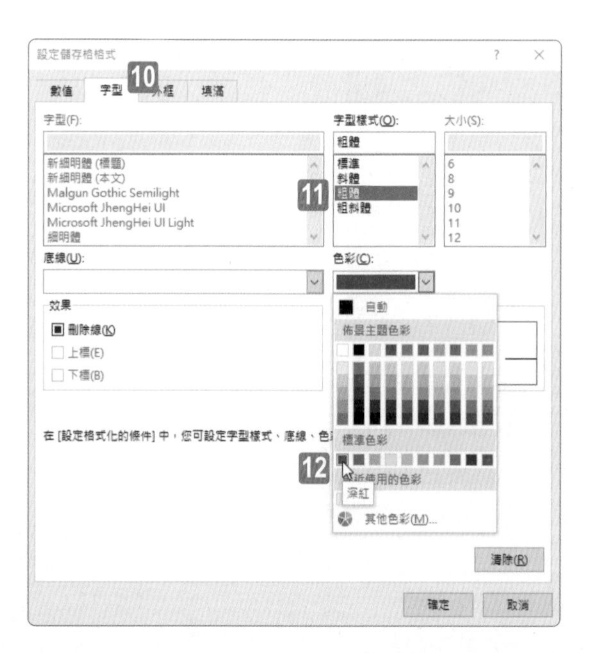

STEP10　開啟〔設定儲存格格式〕對話方塊，點選〔字型〕索引頁籤。

STEP11　選擇〔粗體〕字型樣式。

STEP12　點選字型色彩為〔深紅色〕。

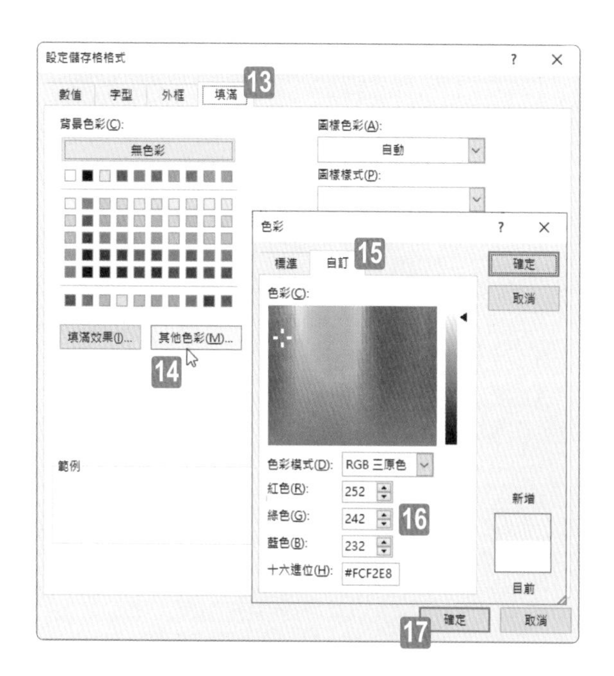

STEP13 點選〔填滿〕索引頁籤。

STEP14 點按〔其他色彩〕按鈕。

STEP15 開啟〔色彩〕對話方塊，點選〔自訂〕索引頁籤。

STEP16 色彩模式為 RGB 三原色，設定紅色 252、綠色 242、藍色 232 的自訂填滿色彩。

STEP17 點按〔確定〕按鈕。

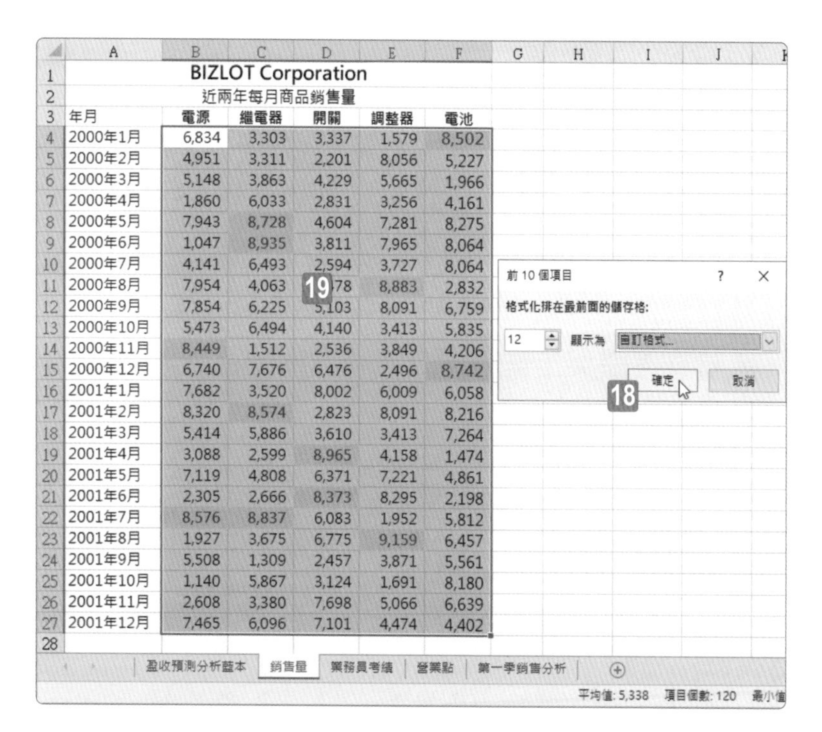

	A	B	C	D	E	F
1		BIZLOT Corporation				
2		近兩年每月商品銷售量				
3	年月	電源	繼電器	開關	調整器	電池
4	2000年1月	6,834	3,303	3,337	1,579	8,502
5	2000年2月	4,951	3,311	2,201	8,056	5,227
6	2000年3月	5,148	3,863	4,229	5,665	1,966
7	2000年4月	1,860	6,033	2,831	3,256	4,161
8	2000年5月	7,943	8,728	4,604	7,281	8,275
9	2000年6月	1,047	8,935	3,811	7,965	8,064
10	2000年7月	4,141	6,493	2,594	3,727	8,064
11	2000年8月	7,954	4,063	[illegible]	8,883	2,832
12	2000年9月	7,854	6,225	5,103	8,091	6,759
13	2000年10月	5,473	6,494	4,140	3,413	5,835
14	2000年11月	8,449	1,512	2,536	3,849	4,206
15	2000年12月	6,740	7,676	6,476	2,496	8,742
16	2001年1月	7,682	3,520	8,002	6,009	6,058
17	2001年2月	8,320	8,574	2,823	8,091	8,216
18	2001年3月	5,414	5,886	3,610	3,413	7,264
19	2001年4月	3,088	2,599	8,965	4,158	1,474
20	2001年5月	7,119	4,808	6,371	7,221	4,861
21	2001年6月	2,305	2,666	8,373	8,295	2,198
22	2001年7月	8,576	8,837	6,083	1,952	5,812
23	2001年8月	1,927	3,675	6,775	9,159	6,457
24	2001年9月	5,508	1,309	2,457	3,871	5,561
25	2001年10月	1,140	5,867	3,124	1,691	8,180
26	2001年11月	2,608	3,380	7,698	5,066	6,639
27	2001年12月	7,465	6,096	7,101	4,474	4,402
28						

STEP18 回到〔前 10 個項目〕對話方塊，點按〔確定〕按鈕。

STEP19 完成銷售量最高的十二個值之醒目顯示設定。

1 2 **3** 4 5

在〔業務員考績〕工作表上的儲存格 D4 中，輸入查找公式，使其能夠藉由 C 欄〔考績〕的內容進行完全相符的比對，傳回來自〔獎金對照表〕儲存格範圍內的獎金。

評量領域：建立進階公式與巨集

評量目標：使用函數查詢資料

評量技能：函數 HLOOKUP

解題步驟

D4

BIZLOT Corporation

業務員考績

工號	姓名	考績	獎金	產品線	地區
e15954	錢政德	甲		開關	台北市
e16180	孫大寶	丁		電池	新北市
e16214	李正華	丁		電源	桃園市
e16533	吳美華	優		電池	台中市
e17755	鄭盛治	乙		電源	台南市
e18226	王麗雲	乙		電池	高雄市
e21338	陳鴻文	甲		繼電器	台北市
e23684	馮賜方	優		電源	新北市
e24516	黃豐名	乙		開關	桃園市
e26681	蔡志佑	優		電源	台中市
e30638	林小玉	乙		電池	台南市
e32240	劉聰穎	乙		開關	高雄市
e33187	高偉泓	甲		開關	台北市

考績獎金對照表

考績	優	甲	乙	丙	丁
積分	60	50	40	20	10
福利金	1120	560	280	120	50
獎金	5000	4000	1500	1000	500

盈收預測分析藍本 | 銷售量 | 業務員考績 | 營業點 | 第一季銷售分析

STEP01 點選〔業務員考績〕工作表。

STEP02 點選儲存格 D4。

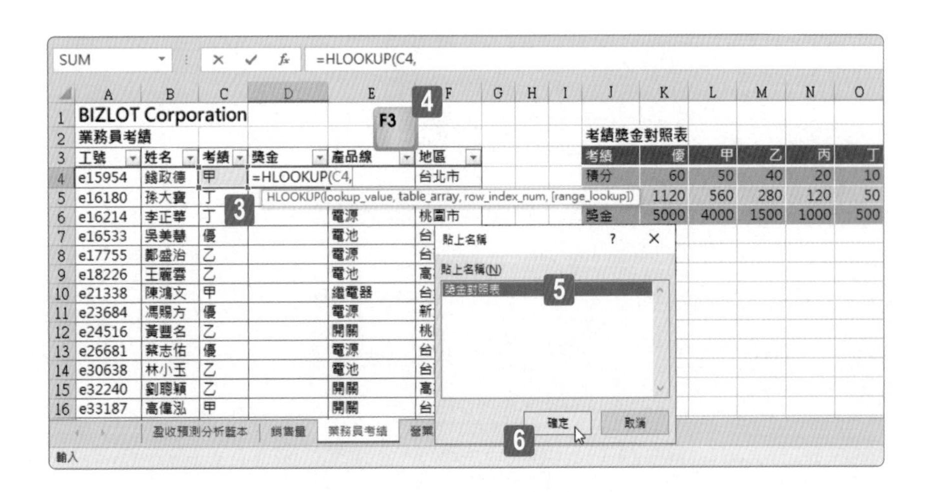

STEP03 輸入 HLOOKUP 函數的公式「=HLOOKUP(C4,」。

STEP04 點按鍵盤上方的功能鍵〔F3〕。

STEP05 畫面彈跳出〔貼上名稱〕對話方塊，點選〔獎金對照表〕。

STEP06 點按〔確定〕按鈕。

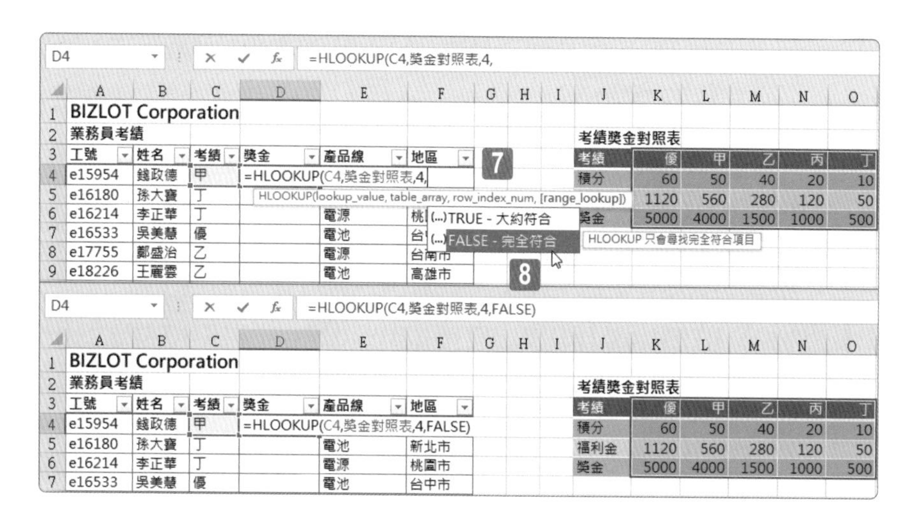

STEP07 事先已命名的範圍名稱〔獎金對照表〕成為 HLOOKUP 函數裡的第二個參數，繼續輸入「,4,」準備進行第四個參數的選擇。

STEP08 從下拉選單中點選〔FALSE- 完全符合〕選項，或者親自輸入「FALSE」或是輸入「0」(HLOOKUP 函數的第四個參數不管是設定為 FALSE 或是 0 都是代表完全符合的意思)。

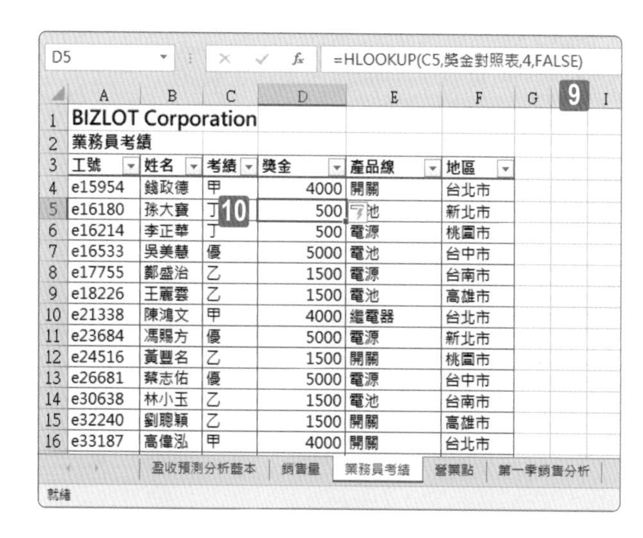

STEP09

最後補上小右括號完成 HLOOKUP 函數的公式輸入，再按下 Enter 按鍵。

STEP10

由於公式是建立在表格裡，因此，僅輸入一個儲存格公式就會自動往下填滿，完成整個資料欄位的公式。

HLOOKUP 查找函數

HLOOKUP 查詢函數與專案 5 所介紹的 VLOOKUP 查詢函數，其語法、運用方式以及應用層面都雷同。唯一不同之處只是查詢比對的方向不一樣而已。HLOOKUP 函數的名稱中，H 即代表 Horizontal(水平) 之意，透過水平查詢函數，可以讓使用者在表格陣列 (也就是所謂的比對表) 的首列中搜尋資料，並傳回該表格陣列中同一欄之其他列裡的資料。此函數的語法為：

HLOOKUP(lookup_value,table_array,row_index_num,range_lookup)

參數說明：

- **lookup_value**

  此參數為查詢值，也就是您想要在 table_array 參數所參照的比對表之首列中找尋的值。此 lookup_value 參數可以是數值，也可以是參照位址。當 lookup_value 小於 table_array 首列中的最小值時，HLOOKUP 函數將會傳回錯誤值 #N/A。

- **table_array**

  此參數為進行查詢工作時的比對表，必須是兩列以上的資料範圍或參照範圍。此 table_array 參數可以是參照位址，也可以是指向某個範圍的範圍名稱，或者可傳回參照範圍的函數。在 table_array 首列中的值可以是文字、數字或邏輯值 (不分大小寫)。

- **row_index_num**

  此參數為 table_array 的列編號，通常此值是正整數。如果 row_index_num 參數值為 1，則表示查詢成功後要傳回 table_array 該欄第 1 列裡的內容；如果 row_index_num 參數值為 2，則表示查詢成功後要傳回 table_array 該欄第 2 列裡的內容，依此類推。不過，若 row_index_num 參數值小於 1，則 HLOOKUP 函數將會傳回錯誤值 #VALUE!。如果 row_index_num 參數值大於 table_array 的總列數，則 HLOOKUP 函數將會傳回錯誤值 #REF!。

- **range_lookup**

  此參數是一個邏輯值，專門用來指定 HLOOKUP 函數應該要尋找完全符合的值還是部分符合的值。若此參數值為 TRUE 或被省略了，則表示要傳回完全符合或部分符合的值，意即當查找不到完全符合的值時，也會傳回僅次於 lookup_value 的值。此種狀況下，table_array 首列中的資料必須以遞增順序排序，否則，HLOOKUP 可能無法提供正確的內容。如果 range_lookup 參數值為 FALSE，則 HLOOKUP 函數只會尋找完全符合的值。在此情況下，table_array 首列裡的值便不需要排序。而如果 table_array 首列中有兩個以上的值與想要尋找的 lookup_value 相符時，將會傳回的第一個找到的內容。如果找不到完全符合的值，便傳回錯誤值 #N/A。

簡言之，lookup_value 就是您想要查詢的值，table_array 就是資料比對表，其首列便是 lookup_value 要逐一比對的內容。而 HLOOKUP 的運作便是將您要查詢的值 (lookup_value) 與資料比對表 (table_array) 其首列裡的每一個儲存格內容依水平方向，由左而右逐一進行比對，當查獲到完全一致的值或僅次於要查詢的值後，即表示已經尋獲想要查詢的資料之所在位置，正位於比對表首列由左而右的某一資料欄，然後，再根據 row_index_num 的值，自該資料欄由上而下的方向，取出指定 (row_index_num) 的儲存格內容 (由上而下的第 n 格)。

以下圖為例，這是以水果 (儲存格 B2) 名稱至水果價目表中，查詢該水果的產地、價格或庫存資訊的範例。其中，儲存格 B2 是 lookup_value 參數，也就是想要查詢的某一水果名稱；查詢範圍則位於名為「價目表」的儲存格範圍，即為 table_array 參數，而此查詢比對表共有 4 列，由上而下的首列是每一種水果的名稱、第 2 列到第 4 列則分別是各種水果的產地、價格與庫存等資訊，當 row_index_num 參數為 2 時，可查詢取得該水果的產地；若 row_index_num 參數為 3 時，可查詢取得該水果的價格；如果 row_index_num 參數為 4 時，可查詢取得該水果的庫存量。因此，此例中的查詢是根據水果名稱 (B2) 到此比對表 (水果價目表) 的首列由左至右進行完全符合的比對，因此，函數中最後一個參數便是 FALSE(完全符合的比對)。所以，此範例的 HLOOKUP 函數可寫成：

=HLOOKUP(B2, 價目表 ,3,FALSE)

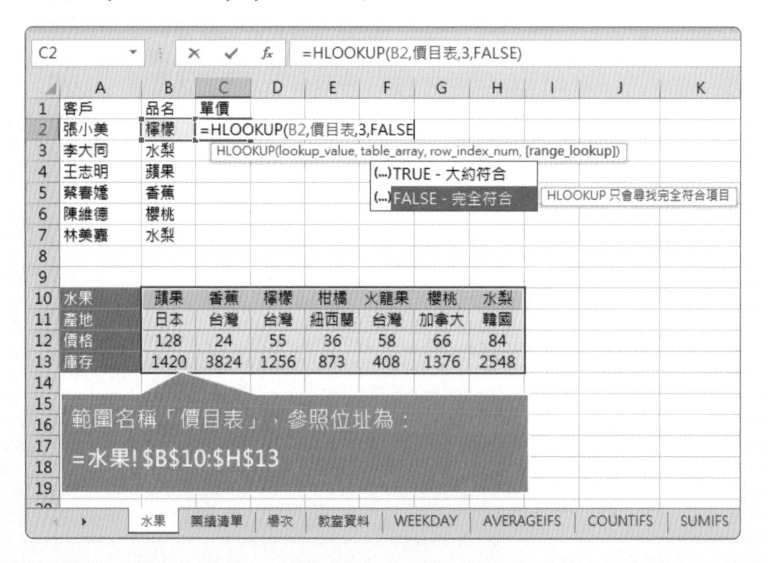

第一個客戶的水果「檸檬」透過 HLOOKUP 函數照找到其單價為「55」，再將此 HLOOKUP 函數往下填滿至所有客戶的採購資訊。

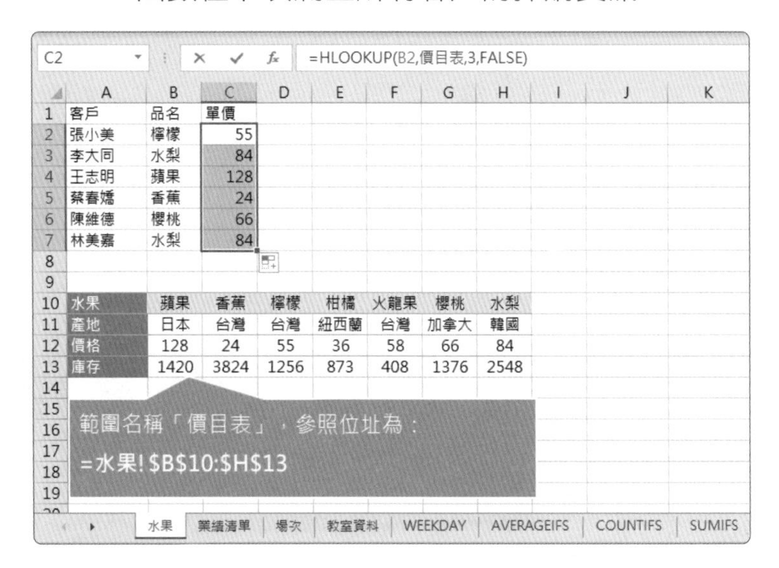

1 2 3 4 5

在〔營業點〕工作表中，建立名為「頁尾訊息」的巨集。並且在目前的活頁簿中儲存這個巨集。請設定此巨集可以在使用中的工作表之頁尾左側區域顯示文字「BIZLOT 公司」、中間區域顯示日期、右側區域顯示頁碼。

評量領域：建立進階公式與巨集
評量目標：建立和修改簡單巨集
評量技能：錄製巨集

解題步驟

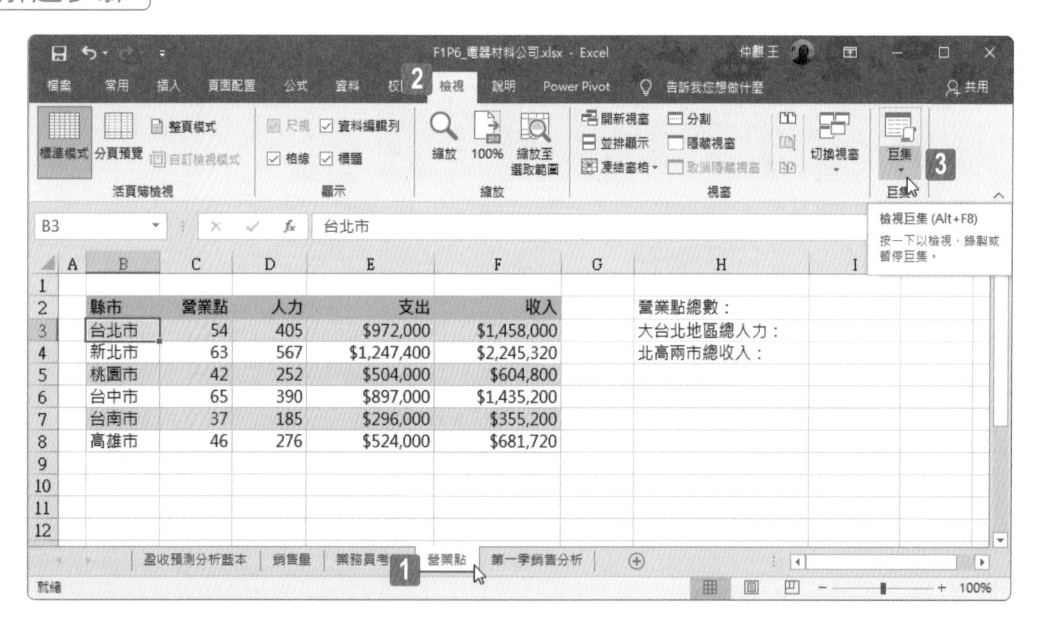

STEP01 點選〔營業點〕工作表。

STEP02 點按〔檢視〕索引標籤。

STEP03 點按〔巨集〕群組裡的〔巨集〕命令按鈕。

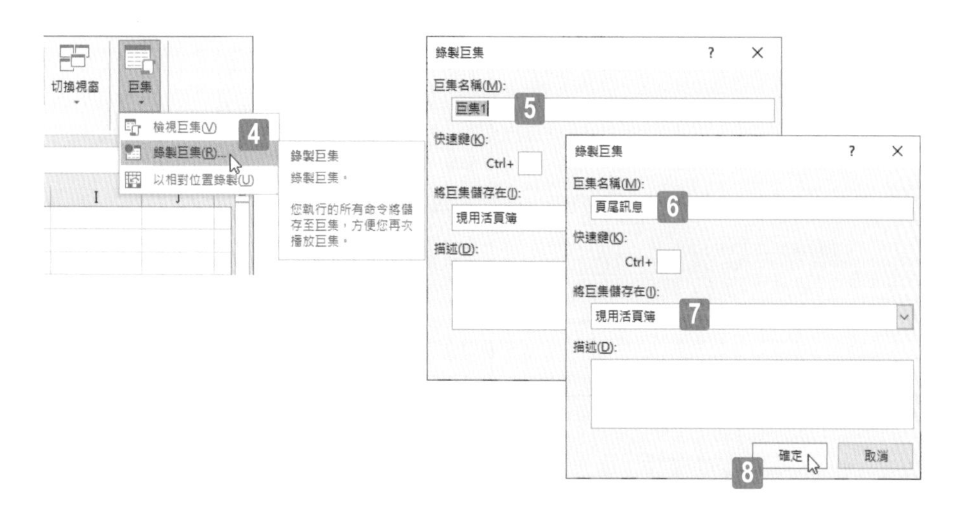

STEP04 從展開的功能選單中點選〔錄製巨集〕功能選項。

STEP05 開啟〔錄製巨集〕對話方塊，刪除原本預設的巨集名稱。

STEP06 輸入巨集名稱為「頁尾訊息」。

STEP07 設定將巨集儲存在〔現用活頁簿〕。

STEP08 點按〔確定〕按鈕。

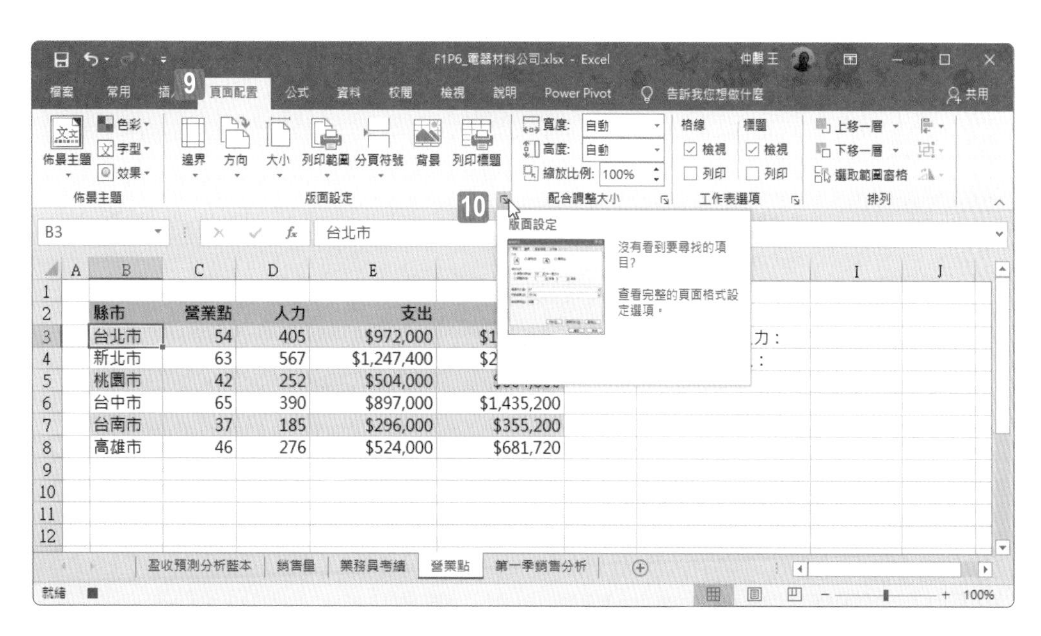

STEP09 點按〔頁面配置〕索引標籤。

STEP10 點按〔版面設定〕群組旁的對話方塊啟動器按鈕。

STEP11

開啟〔版面設定〕對話方塊，點按〔頁首 / 頁尾〕索引頁籤。

STEP12

點按〔自訂頁尾〕按鈕。

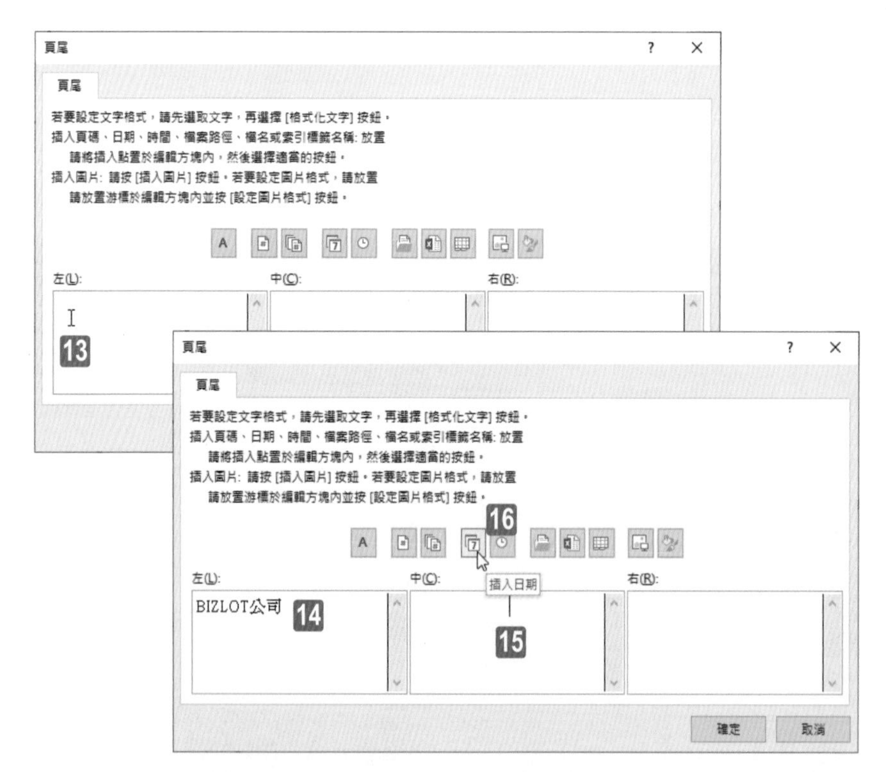

STEP13 開啟〔頁尾〕對話方塊，點選〔左〕區域。

STEP14 在〔左〕區域輸入文字「BIZLOT 公司」。

STEP15 點選〔中〕區域。

STEP16 點按〔插入日期〕按鈕。

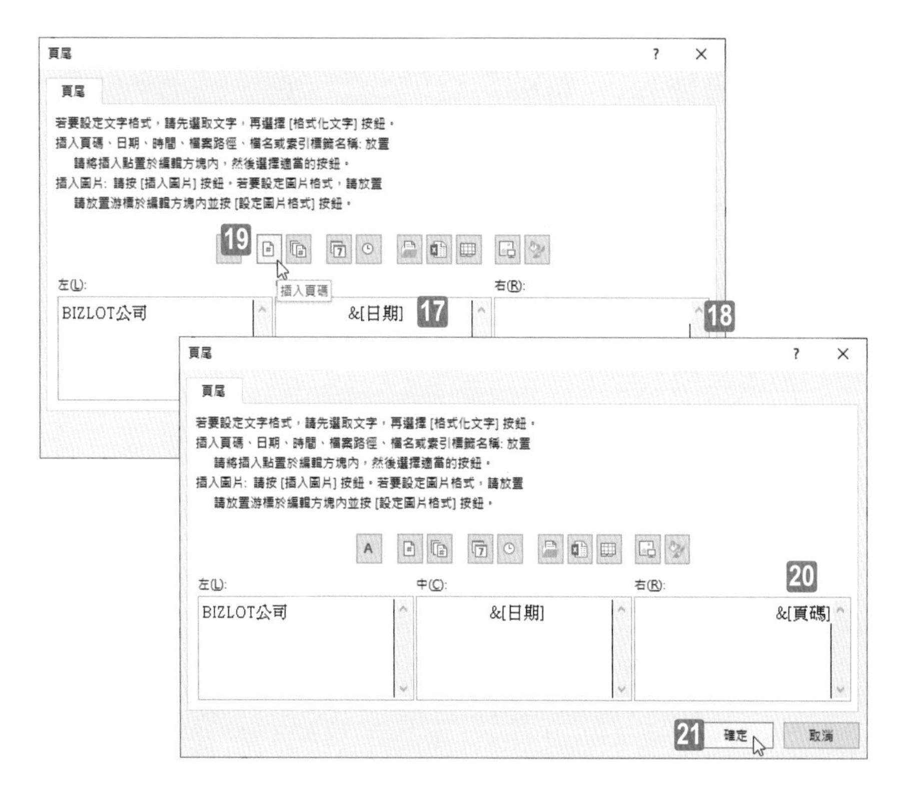

STEP17 在〔中〕區域顯示系統日期變數「&[日期]」。

STEP18 點選〔右〕區域。

STEP19 點按〔插入頁碼〕按鈕。

STEP20 在〔右〕區域顯示頁碼變數「&[頁碼]」。

STEP21 點按〔確定〕按鈕。

STEP22

回到〔版面設定〕對話方塊，完成自訂頁尾的設定。

STEP23

點按〔確定〕按鈕。

STEP24 點按〔檢視〕索引標籤。

STEP25 點按〔巨集〕群組裡的〔巨集〕命令按鈕。

STEP26 從展開的功能選單中點選〔停止錄製〕功能選項。

1 2 3 4 5

在〔第一季銷售分析〕工作表上，修改樞紐分析表，使其依照〔消費金額〕欄位裡的值將資料進行分組。分組時從 1 開始到 12000 結束，並以 200 為間距。

評量領域：管理進階圖表與表格

評量目標：建立和修改樞紐分析表

評量技能：樞紐分析表數值性資料的群組設定

解題步驟

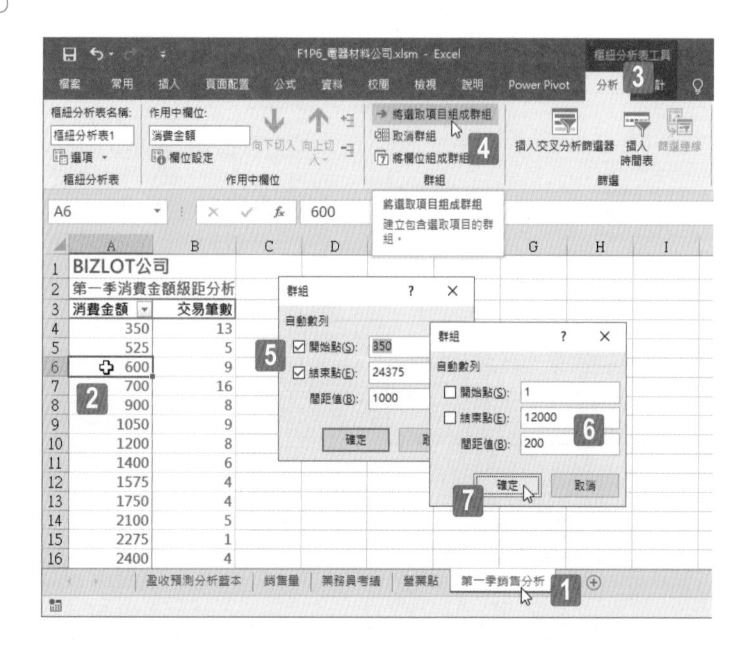

STEP01 點選〔第一季銷售分析〕工作表。

STEP02 點選工作表上樞紐分析表裡首欄資料中任一數值內容的儲存格，例如：儲存格 A6。

STEP03 點按〔樞紐分析表工具〕底下的〔分析〕索引標籤。

STEP04 點按〔群組〕群組裡的〔將選取項目組成群組〕命令按鈕。

STEP05 開啟〔群組〕對話方塊，重新設定〔開始點〕、〔結束點〕與〔間距值〕。

STEP06 設定〔開始點〕為「1」、〔結束點〕為「12000」與〔間距值〕為「200」。

STEP07 按下〔確定〕按鈕，結束〔群組〕對話方塊的操作。

完成樞紐分析表的列維度之群組設定，此例即依照〔消費金額〕以 200 為級距的等差級數進行摘要統計。

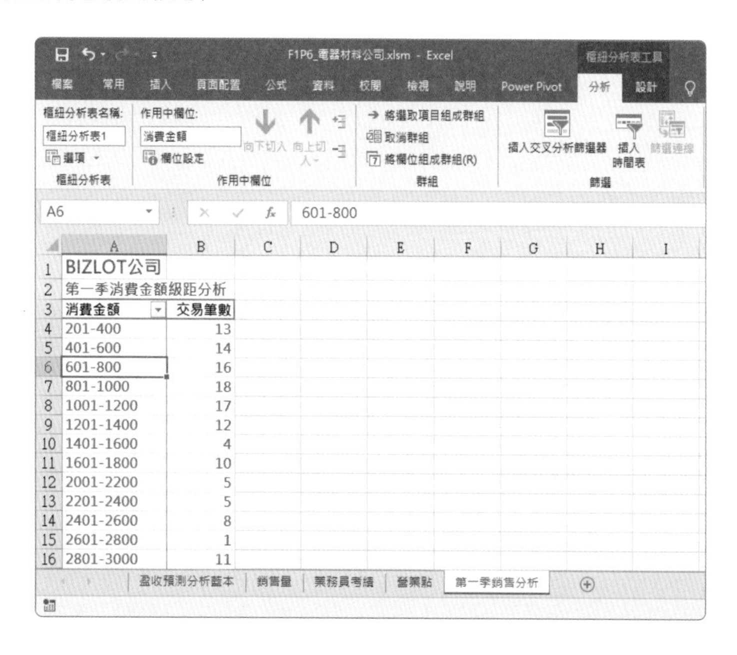

Chapter

04

模擬試題 II

此小節設計了一組包含 **Excel** 各項必備進階技能的評量實作題目，可以協助讀者順利挑戰各種與 **Excel** 相關的進階認證考試，共計有 **6** 個專案，每個專案包含 **3** ～ **6** 項任務。

專案 1 夏季奧運

您正在分析奧運活動資料。準備透過 Excel 進行各語系的資料操作環境設定、彙整各方來源的資料、製作視覺化的醒目報表與圖表。

1 — 2 — 3 — 4

請設定 Excel 讓您可以使用烏克蘭文作為編輯語言來編輯內容。請勿將烏克蘭文設為預設編輯語言。如果系統提示您重新啟動 Office，請關閉提示，不要重新啟動 Excel。

評量領域：管理活頁簿選項與設定

評量目標：使用和設定語言選項

評量技能：設定操作環境所選用的語言語系

解題步驟

STEP01 點按〔檔案〕索引標籤。

STEP02 進入後台管理頁面，點按〔選項〕選項。

STEP03 開啟〔Excel 選項〕對話方塊，點按〔語言〕選項。

STEP04 點按〔新增其他編輯語言〕下拉式選單按鈕。

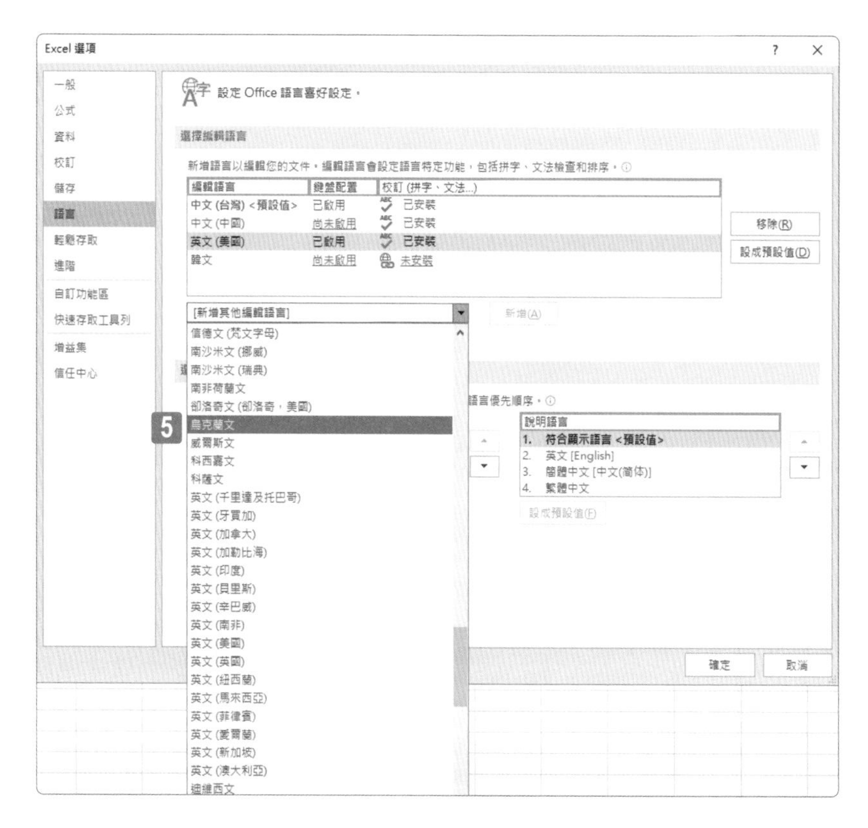

STEP05 從展開的功能選單中點選〔烏克蘭文〕選項。

STEP06 點按〔新增〕按鈕。

STEP07 開啟〔Microsoft Office 語言喜好設定變更〕對話方塊，按下右上角的「X」關閉此對話並結束語言喜好設定的操作。(請勿按下〔確定〕按鈕)。

在〔近四屆統計〕工作表上，修改〔設定格式化的條件〕規則，使其格式化表格的資料列為獎牌總數超過 100 的國家地區。

評量領域：管理與格式化資料

評量目標：套用進階的設定格式化的條件和篩選

評量技能：設定與編輯儲存格的格式化條件

解題步驟

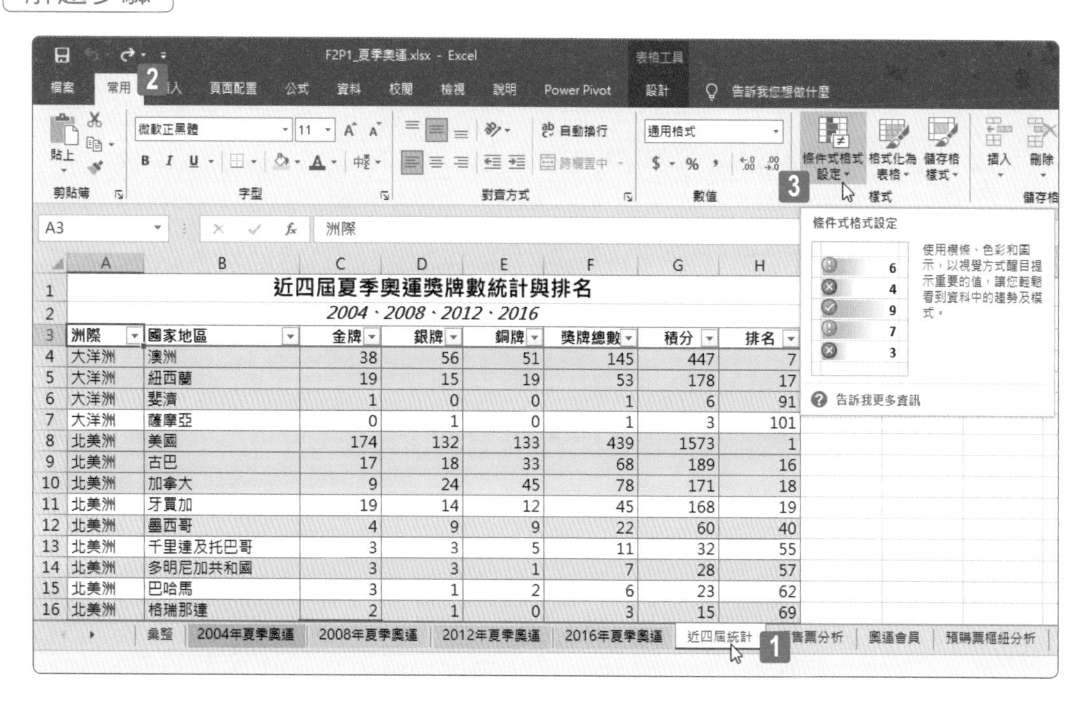

近四屆夏季奧運獎牌數統計與排名

2004、2008、2012、2016

洲際	國家地區	金牌	銀牌	銅牌	獎牌總數	積分	排名
大洋洲	澳洲	38	56	51	145	447	7
大洋洲	紐西蘭	19	15	19	53	178	17
大洋洲	斐濟	1	0	0	1	6	91
大洋洲	薩摩亞	0	1	0	1	3	101
北美洲	美國	174	132	133	439	1573	1
北美洲	古巴	17	18	33	68	189	16
北美洲	加拿大	9	24	45	78	171	18
北美洲	牙買加	19	14	12	45	168	19
北美洲	墨西哥	4	9	9	22	60	40
北美洲	千里達及托巴哥	3	3	5	11	32	55
北美洲	多明尼加共和國	3	3	1	7	28	57
北美洲	巴哈馬	3	1	2	6	23	62
北美洲	格瑞那達	2	1	0	3	15	69

STEP01 點選〔近四屆統計〕工作表。

STEP02 點按〔常用〕索引標籤。

STEP03 點按〔樣式〕群組裡的〔條件式格式設定〕命令按鈕。

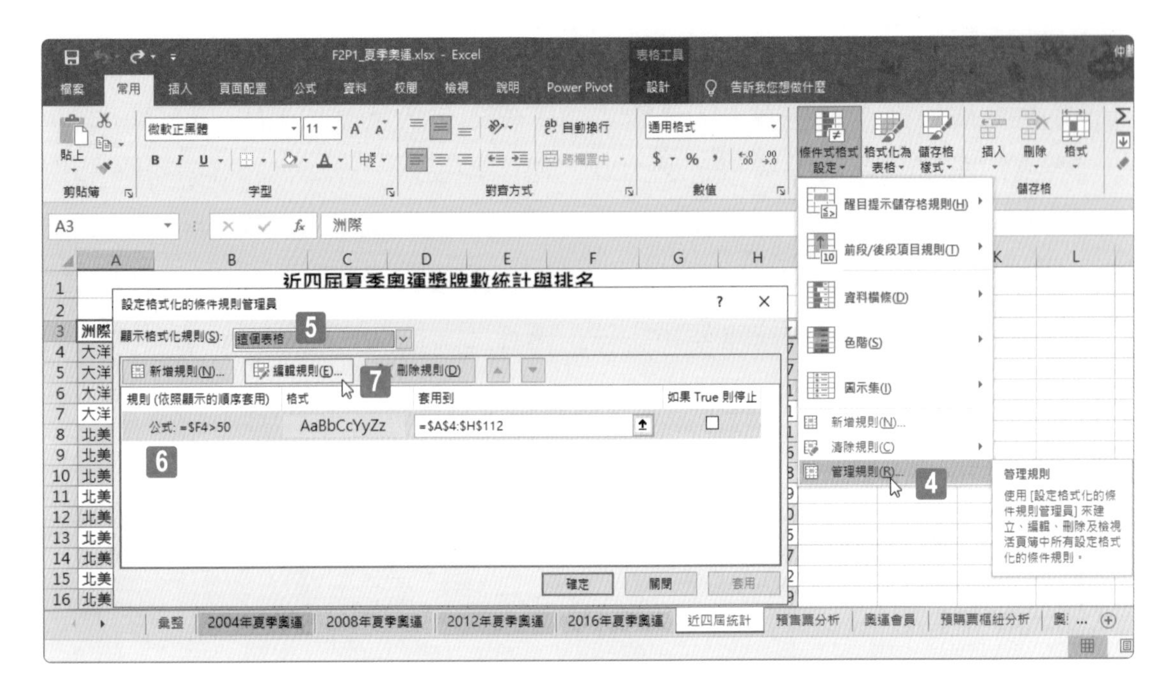

STEP04　從展開的格式化條件選單中點選〔管理規則〕功能選項。

STEP05　開啟〔設定格式化的條件規則管理員〕對話方塊，在顯示格式化規則旁確認所選取的選項是〔這個表格〕。

STEP06　此資料表格僅有一個已經定義的格式化條件〔公式 =$F4>50〕，點選此條件。

STEP07　點按〔編輯規則〕按鈕。

STEP08　將原本的公式〔=$F4>50〕改成〔=$F4>100〕。

STEP09　點按〔確定〕按鈕。

STEP10　回到〔設定格式化的條件規則管理員〕對話方塊，點按〔確定〕按鈕。

完成設定格式化條件規則的變更，僅有獎牌總數超過 100 的國家地區其資料列才是黃色填滿效果的醒目格式：

F2P1_夏季奧運.xlsx - Excel

近四屆夏季奧運獎牌數統計與排名

2004、2008、2012、2016

洲際	國家地區	金牌	銀牌	銅牌	獎牌總數	積分	排名
大洋洲	澳洲	38	56	51	145	447	7
大洋洲	紐西蘭	19	15	19	53	178	17
大洋洲	斐濟	1	0	0	1	6	91
大洋洲	薩摩亞	0	1	0	1	3	101
北美洲	美國	174	132	133	439	1573	1
北美洲	古巴	17	18	33	68	189	16
北美洲	加拿大	9	24	45	78	171	18
北美洲	牙買加	19	14	12	45	168	19
北美洲	墨西哥	4	9	9	22	60	40
北美洲	千里達及托巴哥	3	3	5	11	32	55
北美洲	多明尼加共和國	3	3	1	7	28	57
北美洲	巴哈馬	3	1	2	6	23	62
北美洲	格瑞那達	2	1	0	3	15	69

1 2 3 4

在〔彙整〕工作表上，從儲存格 A4 開始，合併彙算〔2012 年夏季奧運〕和〔2016 年夏季奧運〕工作表中的資料。顯示每個〔洲際〕的〔獎牌總數〕平均值。在頂端列和最左欄中使用標籤名稱。從合併的資料中刪除空白的「國家地區 (編碼)」欄。

評量領域：建立進階公式與巨集

評量目標：執行資料分析

評量技能：合併各個資料範圍進行彙整運算

解題步驟

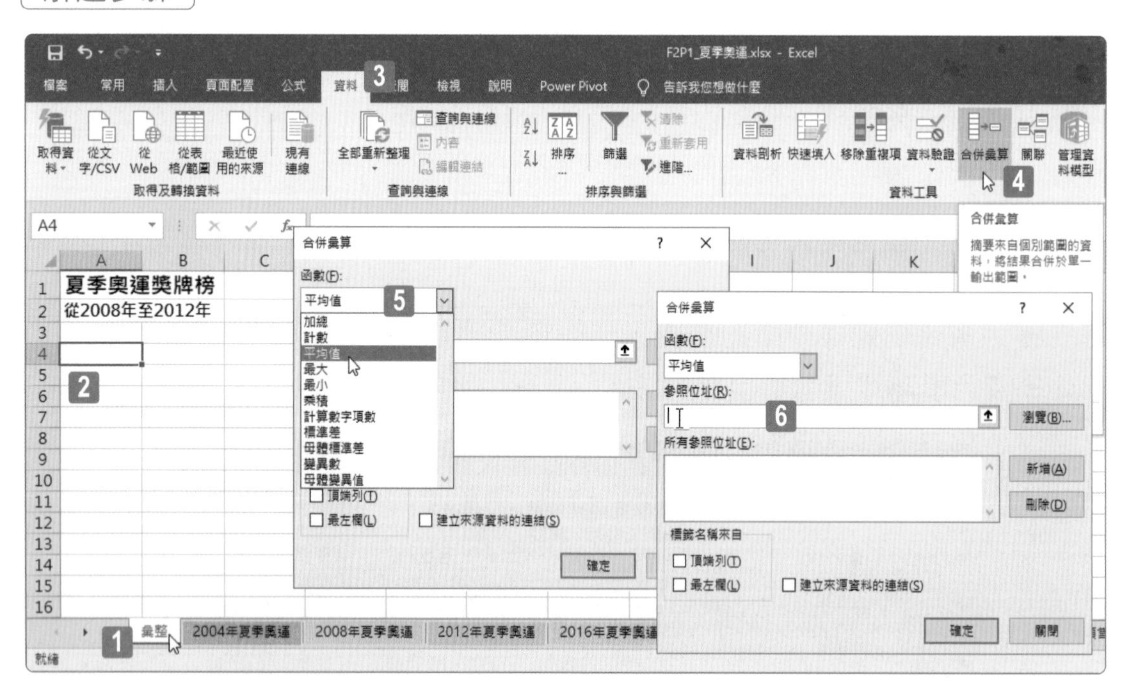

STEP01 點選〔彙整〕工作表。

STEP02 點選儲存格 A4。

STEP03 點按〔資料〕索引標籤。

STEP04 點按〔資料工具〕群組裡的〔合併彙算〕命令按鈕。

STEP05 開啟〔合併彙算〕對話方塊，選擇彙整運算的函數為〔平均值〕。

STEP06 點選〔參照位址〕文字方塊，準備進行參照位置的建立與輸入。

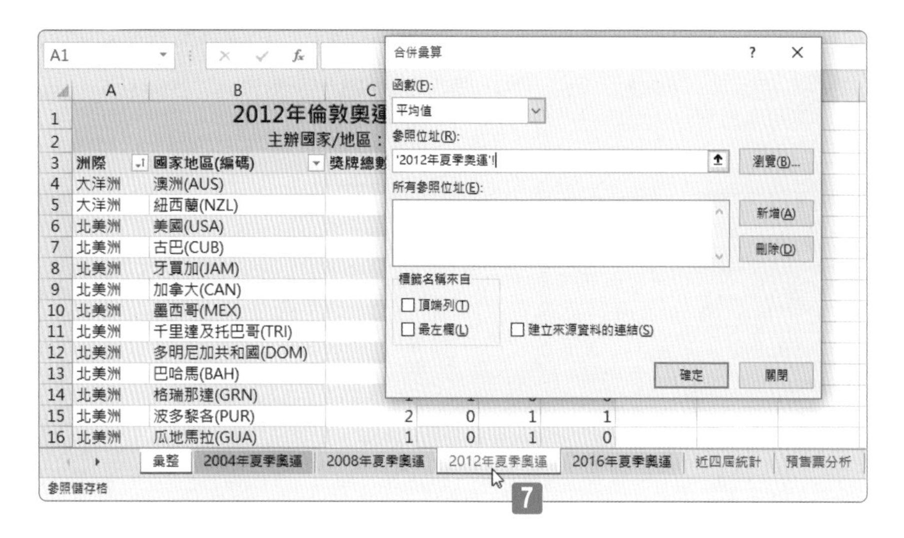

STEP07 點選〔2012 年夏季奧運〕工作表。

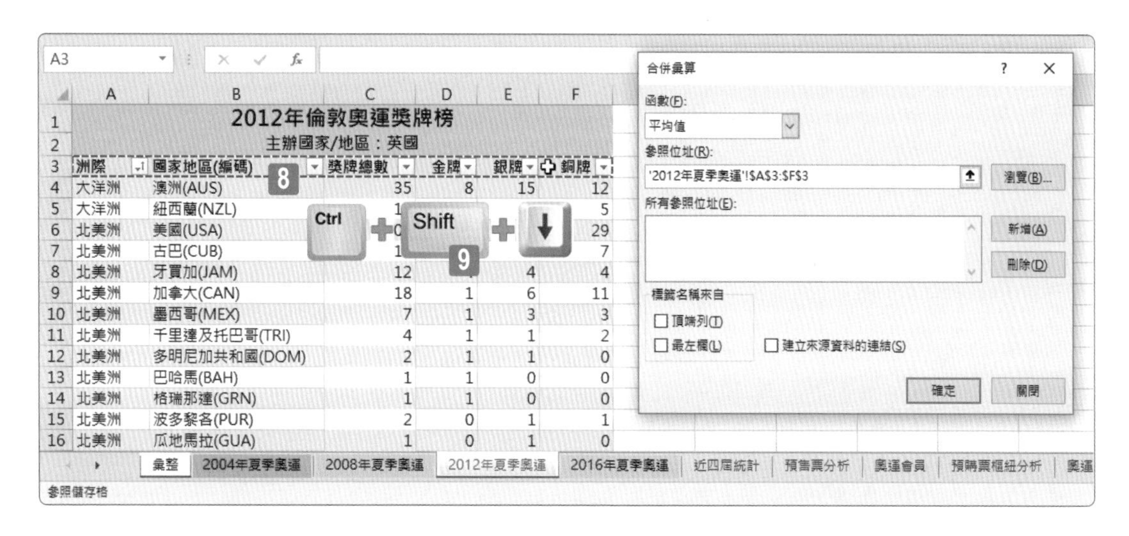

STEP08 畫面切換到〔2012 年夏季奧運〕後，選取儲存格範圍 A3:F3。

STEP09 按下 Ctrl+Shift+ 往下方向鍵。

STEP**10** 立即選取 A3:F3 與其下方的整個資料範圍，直至第 89 列。

STEP**11** 選取的範圍也立即呈現在〔參照位址〕文字方塊裡。

STEP**12** 點按〔新增〕按鈕。

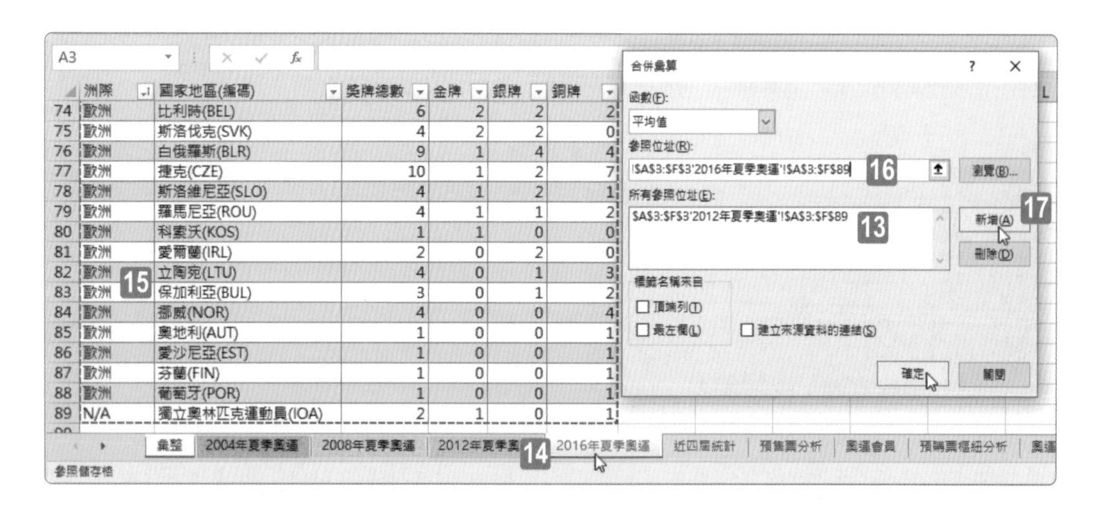

STEP**13** 剛剛選取的參照位址立即成為〔所有參照位址〕裡的第一個參照。

STEP**14** 同樣的操作模式，繼續進行第二個合併彙算來源的參照。點選〔2016 年夏季奧運〕工作表。

STEP**15** Excel 自動偵測並選取相同的範圍大小，若不正確，可以自行選取所要參照的儲存格範圍。

STEP**16** 檢視一下〔參照位址〕文字方塊裡是否為所要參照的位址，也可以在此直接輸入、修改為正確的位址。

STEP**17** 點按〔新增〕按鈕。

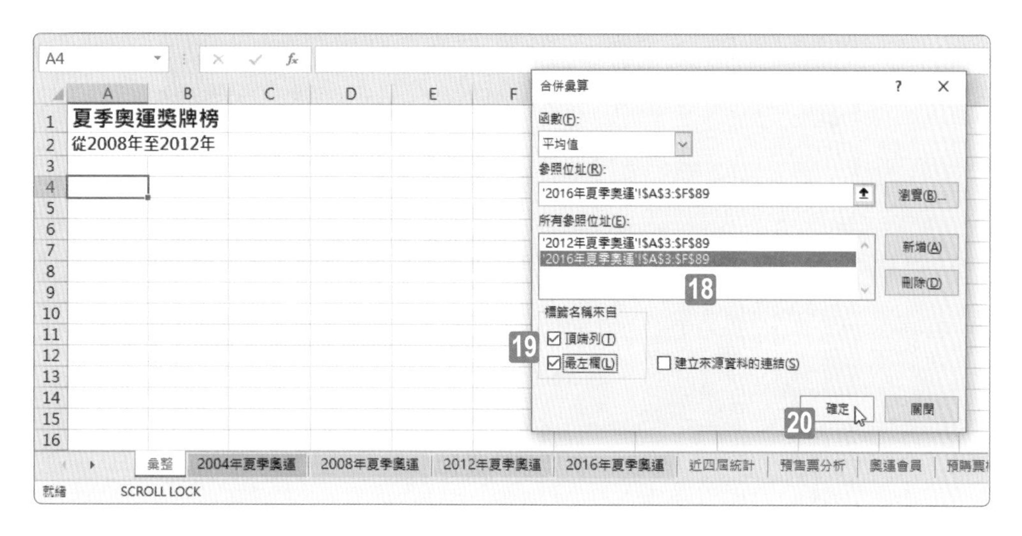

STEP18 剛剛選取的參照位址立即成為〔所有參照位址〕裡的第二個參照。

STEP19 勾選〔頂端列〕與〔最左欄〕這兩個核取方塊。

STEP20 點按〔確定〕按鈕，結束〔合併彙算〕對話方塊的操作。

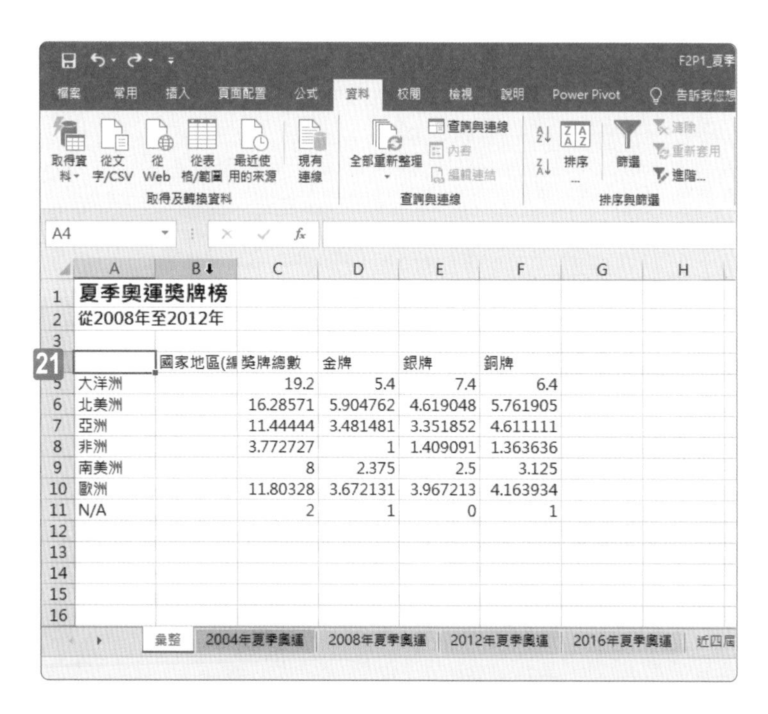

STEP21 兩個資料來源合併彙算的結果立即呈現在以儲存格 A4 為首的範圍裡。

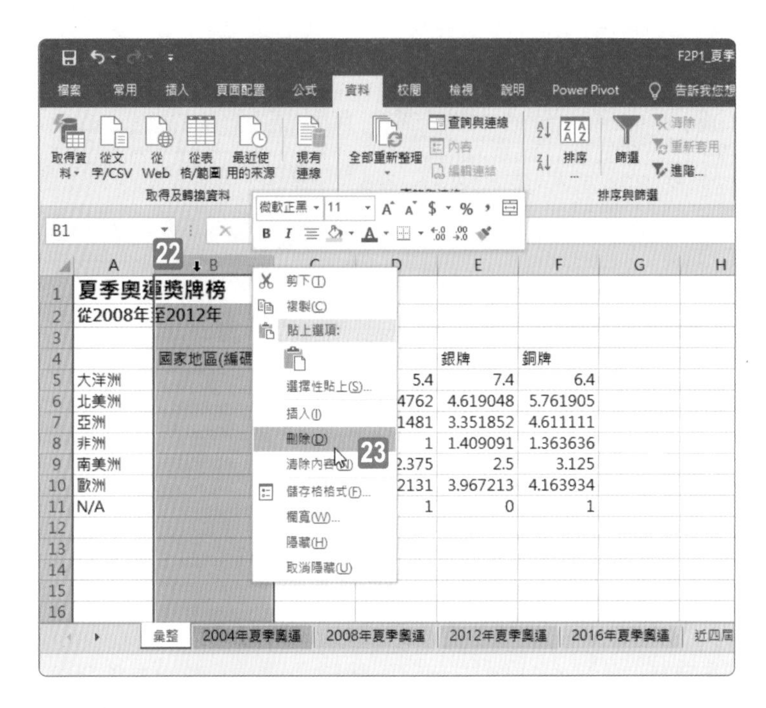

STEP22 選取整個 B 欄〔國家地區(編碼)〕。

STEP23 以滑鼠右鍵點按選取的範圍後，從展開的快顯功能表中點選〔刪除〕功能選項。

	A	B	C	D	E
1	夏季奧運獎牌榜				
2	從2008年至2012年				
3					
4		獎牌總數	金牌	銀牌	銅牌
5	大洋洲	19.2	5.4	7.4	6.4
6	北美洲	16.28571	5.904762	4.619048	5.761905
7	亞洲	11.44444	3.481481	3.351852	4.611111
8	非洲	3.772727	1	1.409091	1.363636
9	南美洲	8	2.375	2.5	3.125
10	歐洲	11.80328	3.672131	3.967213	4.163934
11	N/A	2	1	0	1

24

STEP24 完成〔國家地區(編碼)〕欄位的刪除。

1 2 3 4

在〔預售票分析〕圖表工作表上，向下切入資料以顯示每一年每一季的預購張數。

評量領域：管理進階圖表與表格
評量目標：建立和修改樞紐分析圖
評量技能：修改樞紐分析圖，類別軸向下切入，展開下一層級的內容

解題步驟

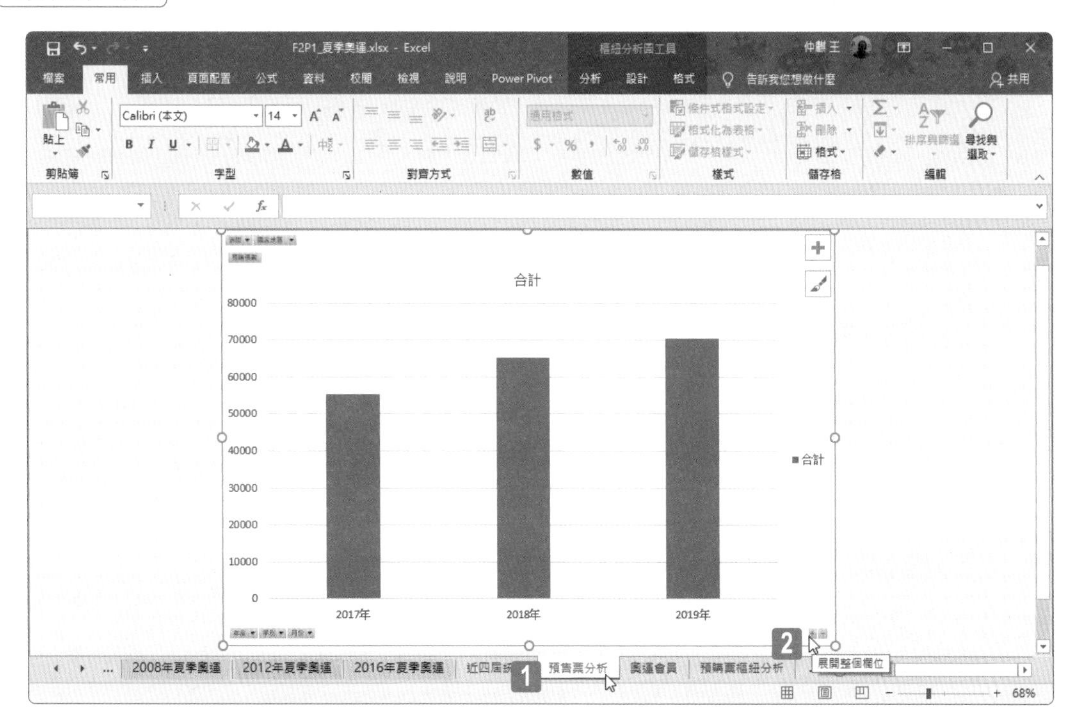

STEP01 點選〔預售票分析〕工作表。

STEP02 此工作表的內容為統計圖表，點按下方類別座標軸右側的〔＋〕按鈕(展開整個欄位)。

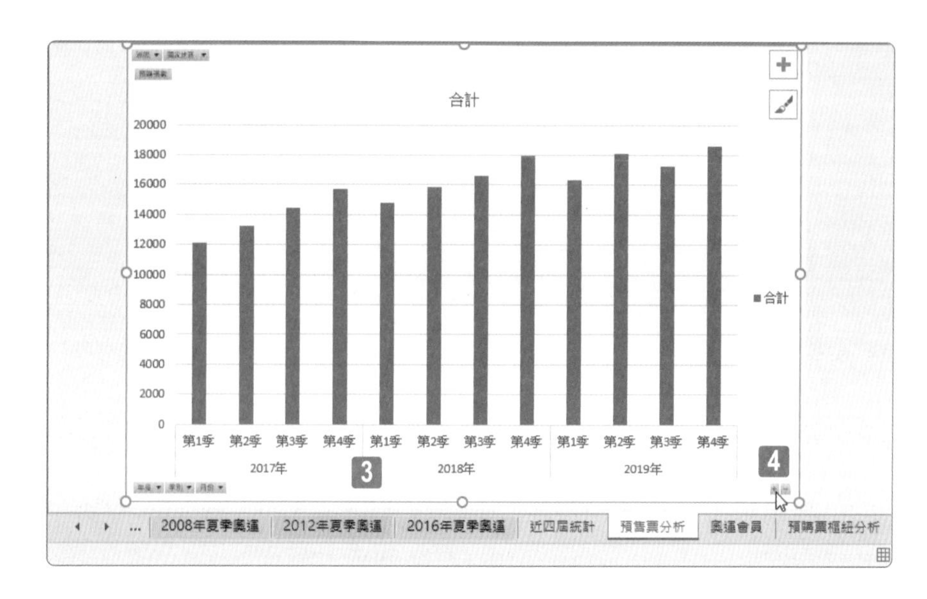

STEP03 原本類別座標軸僅為年度資料，立即往下切入，形成年度資料與季別資料的顯示。

STEP04 繼續再按一次〔＋〕按鈕 (展開整個欄位)。

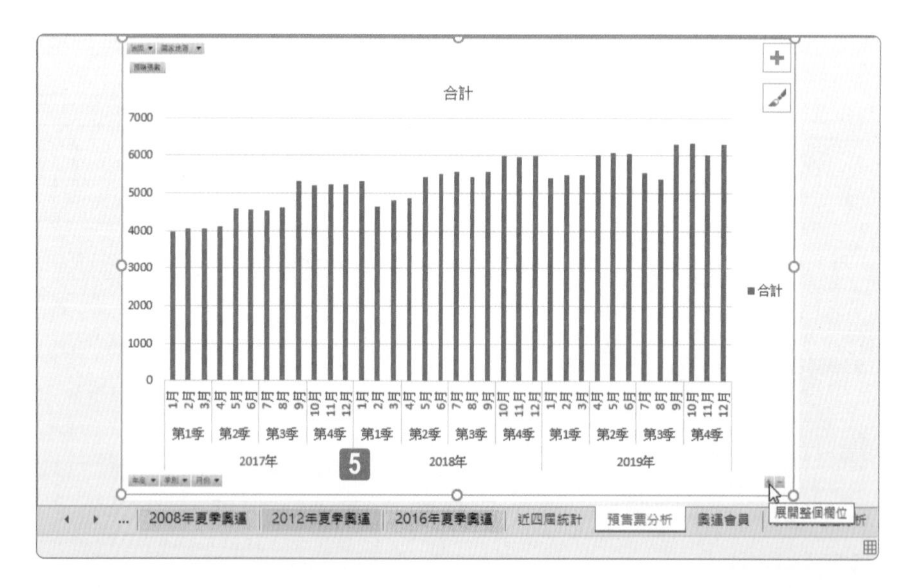

STEP05 讓類別座標軸的顯示能夠往下切入至年度資料、季別資料與月份資料的顯示。

專案 2 極限健身中心

這是一個專營極限健身運動的健身中心，您是業務主管，企圖透過試算表工具建立各種資訊報表，以及各分區的資料統計分析和圖表製作，有效掌控各課程情資的彙整與運作。

1 — 2 — 3

您是教育訓練中心資訊部門的工作人員，正在進行處理活頁簿的環境設定。請設定 Excel 僅在儲存活頁簿時會自動重算公式，而不是在每次資料變更時才進行重算。

評量領域：管理活頁簿選項與設定

評量目標：準備活頁簿以進行共同作業

評量技能：自動計算選項的設定

解題步驟

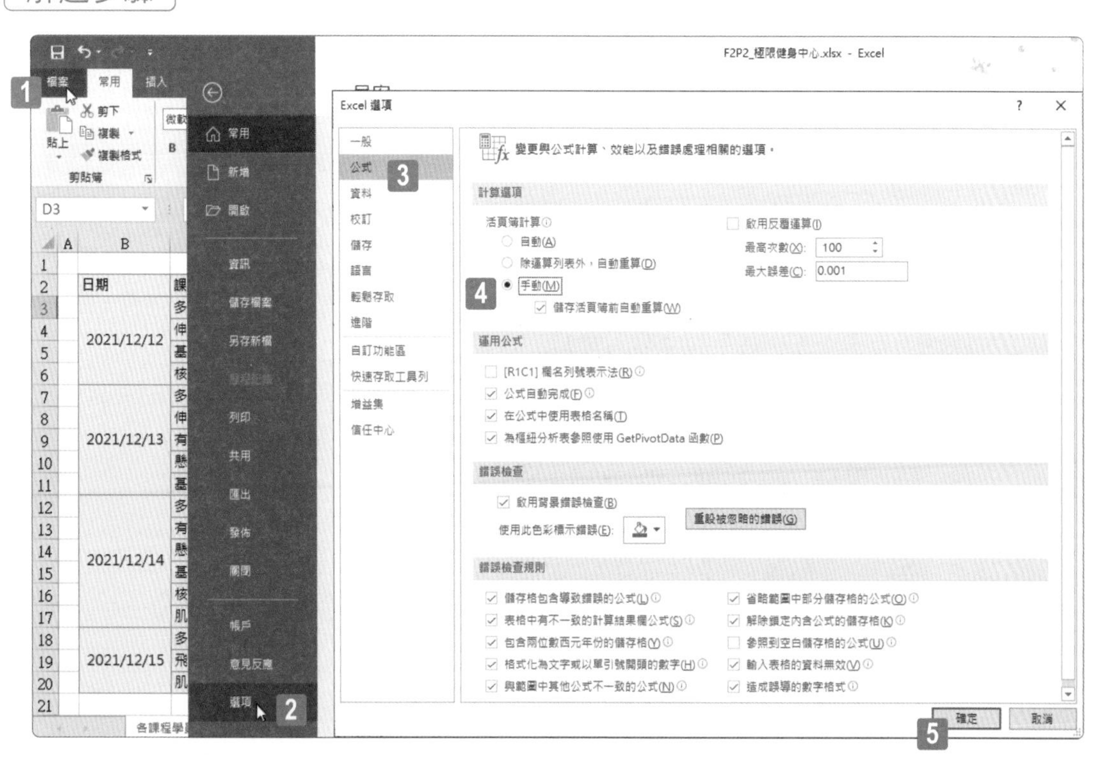

STEP01 點按〔檔案〕索引標籤。

STEP02 進入後台管理頁面，點按〔選項〕。

STEP03 進入〔Excel 選項〕操作頁面，點按〔公式〕選項。

STEP04 點選〔計算選項〕底下的〔手動〕選項，並勾選〔儲存活頁簿前自動重算〕核取方塊，

STEP05 最後按下〔確定〕按鈕。

1 — 2 — 3

在〔各中心人數〕工作表上顯示箭頭，以指出依據 B7 的值進行計算的其他儲存格值。

評量領域：建立進階公式與巨集

評量目標：疑難排解公式

評量技能：公式 / 追蹤從屬參照

解題步驟

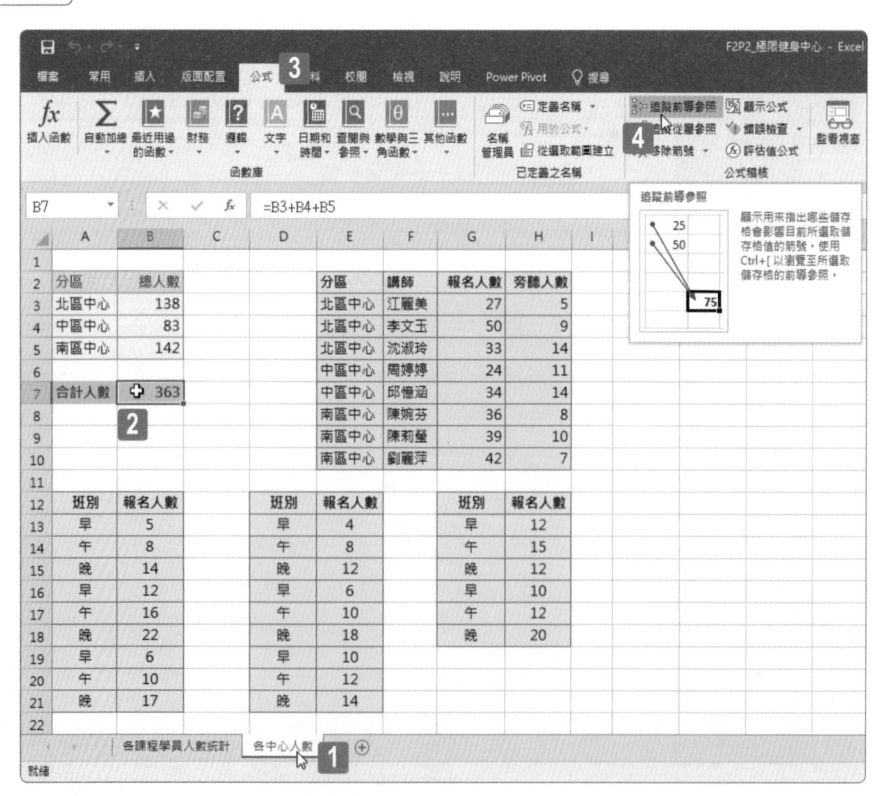

STEP01 點選〔各中心人數〕工作表。

STEP02 點選儲存格 B7。

STEP03 點按〔公式〕索引標籤。

STEP04 點按〔公式稽核〕群組裡的〔追蹤前導參照〕命令按鈕。

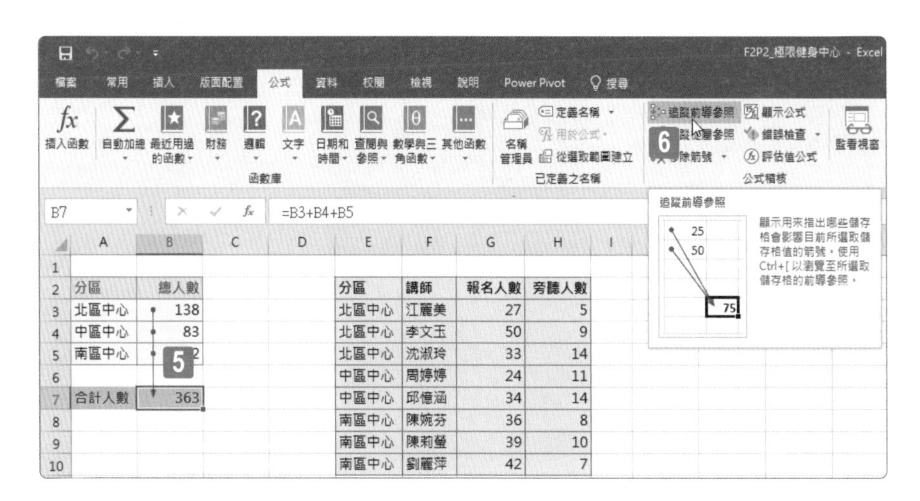

STEP05 會影響儲存格 B7 的各個儲存格都被標示了藍色箭頭線。

STEP06 繼續點按〔追蹤前導參照〕命令按鈕。

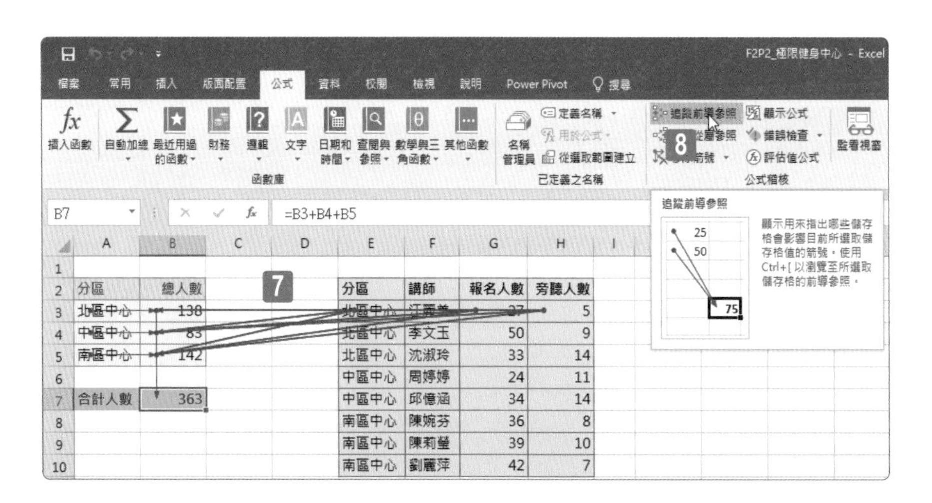

STEP07 間接影響儲存格 B7 的各個儲存格，也都被標示了藍色箭頭線。

STEP08 再繼續點按〔追蹤前導參照〕命令按鈕。

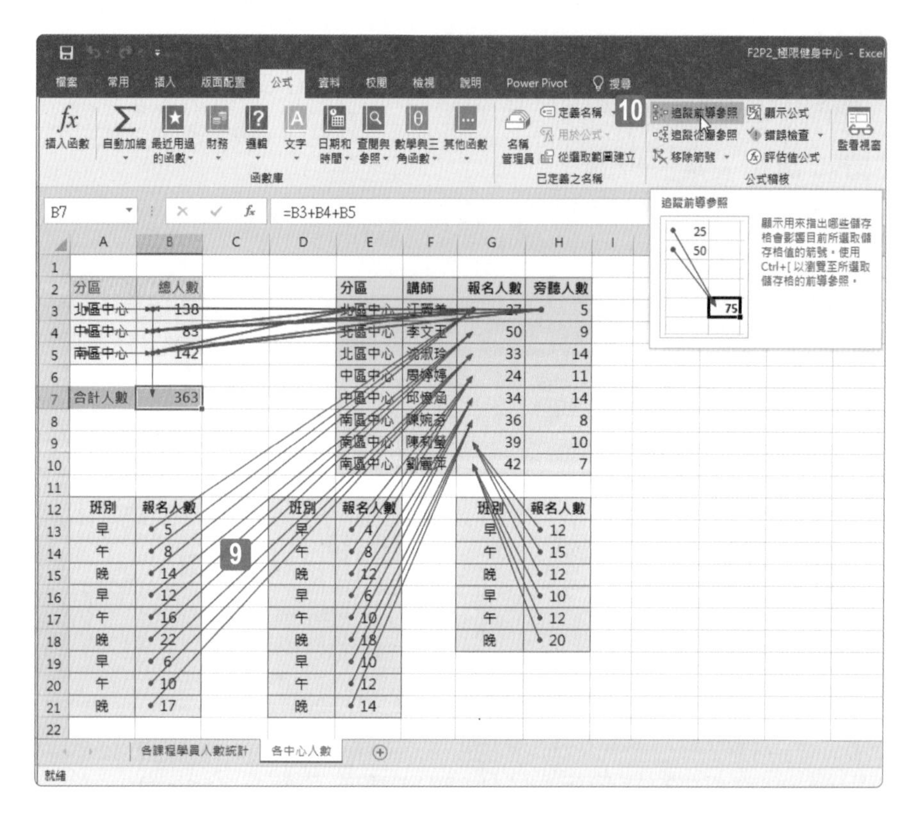

STEP09 繼續往下更深一層的探索，所有影響儲存格 B7 的各層級 (直接影響 / 間接影響) 的各個儲存格都被標示了藍色箭頭線。

STEP10 依此類推，持續點按〔追蹤前導參照〕命令按鈕，直到沒有顯示新的藍色箭頭線為止。

1 — 2 — 3

僅啟用經過數位簽章的巨集。

評量領域：管理活頁簿選項與設定

評量目標：管理活頁簿

評量技能：設定巨集的安全性

解題步驟

STEP01　點按〔檔案〕索引標籤。

STEP02　進入後台管理頁面，點按〔選項〕選項。

STEP03　開啟〔Excel 選項〕對話方塊，點按〔信任中心〕選項。

STEP04　點按〔信任中心設定〕按鈕。

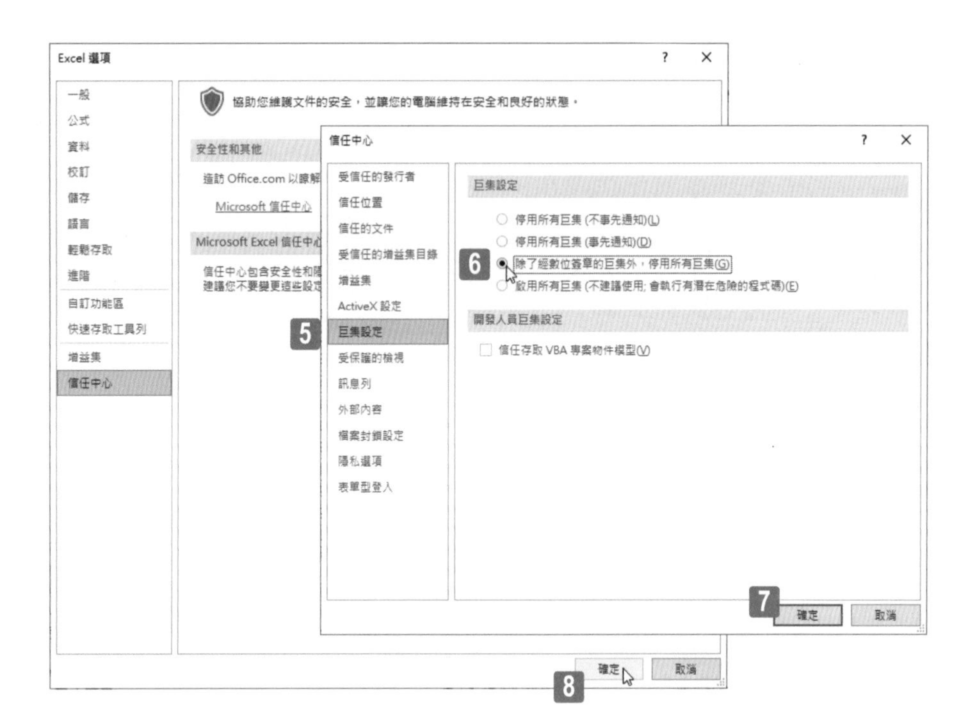

STEP05　開啟〔信任中心〕對話方塊，點按〔巨集設定〕選項。

STEP06　點選〔除了經數位簽章的巨集外，停用所有巨集〕選項。

STEP07　點按〔確定〕按鈕。

STEP08　回到〔Excel 選項〕對話方塊，點按〔確定〕選項。

專案 3 貝果烘焙公司

您任職於貝果坊精緻食品公司。您正在為公司的員工彙編年資積分統計，以及今年第一季銷售資料統計。

請設定 Excel 停用活頁簿中的所有巨集而且不發出通知。

評量領域：管理活頁簿選項與設定

評量目標：管理活頁簿

評量技能：設定巨集的安全性

解題步驟

STEP01 點按〔檔案〕索引標籤。

STEP02 進入後台管理頁面，點按〔選項〕選項。

STEP03 開啟〔Excel 選項〕對話方塊，點按〔信任中心〕選項。

STEP04 點按〔信任中心設定〕按鈕。

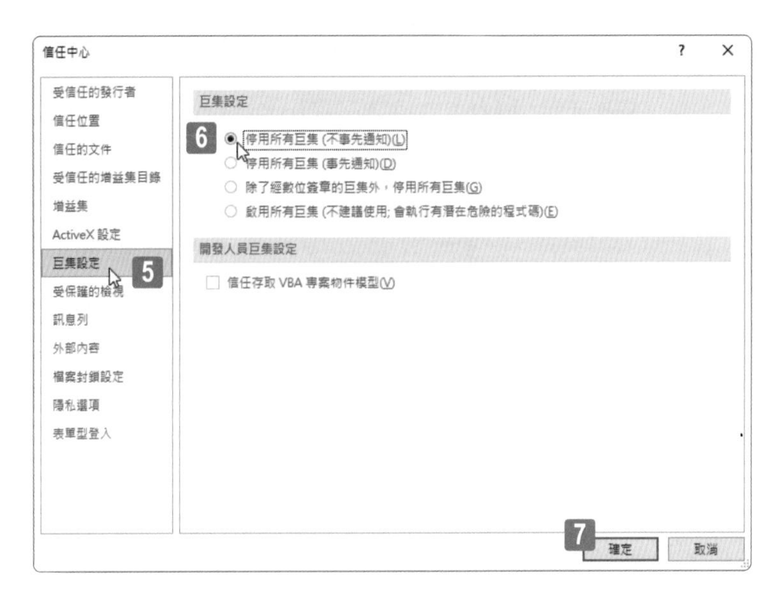

STEP05　開啟〔信任中心〕對話方塊，點按〔巨集設定〕選項。

STEP06　點選〔停用所有巨集 (不事先通知)〕選項。

STEP07　點按〔確定〕按鈕。

STEP08　回到〔Excel 選項〕對話方塊，點按〔確定〕選項。

1 2 3 4 5

在〔Q1 銷售〕工作表上，為儲存格 B4:B51 建立並套用自訂數字格式，並以「01 月 20 日週三」的格式來顯示日期。

評量領域：管理與格式化資料

評量目標：格式化和驗證資料

評量技能：儲存格格式 - 設定自訂日期格式

解題步驟

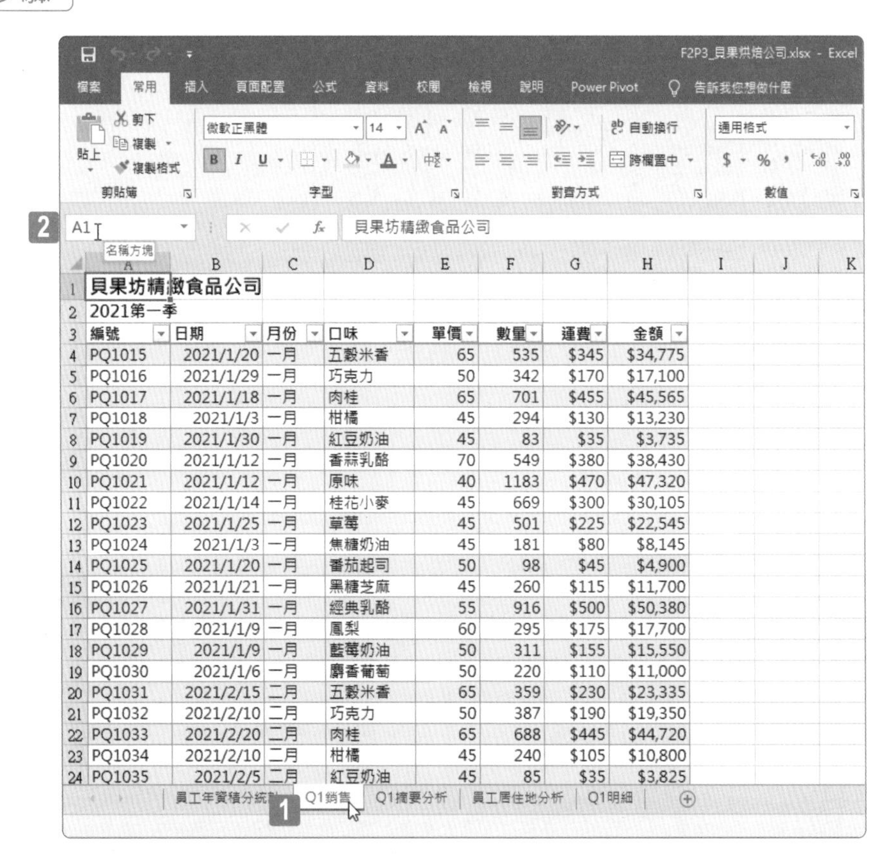

STEP01 點選〔Q1 銷售〕工作表。

STEP02 點按工作表左上方的名稱方塊。

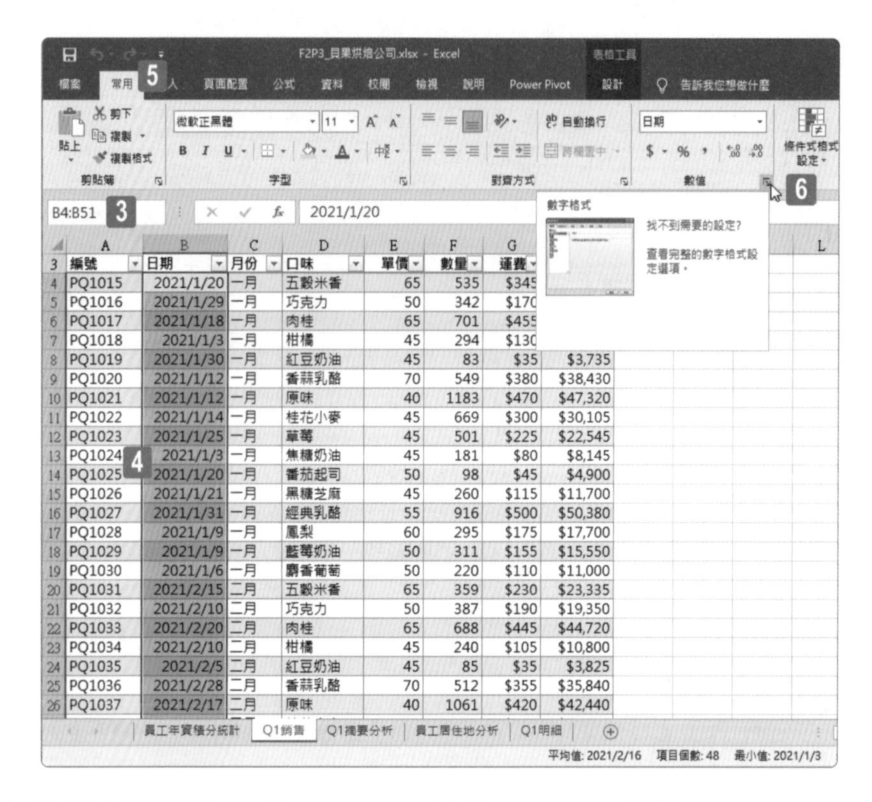

STEP03 在名稱方塊裡輸入「B4:B51」並按下 Enter 按鍵。

STEP04 立即選取儲存格範圍 B4:B51。

STEP05 點按〔常用〕索引標籤。

STEP06 點按〔數值〕群組右側的〔數字格式〕對話方塊啟動器。

STEP07

開啟〔設定儲存格格式〕對話方塊，點選〔數值〕索引頁籤。

STEP08

點選〔日期〕類別。

STEP09

點選比較接近需求的預設格式，例如：〔星期三〕，這是日期的星期格式。

STEP10

點選〔自訂〕類別。

STEP11

剛剛選取的預設日期格式其格式編碼呈現在〔類型〕文字方塊裡，其中，[$-zh-TW] 為繁體中文之意，「aaaa」是中文星期的代碼。

STEP12

在此將格式代碼修改成所需的自訂日期格式。例如：在「aaaa」之前添加兩位數字的月份代碼 mm、以及兩位數字的日期代碼，並穿插「月」與「日」字串，修改後的自訂日期格式代碼為「[$-zh-TW]mm" 月 "dd" 日 "aaaa;@」。

STEP13

點按〔確定〕按鈕。

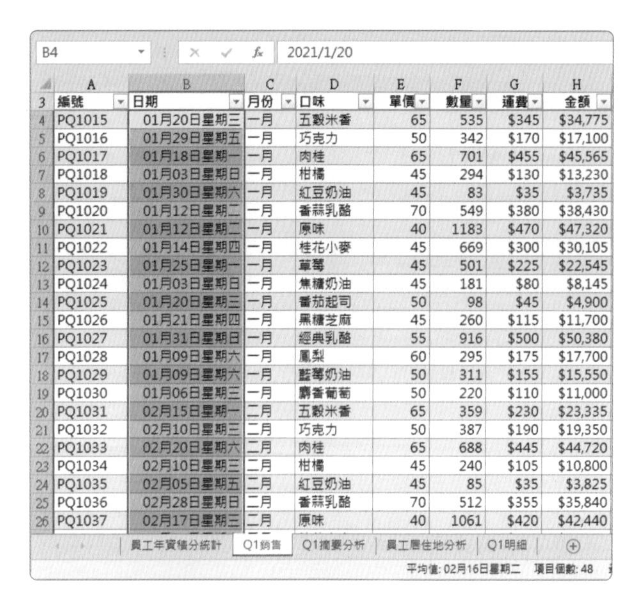

B4 =2021/1/20

	A	B	C	D	E	F	G	H
3	編號	日期	月份	口味	單價	數量	運費	金額
4	PQ1015	01月20日星期三	一月	五穀米香	65	535	$345	$34,775
5	PQ1016	01月29日星期五	一月	巧克力	50	342	$170	$17,100
6	PQ1017	01月18日星期一	一月	肉桂	65	701	$455	$45,565
7	PQ1018	01月03日星期日	一月	柑橘	45	294	$130	$13,230
8	PQ1019	01月30日星期六	一月	紅豆奶油	45	83	$35	$3,735
9	PQ1020	01月12日星期二	一月	番蒜乳酪	70	549	$380	$38,430
10	PQ1021	01月12日星期二	一月	原味	40	1183	$470	$47,320
11	PQ1022	01月14日星期四	一月	桂花小麥	45	669	$300	$30,105
12	PQ1023	01月25日星期一	一月	草莓	45	501	$225	$22,545
13	PQ1024	01月03日星期日	一月	焦糖奶油	45	181	$80	$8,145
14	PQ1025	01月20日星期三	一月	番茄起司	50	98	$45	$4,900
15	PQ1026	01月21日星期四	一月	黑糖芝麻	45	260	$115	$11,700
16	PQ1027	01月31日星期日	一月	經典乳酪	55	916	$500	$50,380
17	PQ1028	01月09日星期六	一月	鳳梨	60	295	$175	$17,700
18	PQ1029	01月09日星期六	一月	藍莓奶油	50	311	$155	$15,550
19	PQ1030	01月06日星期三	一月	麝香葡萄	50	220	$110	$11,000
20	PQ1031	02月15日星期一	二月	五穀米香	65	359	$230	$23,335
21	PQ1032	02月10日星期三	二月	巧克力	50	387	$190	$19,350
22	PQ1033	02月20日星期六	二月	肉桂	65	688	$445	$44,720
23	PQ1034	02月10日星期三	二月	柑橘	45	240	$105	$10,800
24	PQ1035	02月05日星期五	二月	紅豆奶油	45	85	$35	$3,825
25	PQ1036	02月28日星期日	二月	番蒜乳酪	70	512	$355	$35,840
26	PQ1037	02月17日星期三	二月	原味	40	1061	$420	$42,440

完成儲存格的自訂日期格式之設定。

在〔員工年資積分統計〕工作表上，〔年資積分〕欄位中的現有公式會計算每位員工至今應得的年資積分。請修改現有的〔年資積分〕公式，使其在年資積分大於 48 的情況下，仍只能傳回 48 的年資積分，否則就傳回應得的年資積分。

評量領域：建立進階公式與巨集

評量目標：在公式中執行邏輯運算

評量技能：函數 IF

解題步驟

F4 =D4*2+E4

	A	B	C	D	E	F	G	H
1	貝果坊精緻食品公司							
2	員工年資積分統計							
3	區域	工號	姓名	年資	資深紅利積分	年資積分	縣市	鄉鎮區
4	北區	EMP105	劉玉馨	24	6	54	新北市	林口區
5	北區	EMP106	賴楚穎	22	6	50	新北市	樹林區
6	北區	EMP120	蔡庭誼	9	1	19	新北市	中和區
7	北區	EMP124	陳婕荷	7	1	15	新北市	新店區
8	北區	EMP129	黃仁耕	5	1	11	新北市	新店區
9	北區	EMP130	陳于賢	4	0	8	新北市	三重區
10	北區	EMP137	陳芝芳	2	0	4	新北市	林口區
11	北區	EMP103	何一涵	28	8	64	台北市	中山區
12	北區	EMP104	魏琬翰	25	8	58	台北市	信義區
13	北區	EMP109	黃素璇	18	4	40	台北市	士林區
14	北區	EMP115	陳采安	12	2	26	台北市	中山區
15	北區	EMP120	陳皓豪	9	1	19	台北市	中山區
16	北區	EMP136	康奇勝	3	0	6	台北市	中正區

STEP01

點選〔員工年資積分統計〕工作表。

STEP02

點選儲存格 F4。

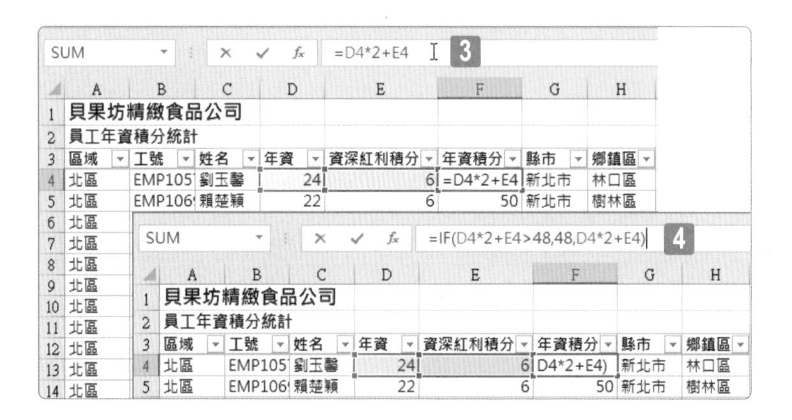

STEP03 按下鍵盤上方的功能鍵 F2 或是直接點按工作表上方的公式編輯列，進行公式的修改。

STEP04 原本公式為「D4*2+E4」，若此算式結果超過 48 仍僅能視為 48，因此，透過 IF 函數，改寫成「IF(D4*2+E4>48,48,D4*2+E4」。

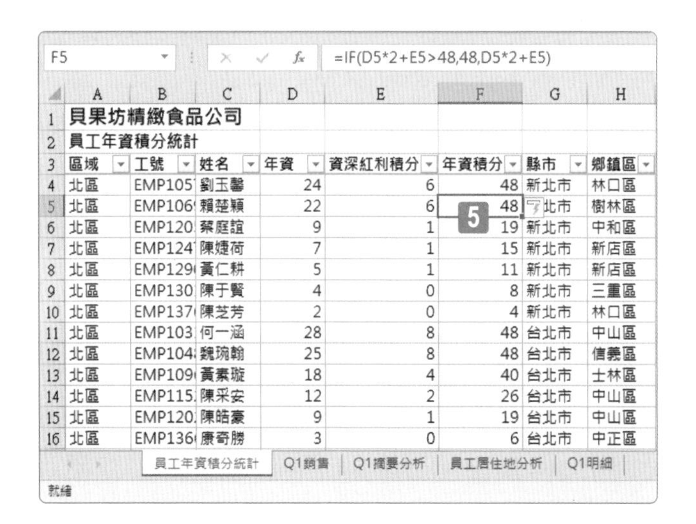

區域	工號	姓名	年資	資深紅利積分	年資積分	縣市	鄉鎮區
北區	EMP105	劉玉馨	24	6	48	新北市	林口區
北區	EMP106	賴楚穎	22	6	48	新北市	樹林區
北區	EMP120	蔡庭誼	9	1	19	新北市	中和區
北區	EMP124	陳婕荷	7	1	15	新北市	新店區
北區	EMP129	黃仁耕	5	1	11	新北市	新店區
北區	EMP130	陳于賢	4	0	8	新北市	三重區
北區	EMP137	陳芝芳	2	0	4	新北市	林口區
北區	EMP103	何一涵	28	8	48	台北市	中山區
北區	EMP104	魏琬翰	25	8	48	台北市	信義區
北區	EMP109	黃素璇	18	4	40	台北市	士林區
北區	EMP115	陳采安	12	2	26	台北市	中山區
北區	EMP120	陳皓豪	9	1	19	台北市	中山區
北區	EMP136	康奇勝	3	0	6	台北市	中正區

STEP05 由於這是資料表欄位，因此，完成公式的編輯後按下 Enter 按鍵，便會自動將公式往下填滿，完成整個〔年資積分〕欄位的運算。

IF 條件判斷函數

公式的運算常常會有多種可能性，例如：不同的狀態會期望有不同的計算方式，或傳回不同的資料值，此時，IF 函數將是您最大的幫手。IF 是條件判斷函數，可用於建立多種運算式，然後再根據條件判斷式的建立，自動識別條件判斷式的狀況後，擇其一來執行指定的運算式。此函數的語法規則為：

IF(logical_test,value_if_true,value_if_false)

參數說明：

- **logical_test**

  這是不可省略的參數，用來建立條件判斷式，這是一種關係判斷式的邏輯測試，例如：大於、等於、小於的關係比較，或者，且 (AND)、或 (OR)、非 (NOT) 的邏輯判斷，透過這個條件式的建立來描述不同狀況的準則依據，做為況狀是否成立的邏輯判斷，因此，此參數的結果不是 True 就是 False，這是一種邏輯值的表現。

- **[value_if_true]**

  此參數是用來設定當 logical_test 的判斷式結果為 True 時 (也就是第一個參數所敘述的條件判斷式成立時)，所要執行的運算式或是想要傳回的值。

- **[value_if_false]**

  此參數是用來設定當 logical_test 的判斷式結果為 False 時 (也就是第一個參數所敘述的條件判斷式不成立時)，所要執行的運算式或是想要傳回的值。

若以比較直白的描述，IF 函數的語法可以解讀成：

IF(條件式，條件式成立時要執行的運算式，條件式不成立時要執行的運算式)

例如：每一位業務員的獎金是根據其交易金額多寡來計算，假設交易金額高於(含) 3 萬，則獎金是以交易金額的 3.5% 來計算；如果交易金額低於(不含)3 萬，則獎金只能以交易金額的 1.5% 來計算，因此，交易金額愈高獎金就愈多囉！以此準則為圭臬，獎金計算公式透過 IF 函數可以寫成：

=IF(交易金額 >=30000, 交易金額 *0.035, 交易金額 *0.015)

對應到此範例的儲存格位址，也就是：

=IF(D3>=30000,D3*0.035,D3*0.015)

E3 =IF(D3>=30000,D3*0.035,D3*0.015)

	A	B	C	D	E	F	G	H
1								
2	日期	客戶代碼	經手人	交易金額	獎金			
3	2021/1/3	H0105	A007	$1,031	=IF(D3>=30000,D3*0.035,D3*0.015)			
4	2021/1/5	H0103	A006	$22,546	IF(logical_test, [value_if_true], [value_if_false])			
5	2021/1/8	F0213	A008	$11,754				
6								

E3 =IF(D3>=30000,D3*0.035,D3*0.015)

	A	B	C	D	E	F	G	H
1								
2	日期	客戶代碼	經手人	交易金額	獎金			
3	2021/1/3	H0105	A007	$1,031	15.465			
4	2021/1/5	H0103	A006	$22,546	338.19			
5	2021/1/8	F0213	A008	$11,754	176.31			
6								

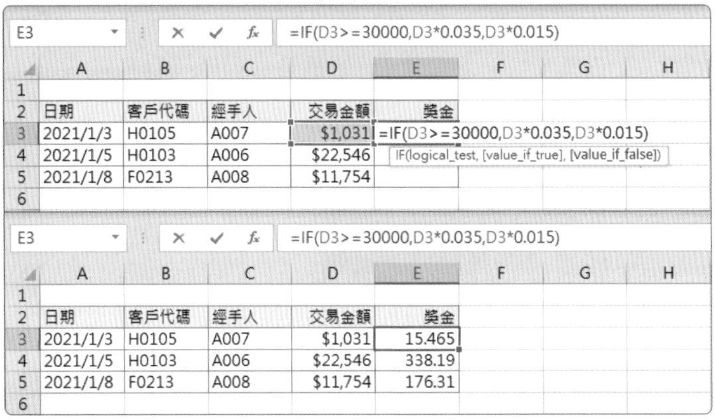

試想，若寫成：

=IF(D3<30000,D3*0.015,D3*0.035)

或者：

=IF(D3<30000,0.015, 0.035)*D3

是不是也都沒錯呢？

1 2 3 4 5

在〔Q1 摘要分析〕工作表上，插入一個可以讓使用者依照〔口味〕來篩選樞紐分析表的交叉分析篩選器。然後使用交叉分析篩選器來篩選特定的資料。僅顯示「經典乳酪」口味的貝果。交叉分析篩選器的大小和位置不重要。

評量領域：管理進階圖表與表格

評量目標：建立和修改樞紐分析表

評量技能：在樞紐分析表上插入交叉分析篩選器

解題步驟

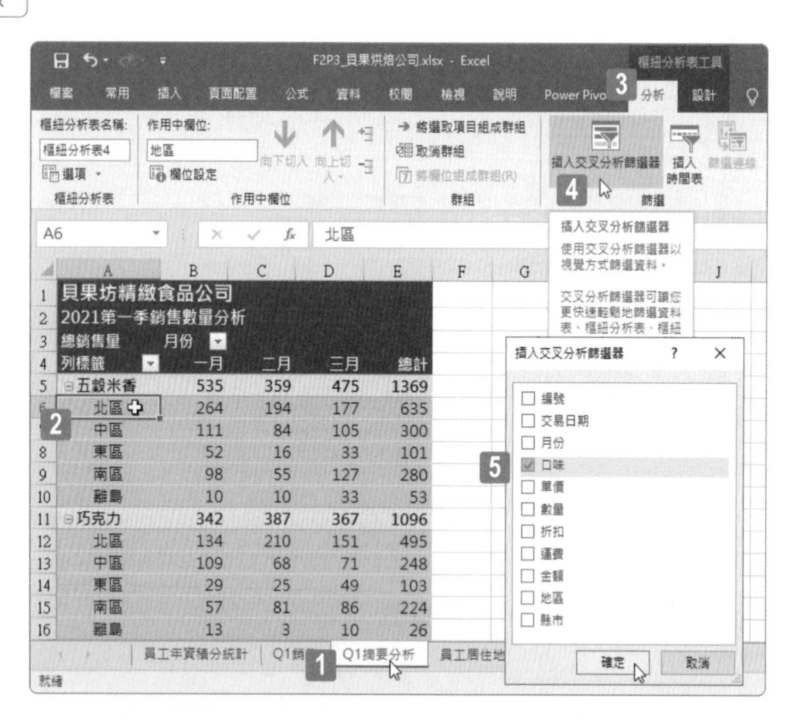

STEP01 點選〔Q1 摘要分析〕工作表。

STEP02 點選工作表上樞紐分析表裡的任一儲存格。例如：儲存格 A6。

STEP03 點按〔樞紐分析表工具〕底下的〔分析〕索引標籤。

STEP04 點按〔篩選〕群組裡的〔插入交叉分析篩選器〕命令按鈕。

STEP05 開啟〔插入交叉分析篩選器〕對話方塊，勾選〔口味〕核取方塊，然後，點按〔確定〕按鈕。

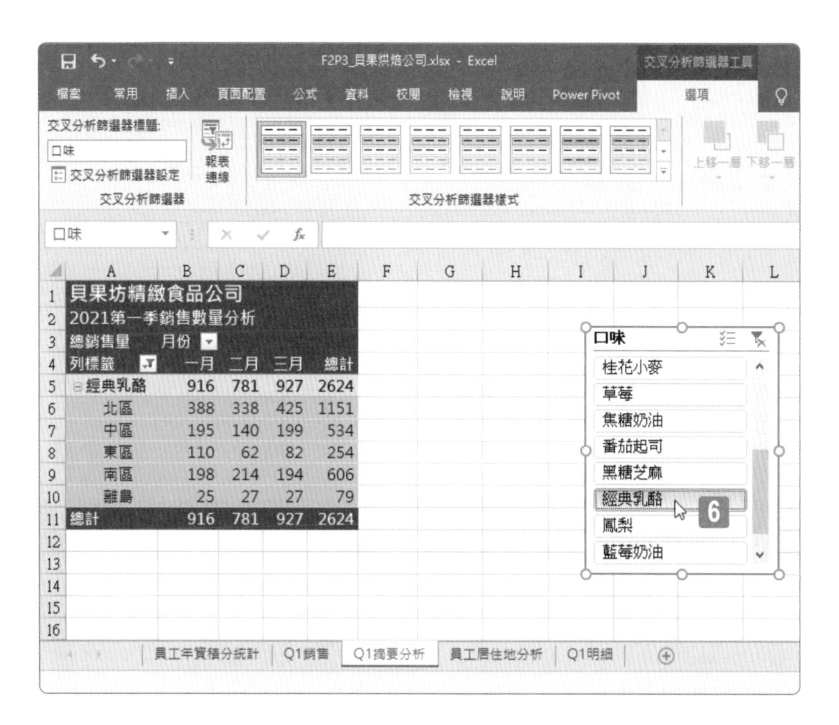

STEP06 在工作表上立即產生名為〔口味〕的交叉分析篩選器（按鈕面板），點選「經典乳酪」按鈕，篩選相關記錄。

1 2 3 4 5

在〔員工居住地分析〕工作表上，將〔縣市〕欄位新增為樞紐分析圖篩選。將篩選套用於圖表，並僅顯示縣市為「台中市」的結果。

評量領域：管理進階圖表與表格

評量目標：建立和修改樞紐分析圖

評量技能：修改樞紐分析圖並進行篩選

解題步驟

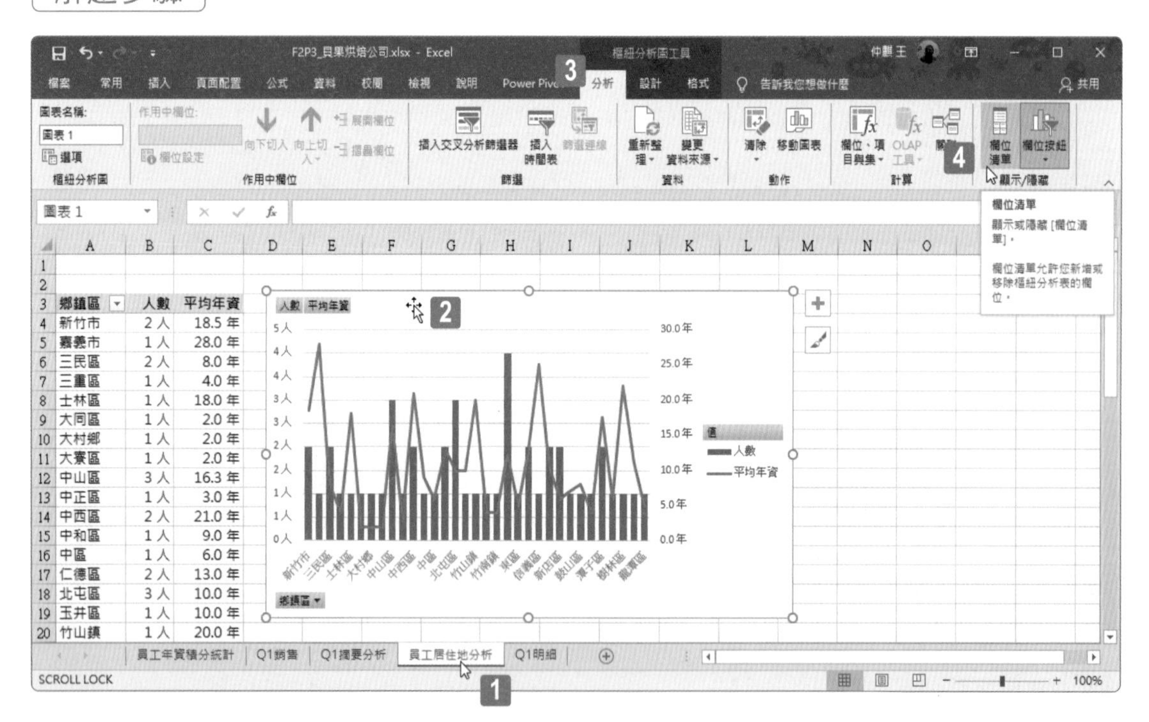

STEP01 點選〔員工居住地分析〕工作表。

STEP02 點選此工作表上既有的樞紐分析圖。

STEP03 若畫面右側未開啟〔樞紐分析圖欄位〕工作窗格，點選〔樞紐分析圖工具〕下方的〔分析〕索引標籤。

STEP04 點按〔顯示 / 隱藏〕群組裡的〔欄位清單〕命令按鈕。

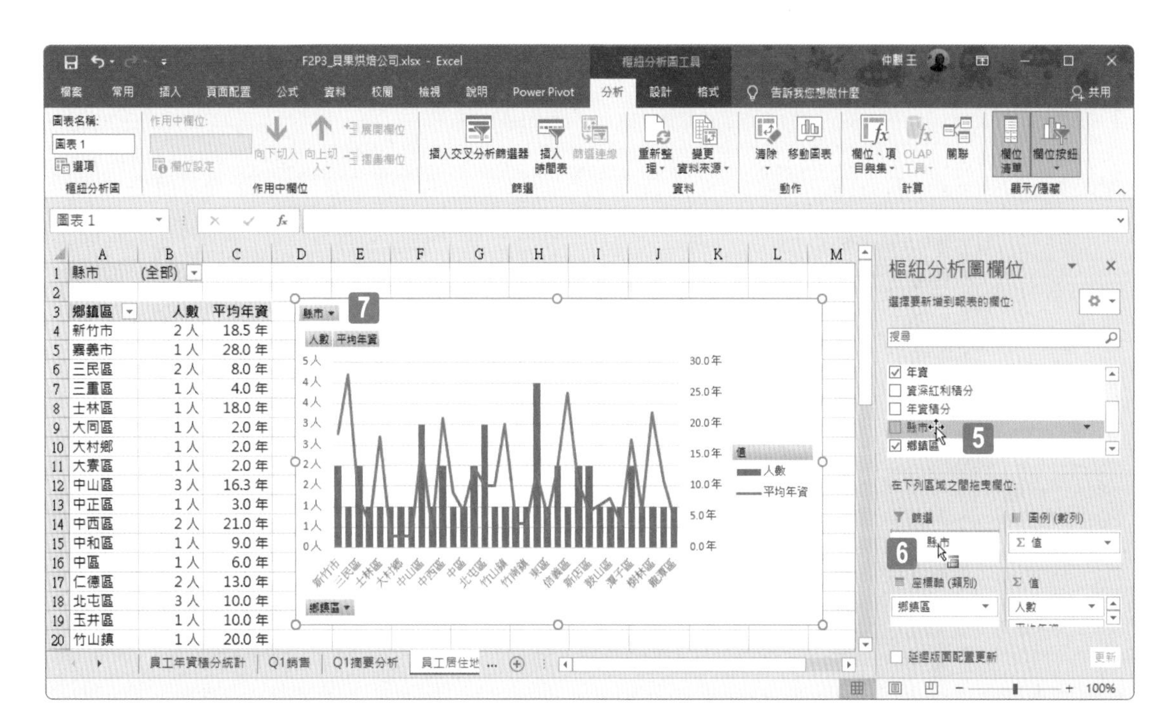

STEP05 畫面右側開啟〔樞紐分析圖欄位〕工作窗格，拖曳〔縣市〕欄位名稱。

STEP06 拖曳至〔篩選〕區域裡。

STEP07 工作表上的樞紐分析圖左上方立即顯示〔縣市〕欄位的篩選按鈕。

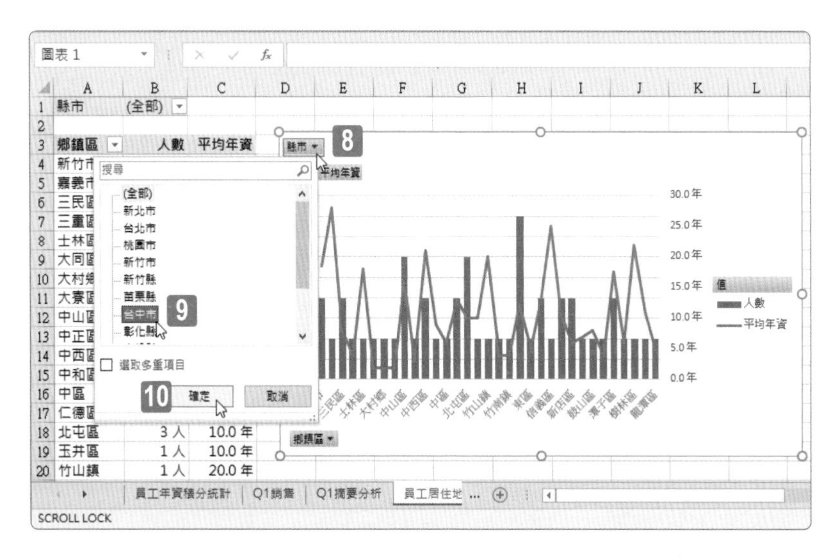

STEP08 點按圖表上的〔縣市〕欄位篩選按鈕。

STEP09 從開啟的縣市清單中，點選〔台中市〕。

STEP10 點按〔確定〕按鈕。

完成樞紐分析圖的篩選操作，僅篩選出〔縣市〕為〔台中市〕的資料，而工作表裡的樞紐分析表也同步進行相同準則的篩選。

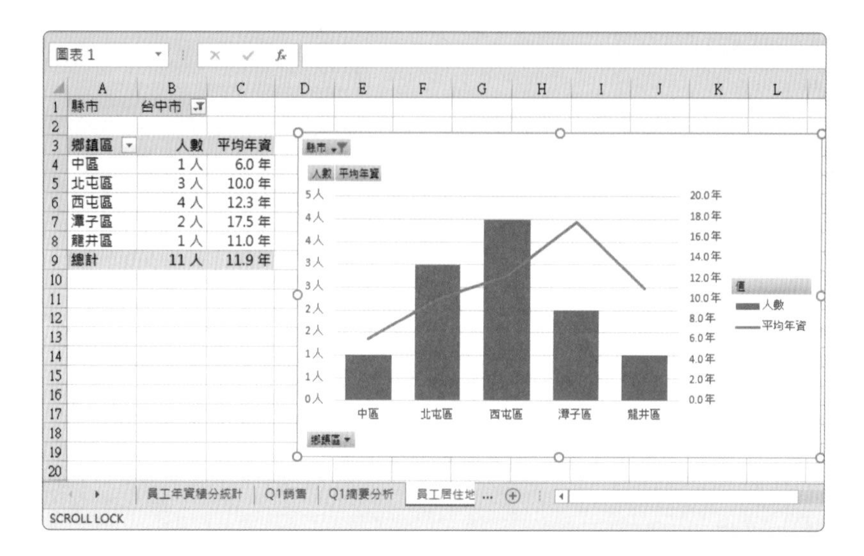

專案 4 通信公司

您是國惟通訊公司的商品主管，正準備使用試算表軟體為公司的年度銷售會報建立活頁簿，以期能夠瞭解各縣市各通訊方案的使用量與使用狀況，以及家電 / 電子商品預購統計。

要求使用者輸入密碼「MyP@ssword」，才能對活頁簿進行結構性變更。

評量領域：管理活頁簿選項與設定

評量目標：準備活頁簿以進行共同作業

評量技能：設定活頁簿密碼以保護活頁簿結構

解題步驟

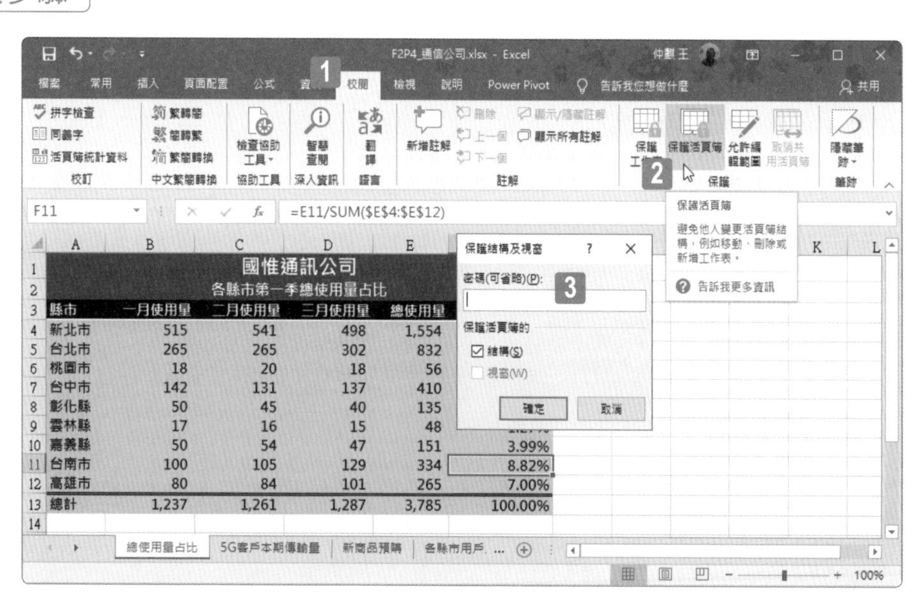

STEP01 點按〔校閱〕索引標籤。

STEP02 點按〔保護〕群組裡的〔保護活頁簿〕命令按鈕。

STEP03 開啟〔保護結構及視窗〕對話方塊。

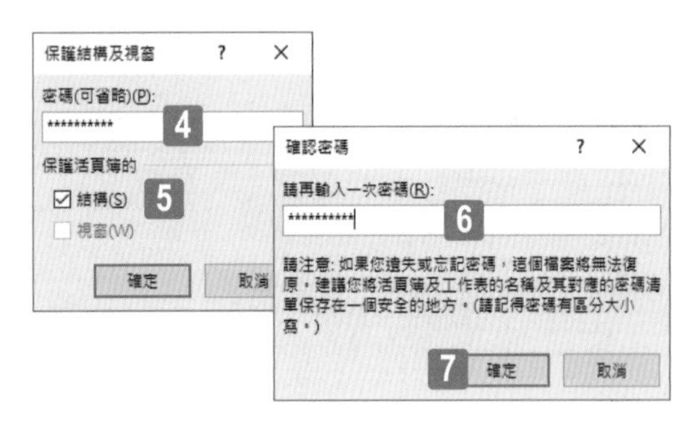

STEP04 輸入密碼「MyP@ssword」。

STEP05 勾選「結構」核取方塊並按下〔確定〕按鈕。

STEP06 開啟〔確認密碼〕對話方塊，再輸入一次相同的密碼以確認。

STEP07 點按〔確定〕按鈕。

1 2 3 4 5 6

在〔新商品預購〕工作表上，將儲存格 A4:A15 設定為僅允許 1 到 12 的整數。否則，顯示警告錯誤警訊，標題為「無效輸入」，訊息內容為「請輸入 1 到 12」。

評量領域：管理與格式化資料

評量目標：格式化和驗證資料

評量技能：資料 / 資料驗證

解題步驟

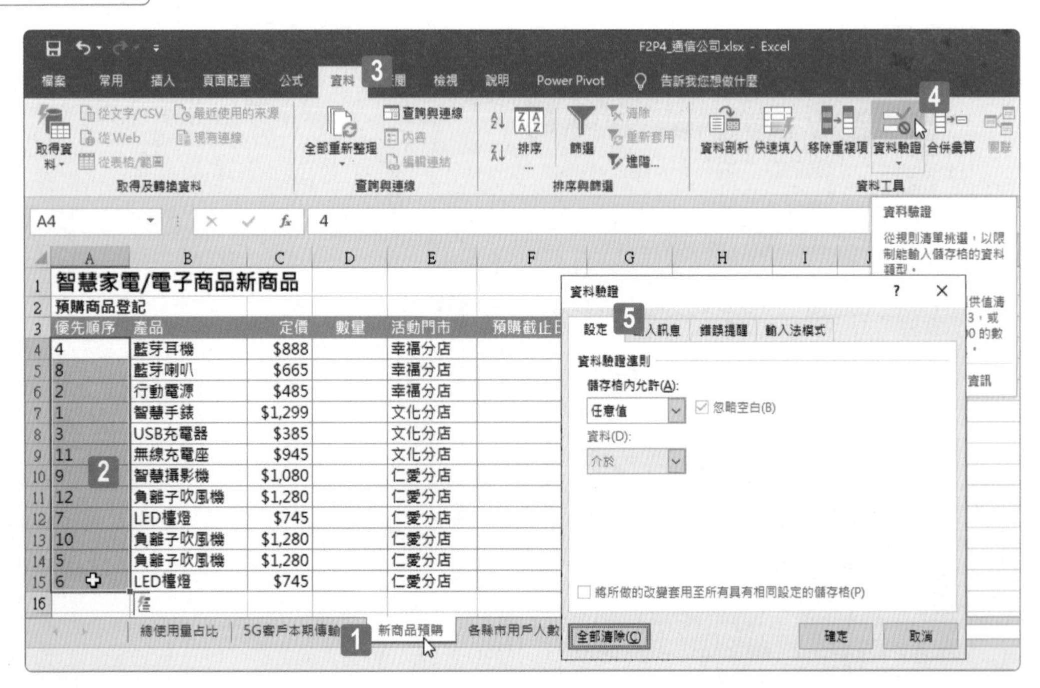

STEP01 點選〔新商品預購〕工作表。

STEP02 選取儲存格範圍 A4:A15。

STEP03 點按〔資料〕索引標籤。

STEP04 點按〔資料工具〕群組裡的〔資料驗證〕命令按鈕。

STEP05 開啟〔資料驗證〕對話方塊，點按〔設定〕索引頁籤。

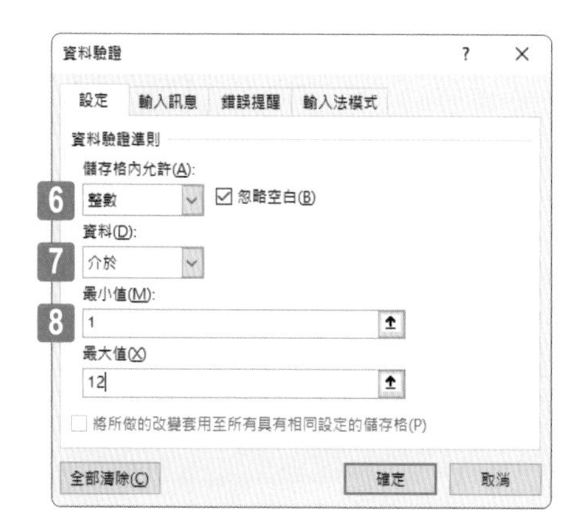

STEP06 選擇〔儲存格內允許〕〔整數〕。

STEP07 設定〔資料〕選項為〔介於〕。

STEP08 輸入〔最小值〕為「1」、〔最大值〕為「12」。

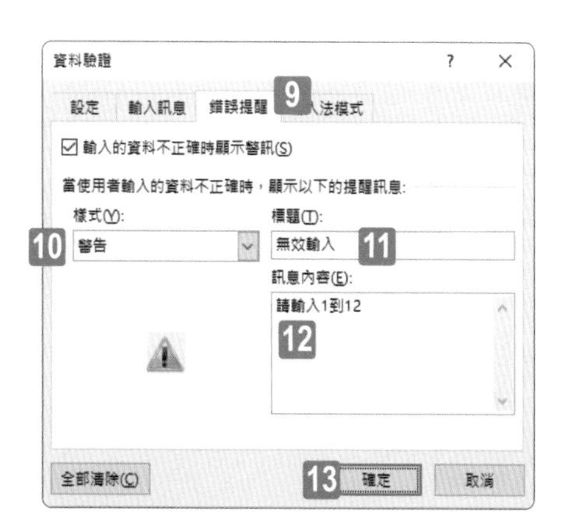

STEP09 點按〔錯誤提醒〕索引頁籤。

STEP10 選擇〔樣式〕為〔警告〕。

STEP11 輸入標題文字為：「無效輸入」。

STEP12 點按一下訊息內容文字區塊，並在此輸入文字：「請輸入 1 到 12」。

STEP13 按下〔確定〕按鈕。

1 2 3 4 5 6

在〔5G 客戶本期傳輸量〕工作表上的儲存格 N4:N30 中輸入公式，可計算並傳回與 L 欄裡的「縣市」相符，並且與 M 欄裡的「方案」相符的「使用量總計」之平均值。

評量領域：建立進階公式與巨集

評量目標：在公式中執行邏輯運算

評量技能：函數 AVERAGEIFS

解題步驟

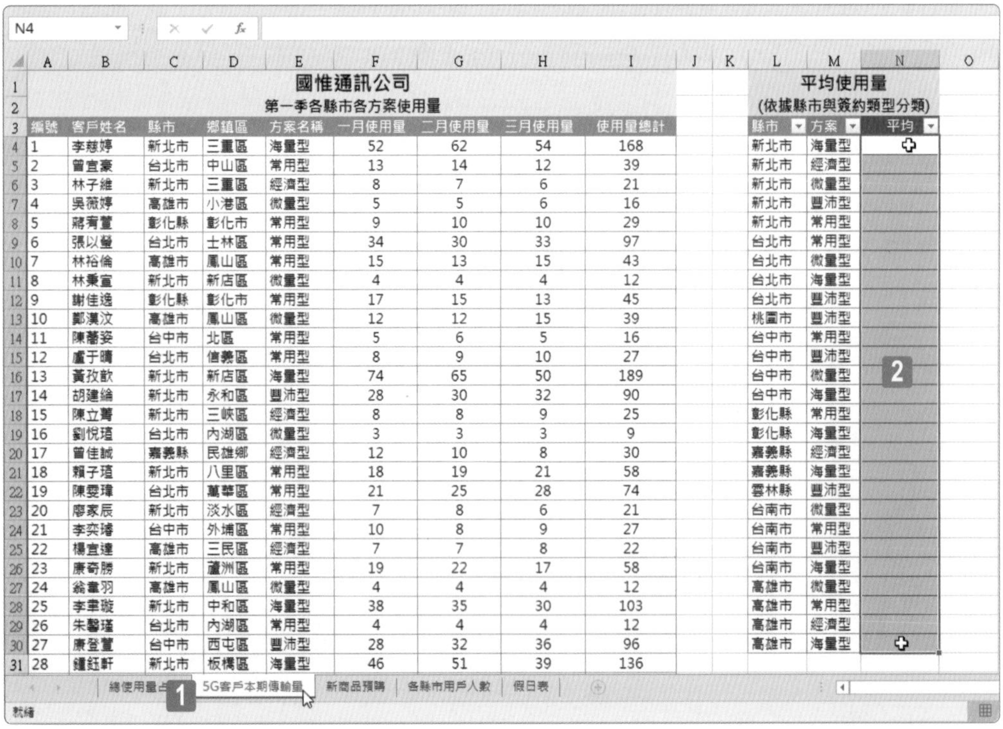

N4

國惟通訊公司

第一季各縣市各方案使用量

編號	客戶姓名	縣市	鄉鎮區	方案名稱	一月使用量	二月使用量	三月使用量	使用量總計
1	李慈婷	新北市	三重區	海量型	52	62	54	168
2	曾宣豪	台北市	中山區	常用型	13	14	12	39
3	林子維	新北市	三重區	經濟型	8	7	6	21
4	吳薇婷	高雄市	小港區	微量型	5	5	6	16
5	蔣宥萱	彰化縣	彰化市	常用型	9	10	10	29
6	張以璧	台北市	士林區	常用型	34	30	33	97
7	林裕倫	高雄市	鳳山區	常用型	15	13	15	43
8	林秉宣	新北市	新店區	微量型	4	4	4	12
9	謝佳逸	彰化縣	彰化市	常用型	17	15	13	45
10	鄭漢汶	高雄市	鳳山區	微量型	12	12	15	39
11	陳蕾姿	台中市	北區	常用型	5	6	5	16
12	盧于晴	台北市	信義區	常用型	8	9	10	27
13	黃孜歆	新北市	新店區	海量型	74	65	50	189
14	胡建綸	新北市	永和區	豐沛型	28	30	32	90
15	陳立菁	新北市	三峽區	經濟型	8	8	9	25
16	劉悅瑄	台北市	內湖區	微量型	3	3	3	9
17	曾佳誠	嘉義縣	民雄鄉	經濟型	12	10	8	30
18	賴子瑄	新北市	八里區	常用型	18	19	21	58
19	陳雯瑋	台北市	萬華區	常用型	21	25	28	74
20	廖家辰	新北市	淡水區	經濟型	7	8	6	21
21	李奕璿	台中市	外埔區	常用型	10	8	9	27
22	楊宜達	高雄市	三民區	經濟型	7	7	8	22
23	康奇勝	新北市	蘆洲區	常用型	19	22	17	58
24	翁韋羽	高雄市	鳳山區	微量型	4	4	4	12
25	李聿璇	新北市	中和區	海量型	38	35	30	103
26	朱馨瑾	台北市	內湖區	常用型	4	4	4	12
27	康登萱	台中市	西屯區	豐沛型	28	32	36	96
28	鐘鈺軒	新北市	板橋區	海量型	46	51	39	136

平均使用量

(依據縣市與簽約類型分類)

縣市	方案	平均
新北市	海量型	
新北市	經濟型	
新北市	微量型	
新北市	豐沛型	
新北市	常用型	
台北市	常用型	
台北市	微量型	
台北市	海量型	
台北市	豐沛型	
桃園市	豐沛型	
台中市	常用型	
台中市	豐沛型	
台中市	微量型	
台中市	海量型	
彰化縣	常用型	
彰化縣	海量型	
嘉義縣	經濟型	
嘉義縣	海量型	
雲林縣	豐沛型	
台南市	微量型	
台南市	常用型	
台南市	豐沛型	
台南市	海量型	
高雄市	微量型	
高雄市	常用型	
高雄市	經濟型	
高雄市	海量型	

總使用量占 | 5G客戶本期傳輸量 | 新商品預購 | 各縣市用戶人數 | 假日表

就緒

STEP01 點選〔5G 客戶本期傳輸量〕工作表。

STEP02 選取儲存格範圍 N4:N30。

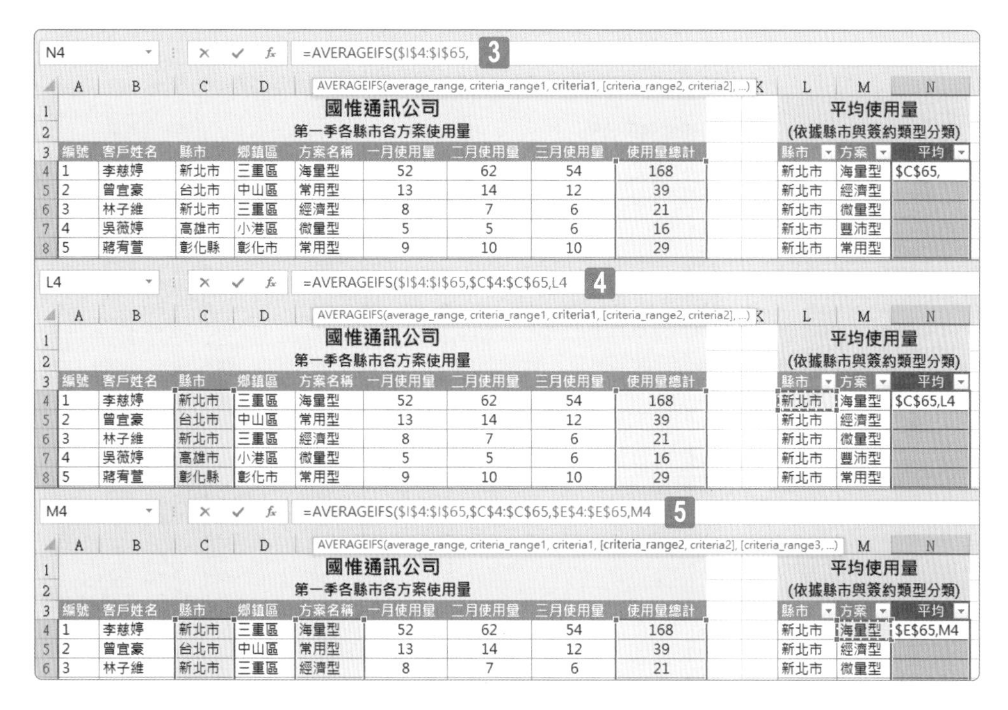

STEP03 直接在選取範圍的首格輸入 AVERAGEIFS 函數的公式「=AVERAGEIFS($I$4:$I$65,」此函數的第一個參數便是想要進行平均值運算的儲存格範圍。

STEP04 然後，再輸入或選取 AVERAGEIFS 的第二與第三個參數為 $C$4:$C$65,L4，這便是第一個準則範圍與準則值的設定。公式列上的公式形成「=AVERAGEIFS($I$4:$I$65,$C$4:$C$65,L4」。

STEP05 最後，再繼續輸入後續的參數，讓整個公式成為：「=AVERAGEIFS($I$4:$I$65,$C$4:$C$65,L4,$E$4:$E$65,M4)」。其中，$E$4:$E$65,M4 便是第二個準則範圍與準則值的設定。

N4 =AVERAGEIFS($I$4:$I$65,$C$4:$C$65,L4,$E$4:$E$65,M4) Ctrl + Enter 6

國惟通訊公司
第一季各縣市各方案使用量

平均使用量
(依據縣市與簽約類型分類)

編號	客戶姓名	縣市	鄉鎮區	方案名稱	一月使用量	二月使用量	三月使用量	使用量總計	縣市	方案	平均
1	李慈婷	新北市	三重區	海量型	52	62	54	168	新北市	海量型	131.5
2	曾宜豪	台北市	中山區	常用型	13	14	12	39	新北市	經濟型	23.25
3	林子維	新北市	三重區	經濟型	8	7	6	21	新北市	微量型	16
4	吳薇婷	高雄市	小港區	微量型	5	5	6	16	新北市	豐沛型	60.66667
5	蔣宥萱	彰化縣	彰化市	常用型	9	10	10	29	新北市	常用型	48.75
6	張以瑩	台北市	士林區	常用型	34	30	33	97	台北市	常用型	53.42857
7	林裕倫	高雄市	鳳山區	常用型	15	13	15	43	台北市	微量型	9
8	林秉宣	新北市	新店區	微量型	4	4	4	12	台北市	海量型	73.6
9	謝佳逸	彰化縣	彰化市	常用型	17	15	13	45	台北市	豐沛型	81
10	鄭漢汶	高雄市	鳳山區	微量型	12	12	15	39	桃園市	豐沛型	56
11	陳蕎姿	台中市	北區	常用型	5	6	5	16	台中市	常用型	27
12	盧于晴	台北市	信義區	常用型	8	9	10	27	台中市	豐沛型	82.5
13	黃孜歆	新北市	新店區	海量型	74	65	50	189	台中市	微量型	13.5
14	胡建綸	新北市	永和區	豐沛型	28	30	32	90	台中市	海量型	137
15	陳立菁	新北市	三峽區	經濟型	8	8	9	25	彰化縣	常用型	37
16	劉悅瑄	台北市	內湖區	微量型	3	3	3	9	彰化縣	海量型	61
17	曾佳誠	嘉義縣	民雄鄉	經濟型	12	10	8	30	嘉義縣	經濟型	30
18	賴子瑄	新北市	八里區	常用型	18	19	21	58	嘉義縣	海量型	121
19	陳雯瑋	台北市	萬華區	常用型	21	25	28	74	雲林縣	豐沛型	48
20	廖家辰	新北市	淡水區	經濟型	7	8	6	21	台南市	微量型	9
21	李奕璿	台中市	外埔區	常用型	10	8	9	27	台南市	常用型	55
22	楊宜達	高雄市	三民區	經濟型	7	7	8	22	台南市	豐沛型	72
23	康奇勝	新北市	蘆洲區	常用型	19	22	17	58	台南市	海量型	189
24	翁韋羽	高雄市	鳳山區	微量型	4	4	4	12	高雄市	微量型	22.33333
25	李聿璇	新北市	中和區	海量型	38	35	30	103	高雄市	常用型	42
26	朱馨瑾	台北市	內湖區	常用型	4	4	4	12	高雄市	經濟型	22
27	康登萱	台中市	西屯區	豐沛型	28	32	36	96	高雄市	海量型	92
28	鍾鈺軒	新北市	板橋區	海量型	46	51	39	136			

總使用量占比 | 5G客戶本期傳輸量 | 新商品預購 | 各縣市用戶人數 | 假日表

就緒 平均值: 59.76031746 項目個數: 27 最小值: 9 最大值: 189 加總: 1613.528571

STEP06 完成公式的建立後，按下 Ctrl+Enter 按鍵，首格裡的公式將會自動填滿先前事先選取的整個欄位範圍 N4:N30。

AVERAGEIFS 函數

這個題目所評量的技巧是 AVERAGEIFS 函數的使用，此函數是用來計算符合多個指定準則條件下的平均值 (算術平均值) 計算，其語法及參數說明如下：

語法：

AVERAGEIFS(average_range,criteria_range1,criteria1,criteria_range2,criteria2...)

參數說明：

- **average_range**

  要計算平均值的資料範圍。這是當每一組 criteria_range 範圍裡的儲存格內容皆符合其對應的 criteria 準則之條件定義時，要實際進行平均值運算的儲存格範圍。

- **criteria_range1, criteria_range2, criteria_range3, ...**

  每一組準則範圍。這些是欲進行評估的各組儲存格範圍。您可以定義多組準則範圍，但至多 127 個範圍。每一組 criteria_range 範圍皆與每一個 criteria 參數裡所定義的準則條件進行評估比對。

- **criteria1, criteria2,criteria3, ...**

  準則條件的設定。這些參數是用來定義要進行平均值運算的各個準則條件，最多也是 127 個準則。在撰寫上，每一個 criteria 可以是數字、表示式或是文字，譬如：可以撰寫成 18、"18"、">18" 、B2 或是 " 銀級 "。每一個 criteria 參數對應著每一個 criteria_range 參數。

在第 3 章模擬試題 I 專案 3 的任務 3 也是運用此 AVERAGEIFS 函數進行解題，您可以至該篇幅複習此函數的詳細說明。

另一種解法

如果要運算與參照的儲存格範圍有事先命名，則運用範圍名稱作為公式參照，將會方便許多，公式也更容易閱讀。

例如：

- 範圍名稱「使用量總計」代表的是此工作表的儲存範圍 $I$4:$I$65
- 範圍名稱「縣市」代表的是此工作表的儲存範圍 $C$4:$C$65
- 範圍名稱「方案名稱」代表的是此工作表的儲存範圍 $E$4:$E$65

則輸入公式時便可以透過鍵盤上方的功能鍵 F3，開啟〔貼上名稱〕對話方塊，從中選取所要參照的已命名之名稱，完成整個公式的輸入。

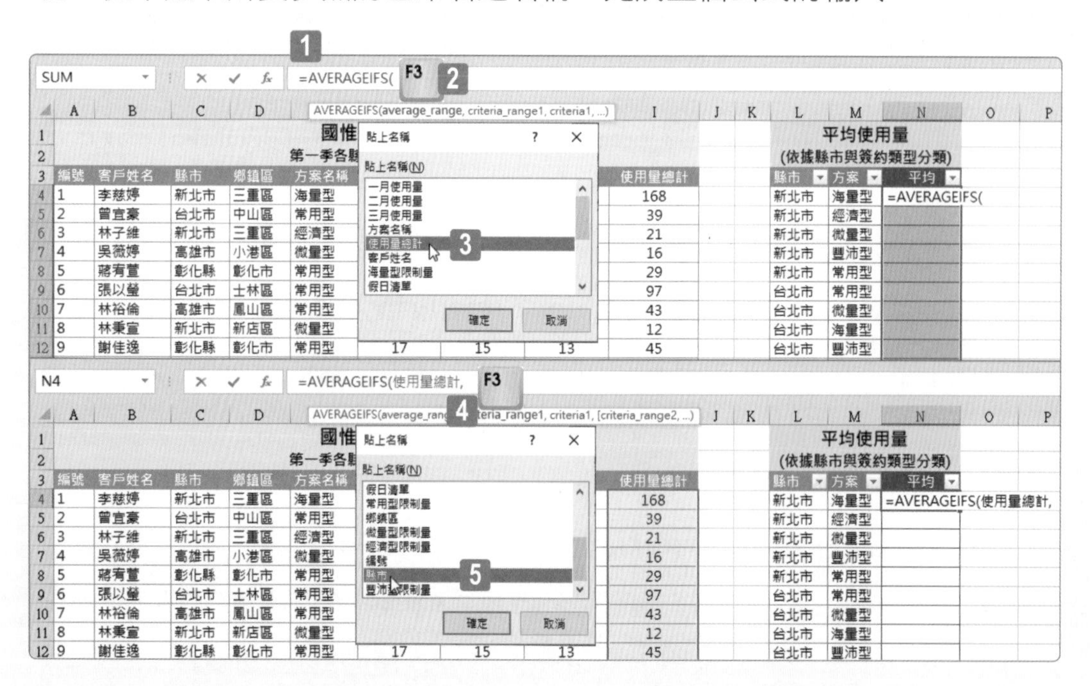

STEP01 在此例的 N4 儲存格輸入公式「=AVERAGEIFS(」。

STEP02 按下功能鍵 F3。

STEP03 開啟〔貼上名稱〕對話方塊，點按兩下範圍名稱「使用量總計」。

STEP04 在公式裡輸入逗點後，繼續按下功能鍵 F3。

STEP05 再度開啟〔貼上名稱〕對話方塊，點按兩下範圍名稱「縣市」。

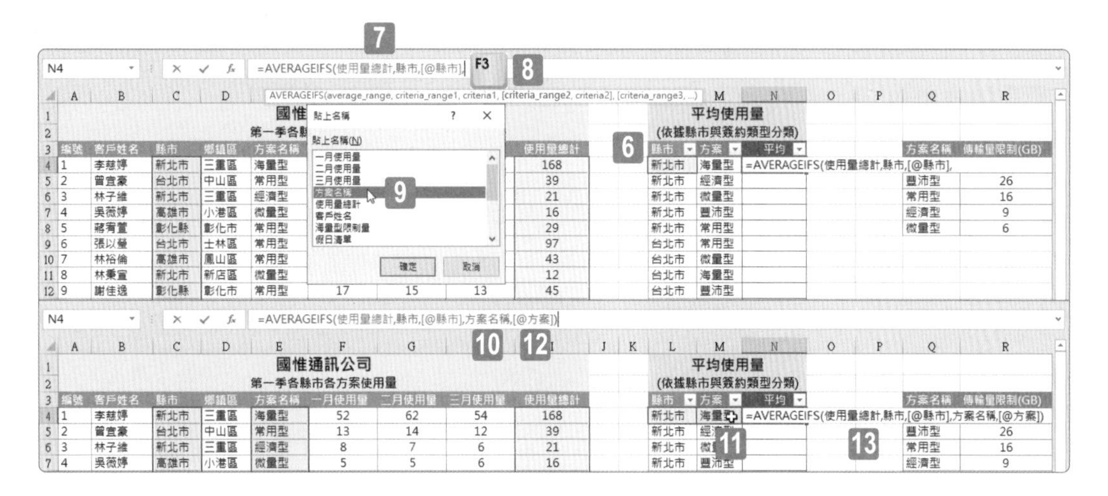

STEP06 接著，AVERAGEIFS 函數裡的第三個參數則是點選儲存格 L4。

STEP07 在公式裡的結構化參照則是以 [@ 縣市] 來表示。

STEP08 在公式裡按下逗點後，繼續按下功能鍵 F3。

STEP09 開啟〔貼上名稱〕對話方塊，點按兩下範圍名稱「方案名稱」。

STEP10 「方案名稱」即成為 AVERAGEIFS 函數裡的第四個參數。

STEP11 接著，AVERAGEIFS 函數裡的第五個參數則是點選儲存格 M4。

STEP12 在公式裡的結構化參照則是以 [@ 方案] 來表示。

STEP13 最終完成的公式為「=AVERAGEIFS(使用量總計 , 縣市 ,[@ 縣市], 方案名稱 , [@ 方案])」。

在〔新商品預購〕工作表上的〔預購截止日期〕欄位中，使用函數計算商品預購的截止日期。此預購截止日的期限是在 H 欄上市日期之前的 52 個工作日。在計算過程中必須排除名為〔假日清單〕範圍裡所指定的特定假日。

評量領域：建立進階公式與巨集

評量目標：使用進階的日期和時間函數

評量技能：函數 WORKDAY

解題步驟

F4 =WORKDAY(

智慧家電/電子商品新商品

預購商品登記

優先順序	產品	定價	數量	活動門市	預購截止日期	預購價	上市日期
4	藍芽耳機	$888		幸福分店	=WORKDAY(	$520	2021/10/20
8	藍芽喇叭	$665		幸福分店		$399	2021/10/20
2	行動電源	$485		幸福分店		$295	2021/10/20
1	智慧手錶	$1,299		文化分店		$825	2021/11/4
3	USB充電器	$385		文化分店		$235	2021/11/4
11	無線充電座	$945		文化分店		$579	2021/11/4
9	智慧攝影機	$1,080		仁愛分店		$665	2021/12/10
12	負離子吹風機	$1,280		仁愛分店		$799	2021/12/10
7	LED檯燈	$745		仁愛分店		$447	2021/12/10
10	負離子吹風機	$1,280		仁愛分店		$799	2021/12/10
5	負離子吹風機	$1,280		仁愛分店		$799	2021/12/10
6	LED檯燈	$745		仁愛分店		$447	2021/12/10

總使用量占比 | 5G客戶本期傳輸量 | 新商品預購 | 各縣市用戶人數 | 假日表

STEP01 點選〔新商品預購〕工作表。

STEP02 點選儲存格 F4 並輸入函數公式「=WORKDAY(」。

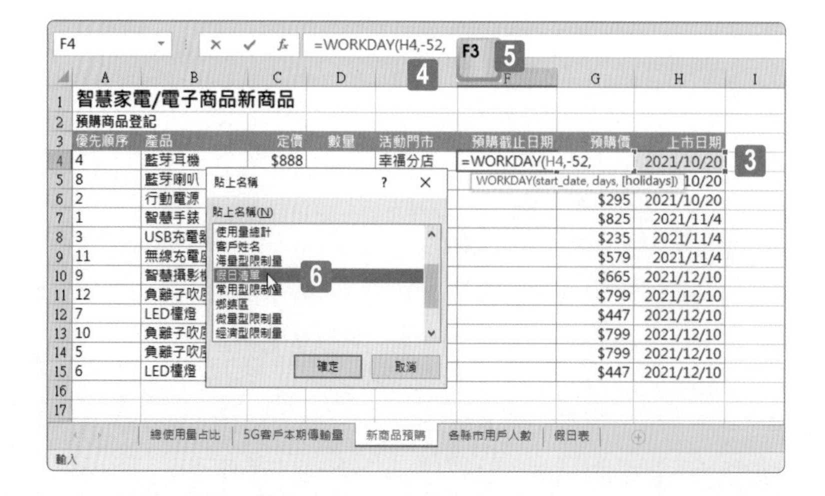

STEP03 點選儲存格 H4，設定上市日期為 WORKDAY 函數裡的第一個參數。

STEP04 繼續輸入逗點與「-52」，設定此數值為 WORKDAY 函數的第二個參數。

STEP05 輸入逗點後，按下功能鍵 F3，進行 WORKDAY 函數後一個參數的設定。

STEP06 開啟〔貼上名稱〕對話方塊，點按兩下範圍名稱「假日清單」。

STEP07 最後補上小右括號，完成整個公式的建立，並按下 Enter 按鍵。

STEP08 拖曳儲存格 F4 右下角的小黑點 (填滿控點)，往下拖曳。

STEP09 拖曳至儲存格 F15，完成預購截止日期欄位的公式。

WORKDAY 函數

這個題目所評量的技巧是 WORKDAY 函數的使用，這是一個可根據開始日期與工作日數 (不包含星期六、日)，而計算出結束日期的日期運算函數，其語法與參數說明如下：

語法：

WORKDAY(start_date, days, [holidays])

參數說明：

- **start_date**

  這是不可省略的必要參數，也就是用來表明指定日期的參數。可以是一個日期，或是可傳回日期序列值的公式。簡單的說，就是一個開始日期的表示。

- **days**

  這也是一個不可省略的必要參數，這是一個整數值，用來表明工作的天數。將第一個參數 start_date(開始日期) 加上這個整數後，便是此函數所傳回的結果 (結束日期)。由於是工作日的運算，因此，日期中若遇到星期六與星期日都非工作日期，日期的計算上就會避開。

- **[holidays]**

  這是一個可以省略不用輸入的參數，是一個參照範圍的表示，可在此範圍中記錄所有的休假日期。例如：國定假日、補修日，如此，WORKDAY 函數在計算日期時，便可以將這些日期也屏除在外，不視為工作日。

1 2 3 4 5 6

在〔總使用量占比〕工作表上建立一份圖表，以〔群組直條圖〕圖表顯示每個縣市的〔總使用量〕，並在次要座標軸以〔含有資料標記的折線圖〕圖表顯示〔總使用量占比〕。圖表的大小和位置不重要。

評量領域：管理進階圖表與表格

評量目標：建立和修改進階圖表

評量技能：建立組合圖 - 建立副座標軸

解題步驟

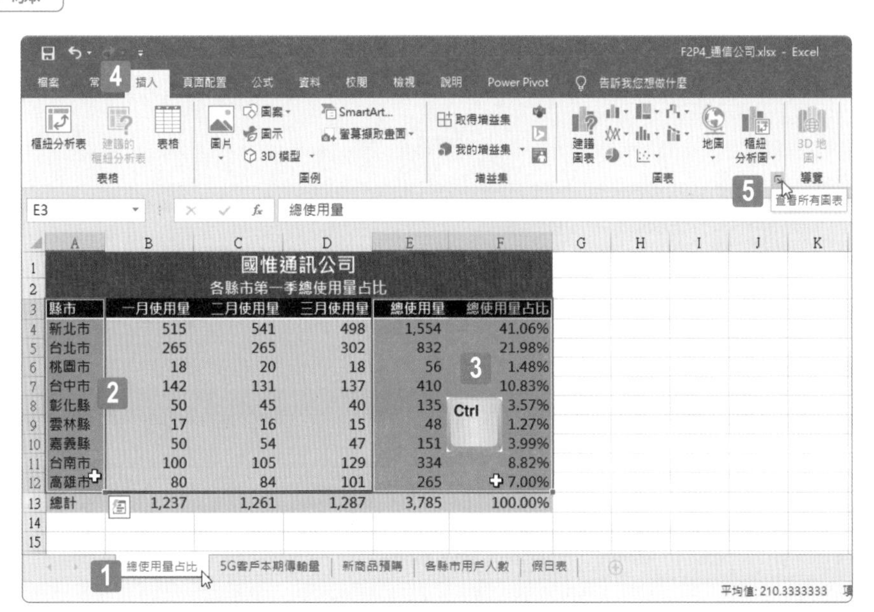

STEP01 點選〔總使用量占比〕工作表。

STEP02 選取儲存格範圍 A3:A12。

STEP03 按住 Ctrl 按鍵後再複選儲存格範圍 E3:F12。

STEP04 點按〔插入〕索引標籤。

STEP05 點按〔圖表〕群組旁的〔查看所有圖表〕對話方塊啟動器。

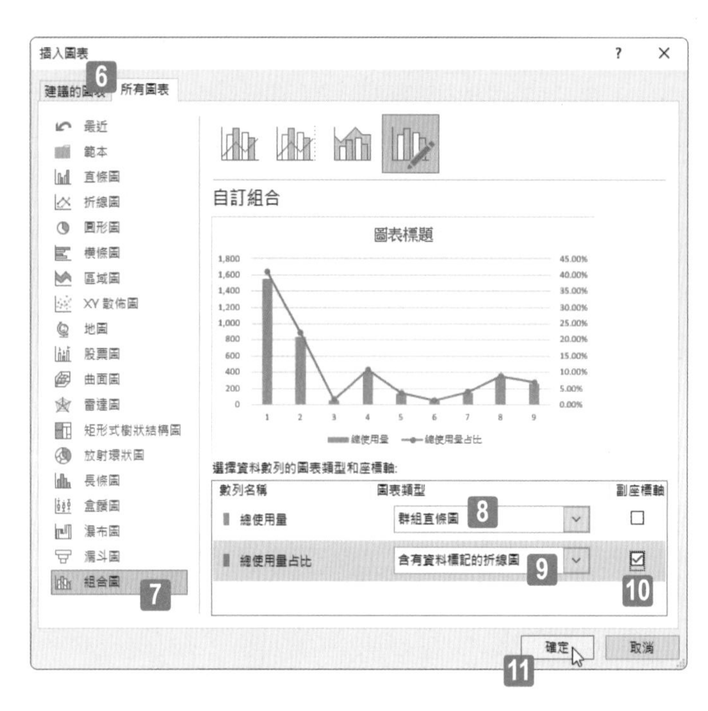

STEP06 開啟〔插入圖表〕對話，點選〔所有圖表〕索引頁籤。

STEP07 點選〔組合圖〕選項。

STEP08 「總使用量」數列設定為「群組值條圖」

STEP09 「總使用量占比」數列設定為「含有資料標記的折線圖」

STEP10 勾選「總使用量占比」數列右側的〔副座標軸〕核取方塊。

STEP11 點按〔確定〕按鈕。

完成組合圖表的建立。

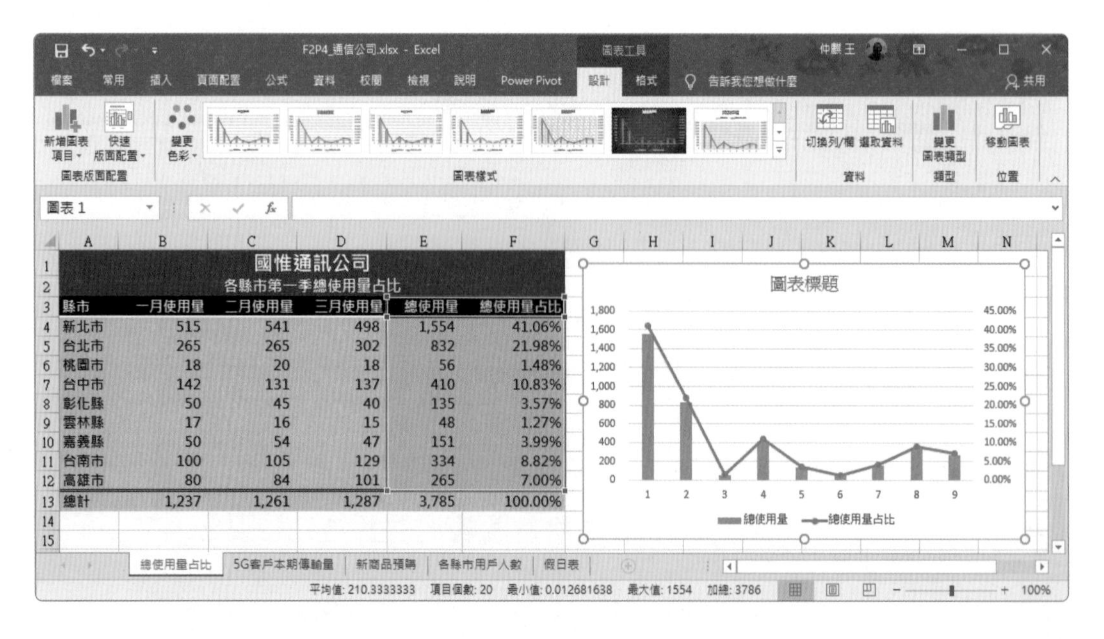

1 2 3 4 5 6

在〔各縣市用戶人數〕工作表上，修改樞紐分析表，使其在各地區底下逐列顯示每一個「鄉鎮區」。

評量領域：管理進階圖表與表格

評量目標：建立和修改樞紐分析表

評量技能：修改樞紐分析表的維度架構

解題步驟

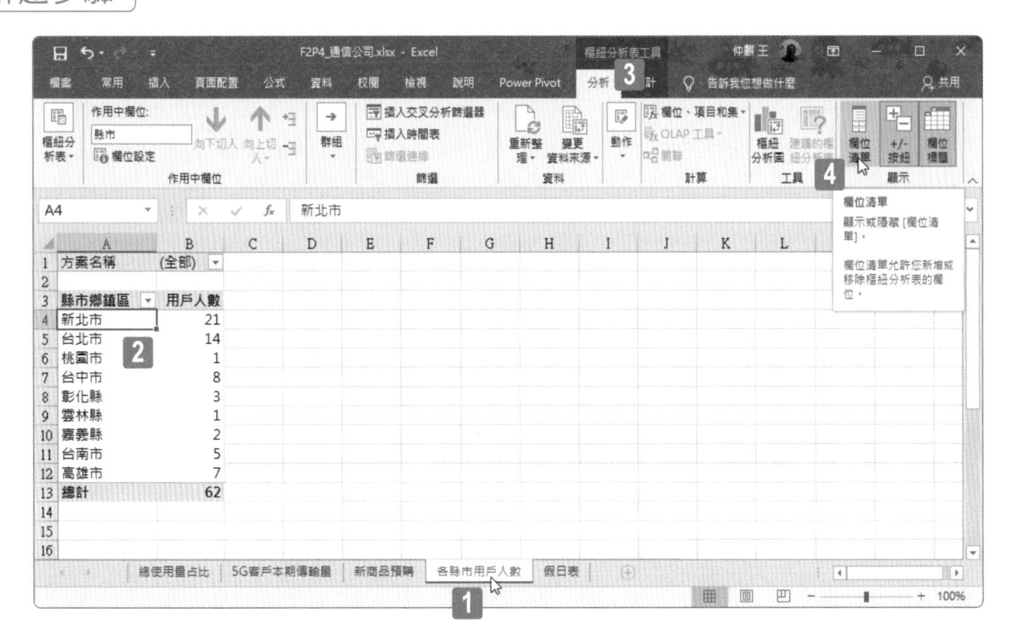

STEP01 點選〔各縣市用戶人數〕工作表。

STEP02 點選此工作表上既有的樞紐分表裡的任一儲存格。

STEP03 若畫面右側未開啟〔樞紐分析表欄位〕工作窗格，點選〔樞紐分析表工具〕下方的〔分析〕索引標籤。

STEP04 點按〔顯示〕群組裡的〔欄位清單〕命令按鈕。

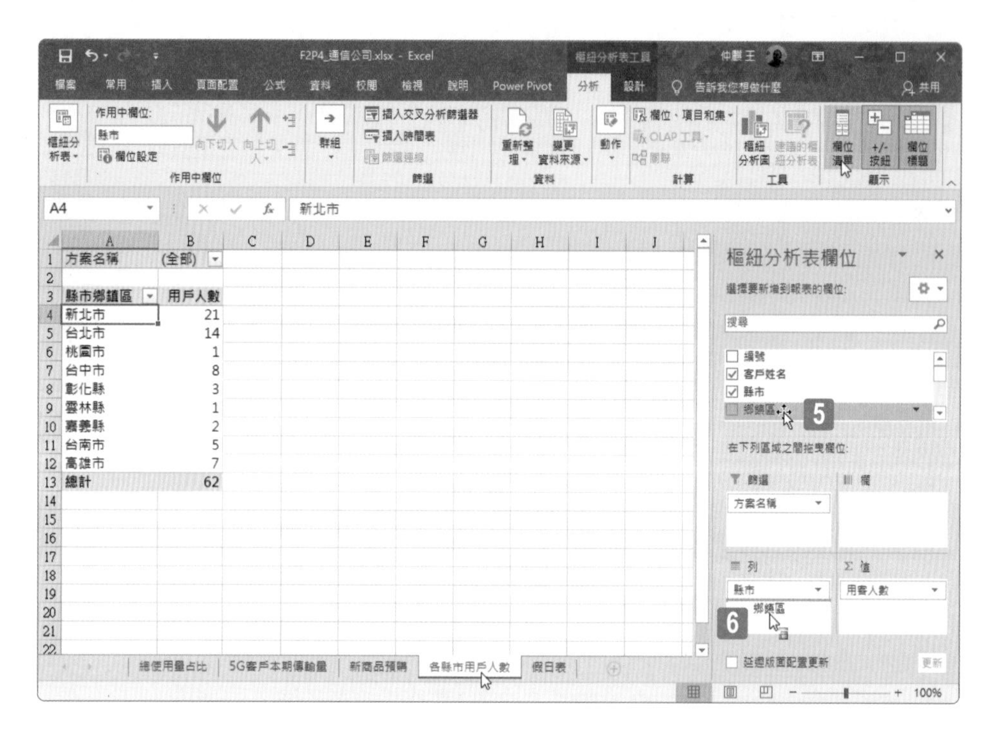

STEP05 畫面右側開啟〔樞紐分析表欄位〕工作窗格，拖曳〔鄉鎮區〕欄位名稱。

STEP06 拖曳至〔列〕區域裡原有的〔縣市〕欄位下方。

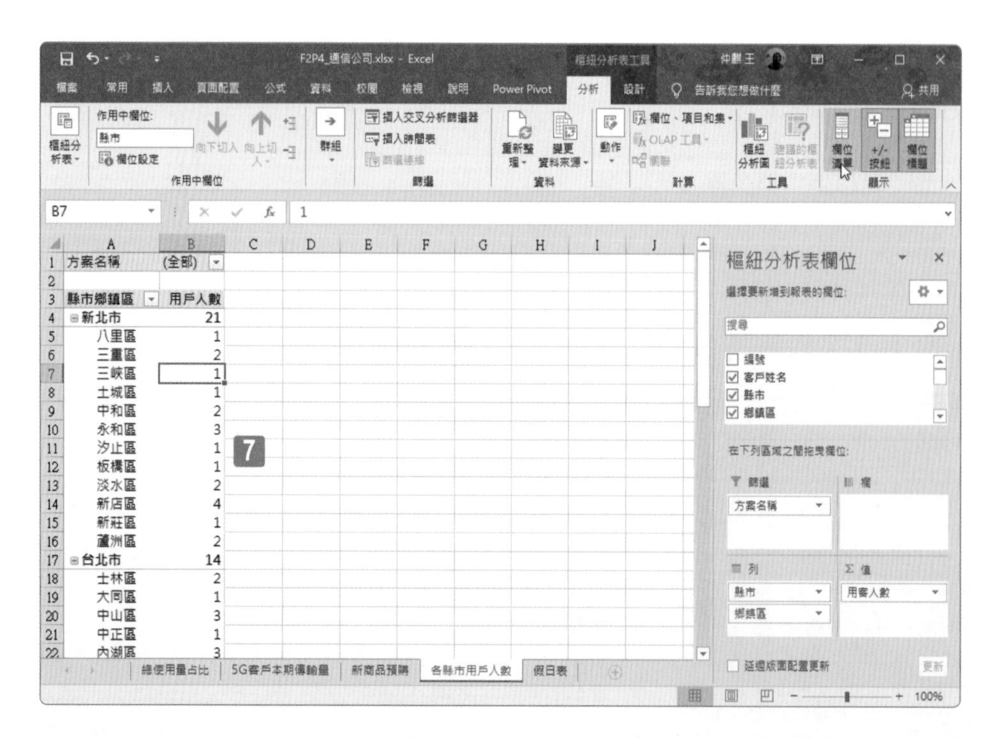

STEP07 樞紐分析表上原本僅是逐列顯示每個縣市用戶人數統計，在各縣市底下亦逐列顯示各鄉鎮區的用戶人數統計。

專案 5 國緯圖書

您正在為國緯圖書公司建立產品活頁簿，準備製作銷售獎金分配表，以及新書出版的相關統計圖表。

1 2 3

在〔銷售量排行〕工作表上，使用 Excel 功能從〔暢銷排行〕儲存格範圍移除重複的記錄。

評量領域：管理與格式化資料

評量目標：格式化和驗證資料

評量技能：資料 / 移除重複項

解題步驟

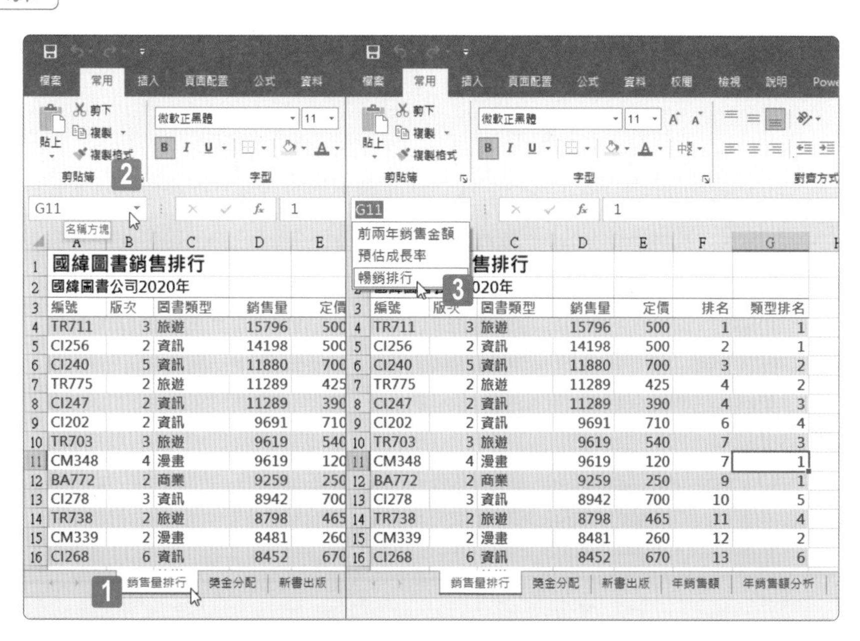

STEP01 點選〔銷售量排行〕工作表。

STEP02 點按工作表左上方名稱方塊右側的選項按鈕。

STEP03 從展開的名稱選單中點選〔暢銷排行〕範圍名稱。

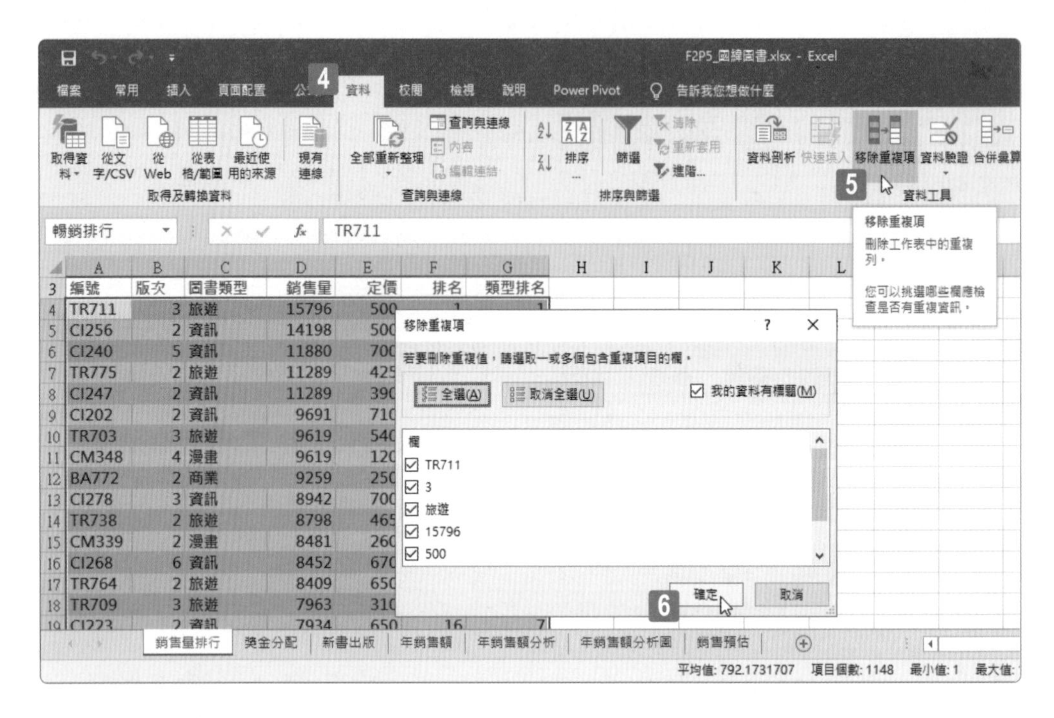

STEP04　點按〔資料〕索引標籤。

STEP05　點按〔資料工具〕群組裡的〔移除重複項〕命令按鈕。

STEP06　開啟〔移除重複項〕對話方塊，然後，點按〔確定〕按鈕。

STEP07　顯示尋獲並成功移除的重複資料筆數，以及保留資料筆數的訊息對話，請點按〔確定〕按鈕。

1 2 3

在〔獎金分配〕工作表上的儲存格 E4 中，輸入可從〔銷售獎金分配表〕表格中傳回每一種圖書分類在上下半年度的獎金的公式。請調整公式，然後將其複製到儲存格 E5:E19。

評量領域：建立進階公式與巨集

評量目標：使用函數查詢資料

評量技能：函數 VLOOKUP

解題步驟

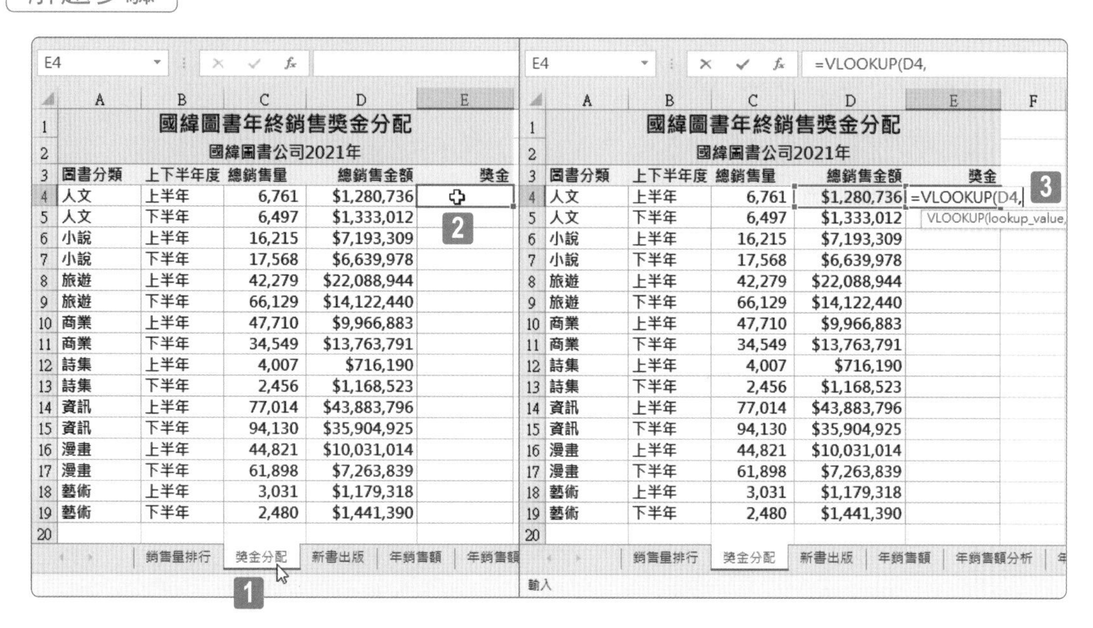

STEP01 點選〔獎金分配〕工作表。

STEP02 點選此工作表裡位於儲存格 E4。

STEP03 輸入 VLOOKUP 函數的公式「=VLOOKUP(D4,」。

I4 =VLOOKUP(D4,I4:J10

	A	B	C	D	E	F	G	H	I	J
1	國緯圖書年終銷售獎金分配									
2	國緯圖書公司2021年								銷售獎金分配表	
3	圖書分類	上下半年度	總銷售量	總銷售金額	獎金				總銷售金額級距	獎金
4	人文	上半年	6,761	$1,280,736	=VLOOKUP(D4,I4:J10				$0	$8,000
5	人文	下半年	6,497	$1,333,012	VLOOKUP(lookup_value, table_array, col_index_num, [range_lookup])					$45,000
6	小說	上半年	16,215	$7,193,309					$3,000,000	$125,000
7	小說	下半年	17,568	$6,639,978					$5,000,000	$311,000
8	旅遊	上半年	42,279	$22,088,944					$10,000,000	$675,000
9	旅遊	下半年	66,129	$14,122,440					$30,000,000	$1,780,000
10	商業	上半年	47,710	$9,966,883					$40,000,000	$2,400,000
11	商業	下半年	34,549	$13,763,791						

F4 5 4

I4 =VLOOKUP(D4,$I$4:$J$10

	A	B	C	D	E	F	G	H	I	J
1	國緯圖書年終銷售獎金分配									
2	國緯圖書公司2021年								銷售獎金分配表	
3	圖書分類	上下半年度	總銷售量	總銷售金額	獎金				總銷售金額級距	獎金
4	人文	上半年	6,761	$1,280,736	=VLOOKUP(D4,$I$4:$J$10				$0	$8,000
5	人文	下半年	6,497	$1,333,012	VLOOKUP(lookup_value, table_array, col_index_num, [range_lookup])					$45,000
6	小說	上半年	16,215	$7,193,309					$3,000,000	$125,000
7	小說	下半年	17,568	$6,639,978					$5,000,000	$311,000
8	旅遊	上半年	42,279	$22,088,944					$10,000,000	$675,000
9	旅遊	下半年	66,129	$14,122,440					$30,000,000	$1,780,000
10	商業	上半年	47,710	$9,966,883					$40,000,000	$2,400,000
11	商業	下半年	34,549	$13,763,791						

6

STEP04 選取儲存格範圍 I4:J10 作為 VLOOKUP 函數裡的第二個參數。

STEP05 按一下功能鍵〔F4〕。

STEP06 順利為剛剛選取的儲存格範圍 I4:J10 加上絕對位址的符號，形成「=VLOOKUP(D4,$I$4:$J$10」。

STEP07 繼續輸入後續的參數，VLOOKUP 函數的第三個參數輸入為「2」、第四個參數則可從下拉選單中點選〔TRUE- 大約符合〕選項，或者親自輸入「TRUE」或是輸入「1」(VLOOKUP 函數的第四個參數不管是設定為 TRUE 或是 1 都是代表大約符合的意思)。

STEP08 最後補上小右括號完成 VLOOKUP 函數的公式輸入，再按下 Enter 按鍵。

STEP09 回到儲存格 E4，拖曳右下角的小黑點 (填滿控點)，往下拖曳。

E4 =VLOOKUP(D4,$I$4:$J$10,2,TRUE)

國緯圖書年終銷售獎金分配

國緯圖書公司2021年

圖書分類	上下半年度	總銷售量	總銷售金額	獎金
人文	上半年	6,761	$1,280,736	$45,000
人文	下半年	6,497	$1,333,012	$45,000
小說	上半年	16,215	$7,193,309	$311,000
小說	下半年	17,568	$6,639,978	$311,000
旅遊	上半年	42,279	$22,088,944	$675,000
旅遊	下半年	66,129	$14,122,440	$675,000
商業	上半年	47,710	$9,966,883	$311,000
商業	下半年	34,549	$13,763,791	$675,000
詩集	上半年	4,007	$716,190	$8,000
詩集	下半年	2,456	$1,168,523	$45,000
資訊	上半年	77,014	$43,883,796	$2,400,000
資訊	下半年	94,130	$35,904,925	$1,780,000
漫畫	上半年	44,821	$10,031,014	$675,000
漫畫	下半年	61,898	$7,263,839	$311,000
藝術	上半年	3,031	$1,179,318	$45,000
藝術	下半年	2,480	$1,441,390	$45,000

銷售獎金分配表

總銷售金額級距	獎金
$0	$8,000
$1,000,000	$45,000
$3,000,000	$125,000
$5,000,000	$311,000
$10,000,000	$675,000
$30,000,000	$1,780,000
$40,000,000	$2,400,000

10

銷售量排行 | 獎金分配 | 新書出版 | 年銷售額 | 年銷售額分析 | 年銷售額分析圖 | 銷售預估

就緒 平均值: $522,313 項目個數: 16 最小值: $8,000

STEP10 拖曳至儲存格 E19，完成獎金欄位的公式運算。

VLOOKUP 查找函數

VLOOKUP 函數的功能正如其函數名稱，V 代表 Vertical(垂直) 之意，而 LOOKUP 當然就是查詢的意思，透過這個垂直查詢函數，可以讓使用者在表格陣列（也就是所謂的比對表）的首欄中搜尋資料，並傳回該表格陣列中同一列之其他欄位裡的內容。此函數的語法為：

VLOOKUP(lookup_value,table_array,col_index_num,range_lookup)

參數說明：

- **lookup_value**

  此參數為查詢值，也就是您想要在 table_array 參數所參照的比對表之首欄中找尋的值。

- **table_array**

  此參數為進行查詢工作時的比對表，必須是兩欄以上的資料範圍或參照範圍。此 table_array 參數可以是參照位址，也可以是指向某個範圍的範圍名稱，或者可傳回參照範圍的函數。

- **col_index_num**

  此參數為 table_array 欄位編號，通常此值是正整數。如果 col_index_num 參數值為 1，則表示查詢成功後要傳回 table_array 該列第 1 欄裡的內容；如果 col_index_num 參數值為 2，則表示查詢成功後要傳回 table_array 該列第 2 欄裡的內容。如果 col_index_num 參數值大於 table_array 的總欄數，則 VLOOKUP 函數將會傳回錯誤值 #REF!。

- **range_lookup**

  此參數是一個邏輯值，專門用來指定 VLOOKUP 函數應該要尋找完全符合的值還是部分符合的值。若此參數值為 TRUE 或被省略了，則表示要傳回完全符合或部分符合的值，意即當查詢不到完全符合的值時，也會傳回僅次於 lookup_value 的值。

在第 3 章模擬試題 I 專案 5 的任務 3 也是運用此 VLOOKUP 函數進行解題，您可以至該篇幅複習此函數的詳細說明。

1 2 3

在〔新書出版〕工作表上建立〔長條圖〕圖表，並以 $100 元間隔寬度來顯示每一本新書其〔定價〕。然後，顯示資料標籤並設定標籤位置為終點外側。圖表的大小和位置不重要。

評量領域：管理進階圖表與表格

評量目標：建立和修改進階圖表

評量技能：建立長條圖 - 設定間隔寬度

解題步驟

STEP01 點選〔新書出版〕工作表。

STEP02 點選儲存格 E4。

STEP03 按下 Ctrl+Shift+ 往下方向鍵，可立即選取 E4 與其下方的整個資料範圍。

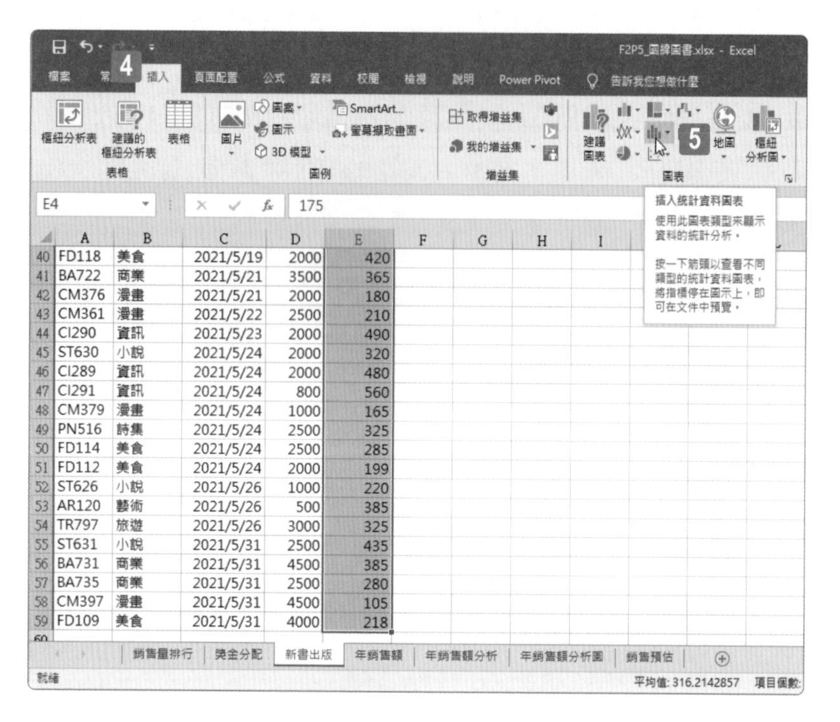

STEP04 點按〔插入〕索引標籤。

STEP05 點按〔圖表〕群組裡的〔插入統計資料圖表〕命令按鈕。

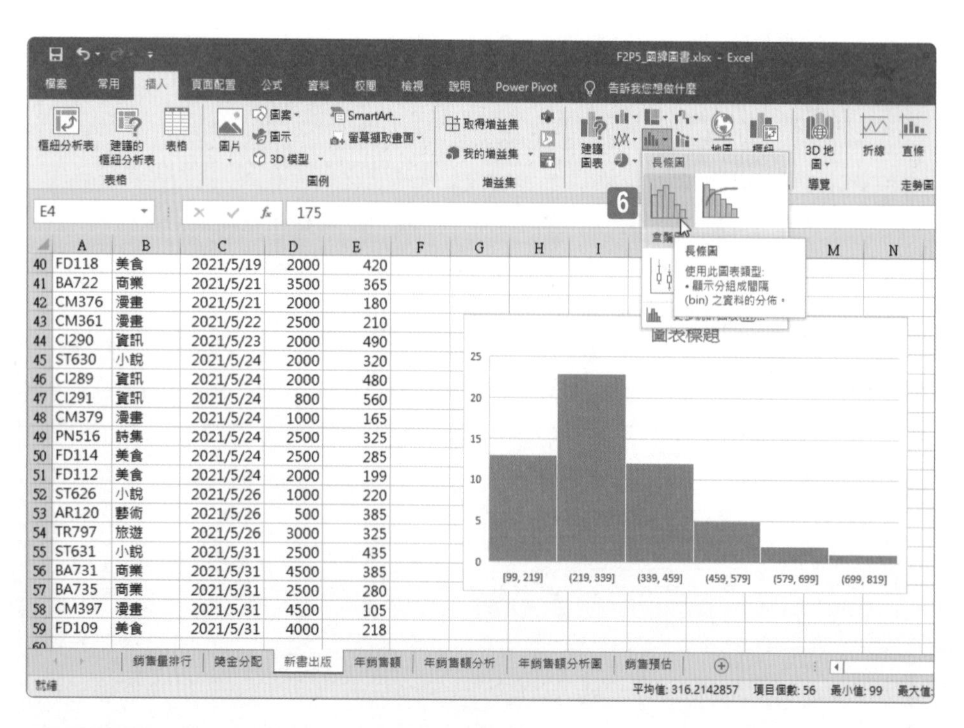

STEP06 從展開的圖表選單中點選〔長條圖〕。

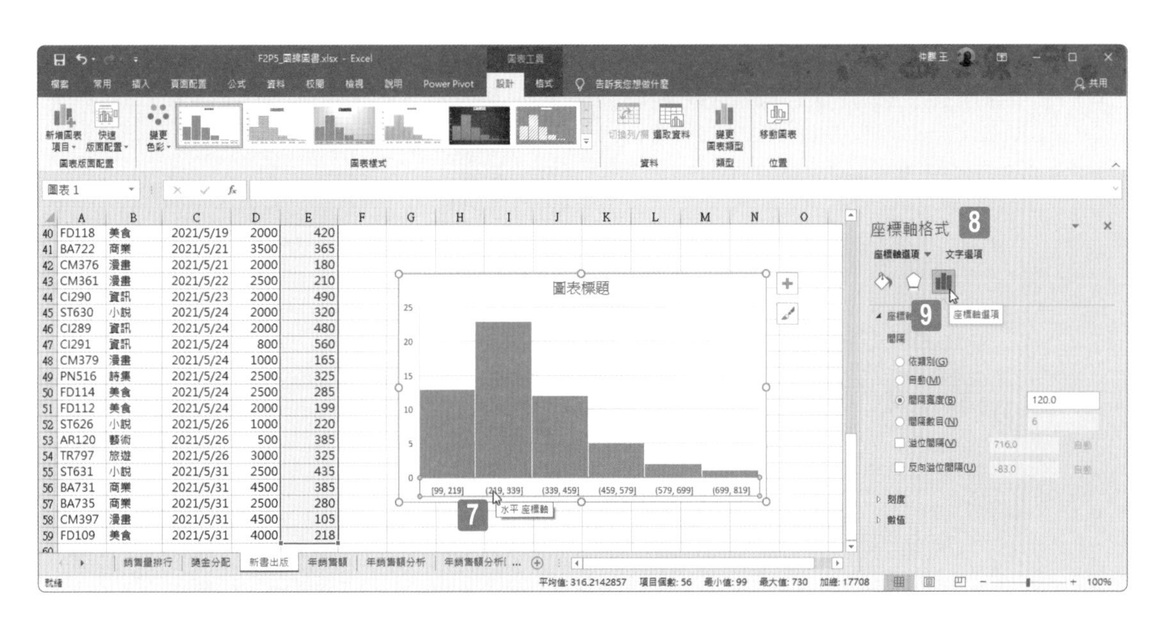

STEP07 點按兩下圖表下方的水平座標軸，也就是類別座標軸。

STEP08 畫面右側開啟〔座標軸格式〕工作窗格。

STEP09 點按〔座標軸選項〕。

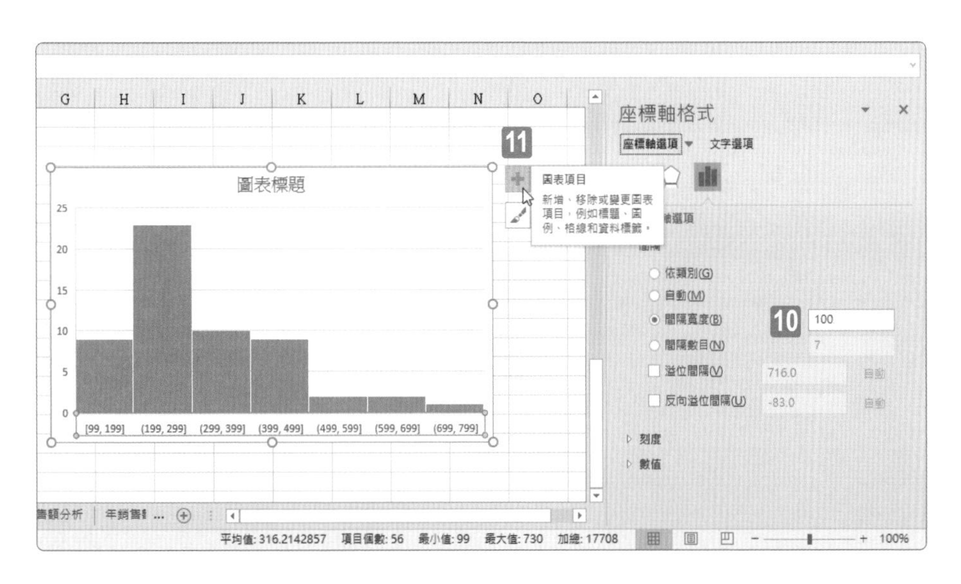

STEP10 輸入〔間隔寬度〕為「100」。

STEP11 點按一下圖表右側的〔圖表項目〕按鈕。

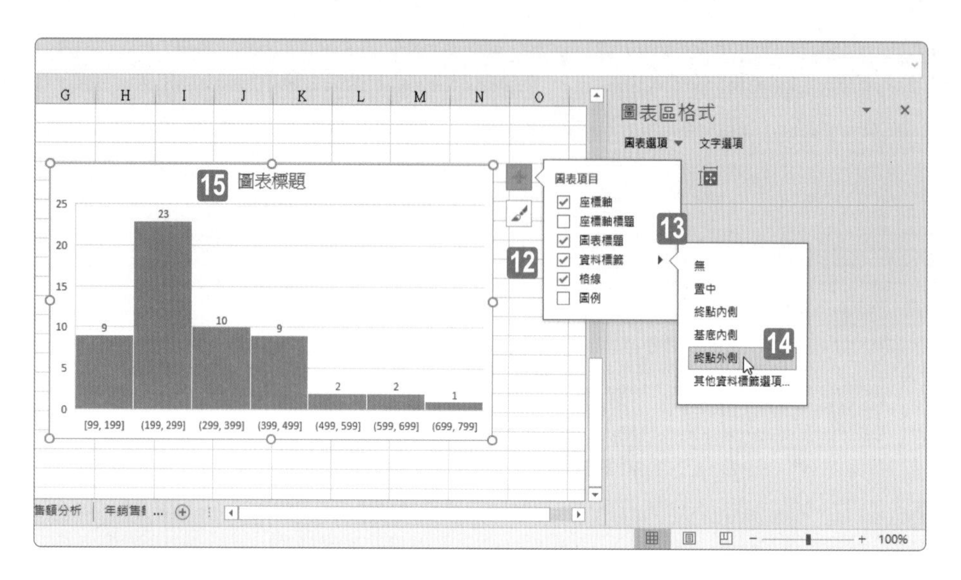

STEP12 從展開的圖表項目選單中，勾選〔資料標籤〕核取方塊。

STEP13 點按右邊的三角形選單按鈕。

STEP14 再從展開的副選單中點選〔終點外側〕。

STEP15 立即在圖表的資料數列上顯示數據。

專案 6 自行車銷售

身為國緯自行車公司的主管，您想要深入瞭解公司逐年費用的預估、各車款年度銷售分析、銷售量與庫存的關係，以及價位區間的差異，以提升產品銷售的敏感度，並有利於未來產品發展的模型建構與規劃。

1 — 2 — 3 — 4 — 5

在〔新車銷售預估〕工作表的儲存格 D4:F13 中，利用〔填滿數列〕功能，以每年 4000 的等差級數成長來完成逐年的費用預估。

評量領域：管理與格式化資料

評量目標：將現有資料填入儲存格

評量技能：填滿數列 - 等差級數

解題步驟

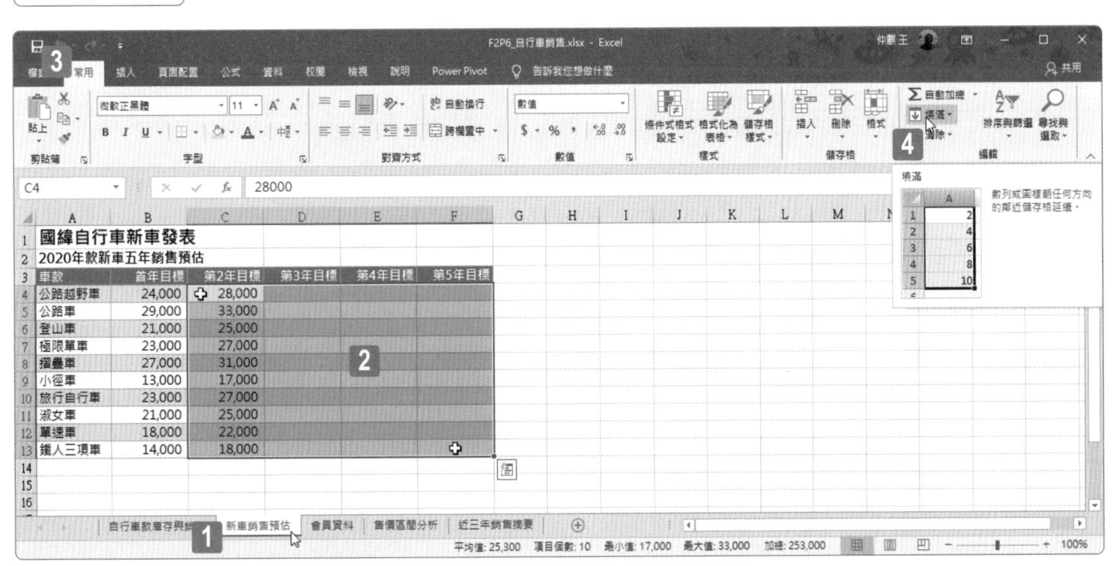

STEP01 點選〔新車銷售預估〕工作表。

STEP02 選取儲存格範圍 C4:F13。

STEP03 點按〔常用〕索引標籤。

STEP04 點按〔編輯〕群組裡的〔填滿〕命令按鈕。

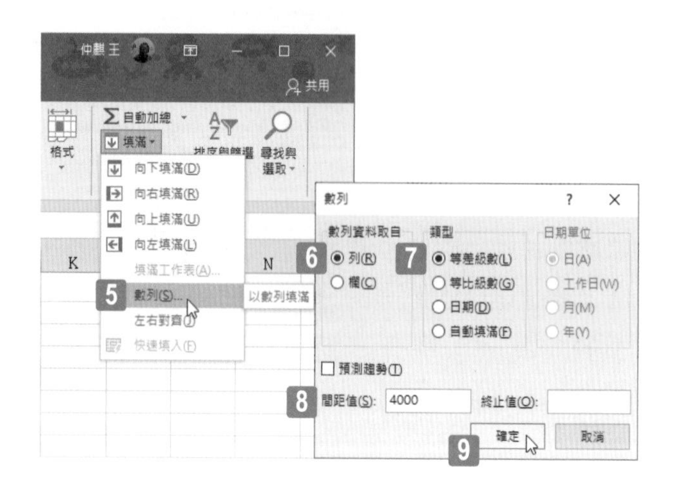

STEP05 從展開的功能選單中點選〔數列〕功能選項。

STEP06 開啟〔數列〕對話方塊，點選數列資料取自〔列〕。

STEP07 點選數列類型為〔等差級數〕。

STEP08 輸入間距值為「4000」

STEP09 按下〔確定〕按鈕。

完成每年 4000 之等差級數成長的逐年銷售預估。

C4 28000

	A	B	C	D	E	F
1	國緯自行車新車發表					
2	2020年款新車五年銷售預估					
3	車款	首年目標	第2年目標	第3年目標	第4年目標	第5年目標
4	公路越野車	24,000	28,000	32,000	36,000	40,000
5	公路車	29,000	33,000	37,000	41,000	45,000
6	登山車	21,000	25,000	29,000	33,000	37,000
7	極限單車	23,000	27,000	31,000	35,000	39,000
8	摺疊車	27,000	31,000	35,000	39,000	43,000
9	小徑車	13,000	17,000	21,000	25,000	29,000
10	旅行自行車	23,000	27,000	31,000	35,000	39,000
11	淑女車	21,000	25,000	29,000	33,000	37,000
12	單速車	18,000	22,000	26,000	30,000	34,000
13	鐵人三項車	14,000	18,000	22,000	26,000	30,000

自行車款庫存與銷售 | 新車銷售預估 | 會員資料 | 售價區間分析 | 近三年銷售摘要

平均值: 31,300

在〔近三年銷售摘要〕工作表上，為儲存格 D4:F33 建立設定格式化的條件規則，以粗體紅色字型以及採用自訂色彩 (紅色 255、綠色 255、藍色 203) 的填滿背景色彩，顯示最高的六個值。

評量領域：管理與格式化資料

評量目標：套用進階的設定格式化的條件和篩選

評量技能：設定格式化的條件 - 醒目顯示

解題步驟

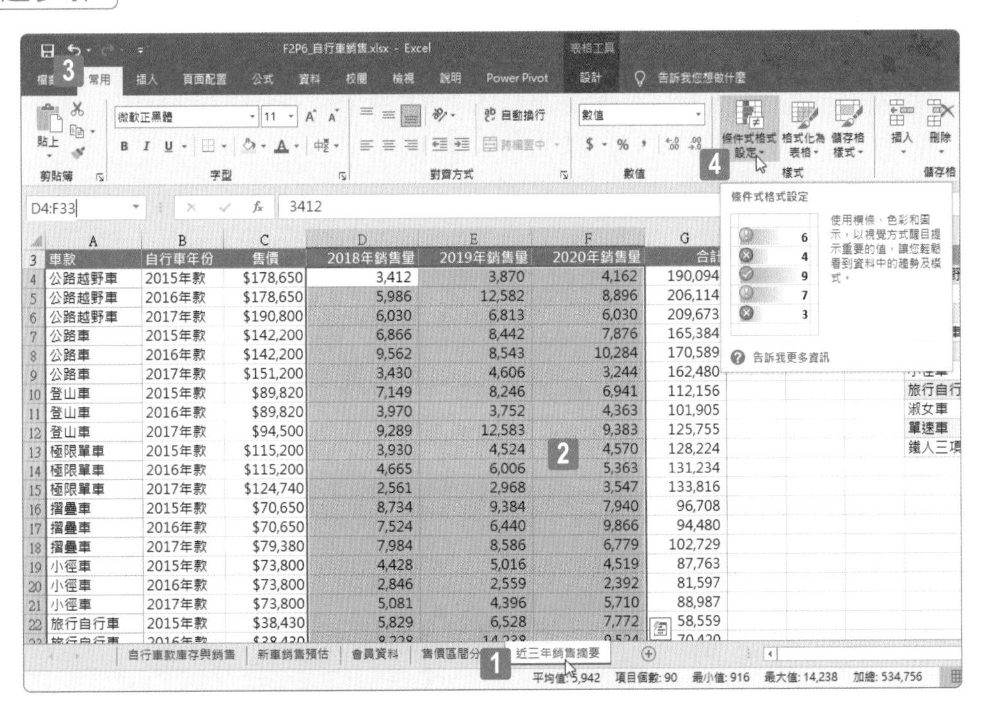

STEP01 點選〔近三年銷售摘要〕工作表。

STEP02 選取儲存格範圍 D4:F33。

STEP03 點按〔常用〕索引標籤。

STEP04 點按〔樣式〕群組裡的〔條件式格式設定〕命令按鈕。

STEP05 從展開的格式化條件選單中點選〔前段 / 後段項目規則〕功能選項。

STEP06 再從展開的副選單中點選〔前 10 個項目〕。

STEP07 開啟〔前 10 個項目〕對話方塊，將原本預設的「10」改成「6」。

STEP08 點按〔顯示為〕右側的格式下拉式選項按鈕。

STEP09 從展開格式選單中點選〔自訂格式〕。

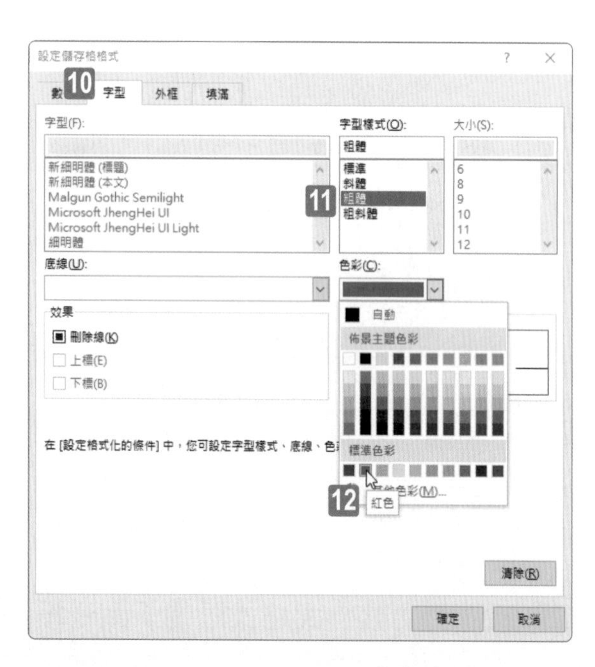

STEP10 開啟〔設定儲存格格式〕對話方塊，點選〔字型〕索引頁籤。

STEP11 選擇「粗體」字型樣式。

STEP12 點選字型色彩為〔紅色〕。

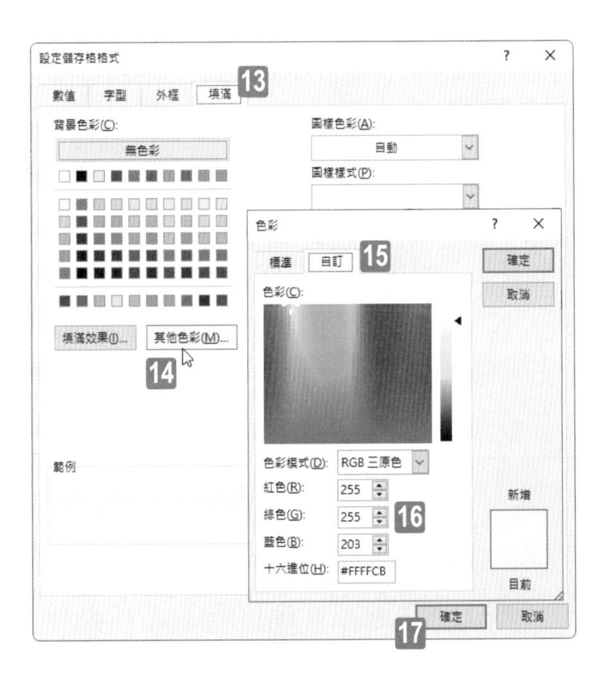

STEP13 點選〔填滿〕索引頁籤。

STEP14 點按〔其他色彩〕按鈕。

STEP15 開啟〔色彩〕對話方塊，點選〔自訂〕索引頁籤。

STEP16 色彩模式為 RGB 三原色，設定紅色 255、綠色 255、藍色 203 的自訂填滿色彩。

STEP17 點按〔確定〕按鈕。

D4 3412

	A	B	C	D	E	F	G
3	車款	自行車年份	售價	2018年銷售量	2019年銷售量	2020年銷售量	合計
4	公路越野車	2015年款	$178,650	3,412	3,870	4,162	190,094
5	公路越野車	2016年款	$178,650	5,986	12,582	8,896	206,114
6	公路越野車	2017年款	$190,800	6,030	6,813	6,030	209,673
7	公路車	2015年款	$142,200	6,866	8,442	7,876	165,384
8	公路車	2016年款	$142,200	9,562	8,543	10,284	170,589
9	公路車	2017年款	$151,200	3,430	4,606	3,244	162,480
10	登山車	2015年款	$89,820	7,149	8,246	6,941	112,156
11	登山車	2016年款	$89,820	3,970	3,752	4,363	101,905
12	登山車	2017年款	$94,500	9,289	12,583	9,383	125,755
13	極限單車	[illegible]	[illegible]	[illegible]	4,524	4,570	128,224
14	極限單車	[illegible]	[illegible]	[illegible]	6,006	5,363	131,234
15	極限單車	[illegible]	[illegible]	[illegible]	2,968	3,547	133,816
16	摺疊車	[illegible]	[illegible]	[illegible]	9,384	7,940	96,708
17	摺疊車	[illegible]	[illegible]	[illegible]	6,440	9,866	94,480
18	摺疊車	[illegible]	[illegible]	[illegible]	8,586	6,779	102,729
19	小徑車	[illegible]	[illegible]	[illegible]	5,016	4,519	87,763
20	小徑車	[illegible]	[illegible]	[illegible]	2,559	2,392	81,597
21	小徑車	2017年款	$73,800	5,081	4,396	5,710	88,987
22	旅行自行車	2015年款	$38,430	5,829	6,528	7,772	58,559
23	旅行自行車	2016年款	$38,430	8,228	14,238	9,524	70,420
24	旅行自行車	2017年款	$38,430	8,926	12,612	8,265	68,233
25	淑女車	2015年款	$47,250	7,984	9,695	7,752	72,681
26	淑女車	2016年款	$47,250	7,123	8,101	6,984	69,458

前 10 個項目
格式化排在最前面的儲存格:
6 顯示為 自訂格式...
18 確定 取消
19

自行車款庫存與銷售 | 新車銷售預估 | 會員資料 | 售價區間分析 | 近三年銷售摘要

SCROLL LOCK 平均值: 5,942 項目個數: 90 最小值: 916 最大

STEP18 回到〔前 10 個項目〕對話方塊，點按〔確定〕按鈕。

STEP19 完成銷售量最高的前六個值之醒目顯示設定。

1 — 2 — 3 — 4 — 5

在〔會員資料〕工作表上的儲存格 G4 中，輸入查找公式，使其能夠藉由 F 欄〔會員等級〕的內容進行完全相符的比對，傳回來自〔會員優惠〕儲存格範圍內的會員折扣。

評量領域：建立進階公式與巨集

評量目標：使用函數查詢資料

評量技能：函數 HLOOKUP

解題步驟

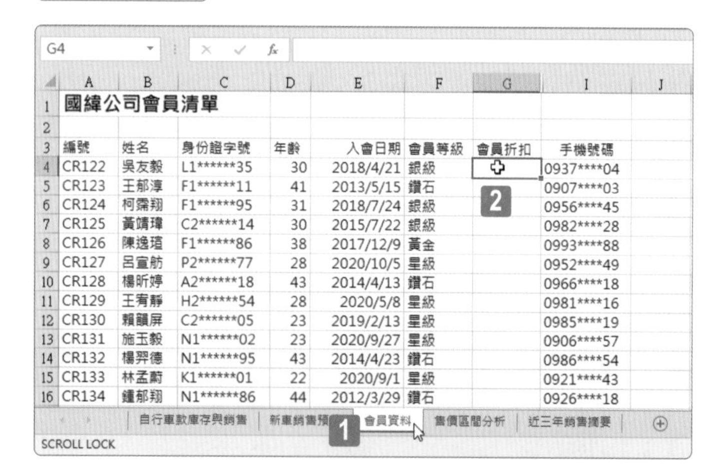

STEP01
點選〔會員資料〕工作表。

STEP02
點選儲存格 G4。

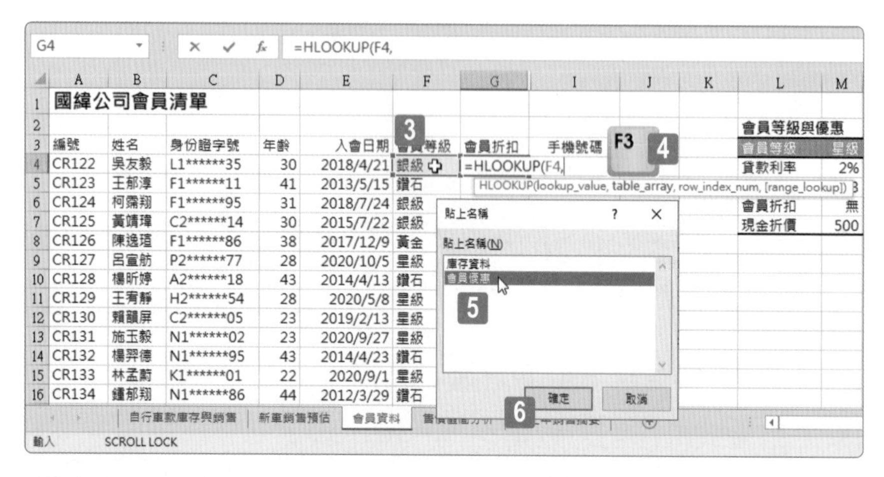

STEP03 輸入 HLOOKUP 函數的公式「=HLOOKUP(F4,」。

STEP04 點按鍵盤上方的功能鍵〔F3〕。

STEP05 畫面彈跳出〔貼上名稱〕對話方塊，點選〔會員優惠〕。

STEP06 點按〔確定〕按鈕。

STEP07 事先已命名的範圍名稱〔會員優惠〕成為 HLOOKUP 函數裡的第二個參數，繼續輸入「,4,」準備進行第四個參數的選擇。

STEP08 從下拉選單中點選〔FALSE- 完全符合〕選項，或者親自輸入「FALSE」或是輸入「0」(HLOOKUP 函數的第四個參數不管是設定為 FALSE 或是 0 都是代表完全符合的意思)。

STEP09 最後補上小右括號完成 HLOOKUP 函數的公式輸入，再按下 Enter 按鍵。

STEP10 由於公式是建立在表格裡，因此，僅輸入一個儲存格公式就會自動往下填滿，完成整個資料欄位的公式。

HLOOKUP 查找函數

HLOOKUP 查詢函數與專案 5 所介紹的 VLOOKUP 查詢函數，其語法、運用方式以及應用層面都雷同。唯一不同之處只是查詢比對的方向不一樣而已。HLOOKUP 函數的名稱中，H 即代表 Horizontal(水平) 之意，透過水平查詢函數，可以讓使用者在表格陣列 (也就是所謂的比對表) 的首列中搜尋資料，並傳回該表格陣列中同一欄之其他列裡的資料。此函數的語法為：

HLOOKUP(lookup_value,table_array,row_index_num,range_lookup)

參數說明：

- **lookup_value**

  此參數為查詢值，也就是您想要在 table_array 參數所參照的比對表之首列中找尋的值。

- **table_array**

  此參數為進行查詢工作時的比對表，必須是兩列以上的資料範圍或參照範圍。此 table_array 參數可以是參照位址，也可以是指向某個範圍的範圍名稱，或者可傳回參照範圍的函數。

- **row_index_num**

  此參數為 table_array 的列編號，通常此值是正整數。如果 row_index_num 參數值為 1，則表示查詢成功後要傳回 table_array 該欄第 1 列裡的內容；如果 row_index_num 參數值為 2，則表示查詢成功後要傳回 table_array 該欄第 2 列裡的內容。此 row_index_num 參數值不能大於 table_array 的總列數。

- **range_lookup**

  此參數是一個邏輯值，專門用來指定 HLOOKUP 函數應該要尋找完全符合的值還是部分符合的值。若此參數值為 TRUE 或被省略了，則表示要傳回完全符合或部分符合的值，意即當查找不到完全符合的值時，也會傳回僅次於 lookup_value 的值。

在第 3 章模擬試題 I 專案 6 的任務 3 也是運用此 HLOOKUP 函數進行解題，您可以至該篇幅複習此函數的詳細說明。

在〔自行車款庫存與銷售〕工作表中，建立名為「頁首訊息」的巨集。並且在目前的活頁簿中儲存這個巨集。請設定此巨集可以在使用中的工作表之頁首左側區域顯示日期、中間區域顯示文字「BIKES 銷售與庫存」、右側區域顯示頁碼。

評量領域：建立進階公式與巨集

評量目標：建立和修改簡單巨集

評量技能：錄製巨集

解題步驟

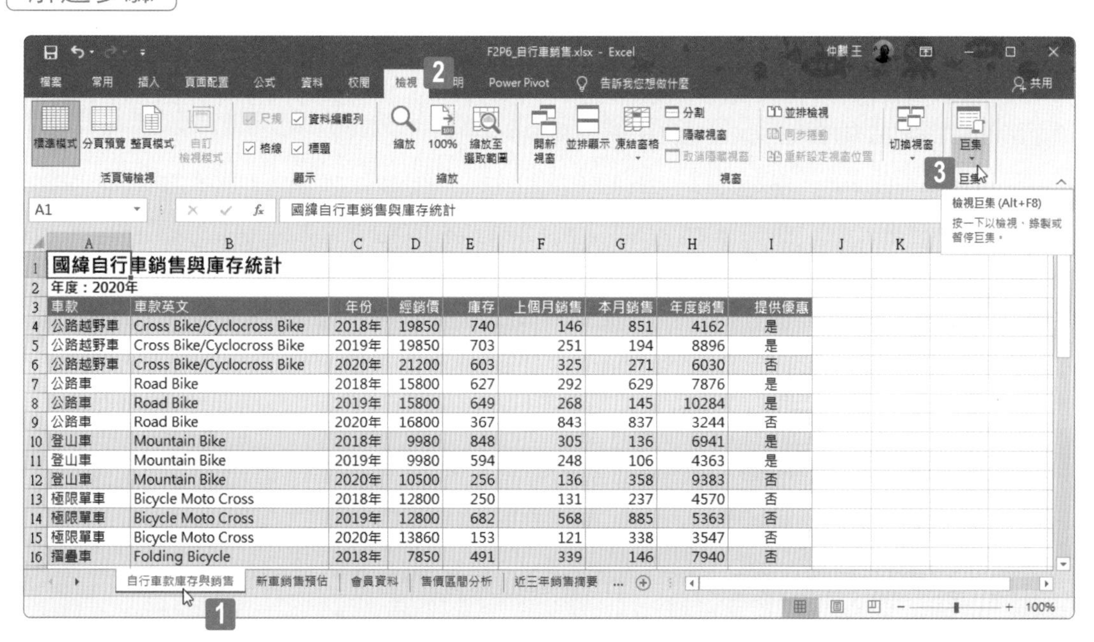

STEP01 點選〔自行車款庫存與銷售〕工作表。

STEP02 點按〔檢視〕索引標籤。

STEP03 點按〔巨集〕群組裡的〔巨集〕命令按鈕。

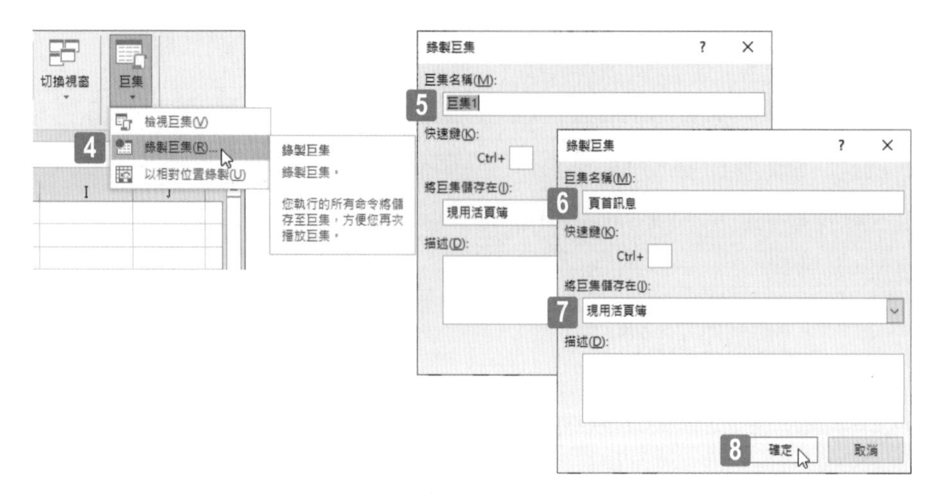

STEP**04** 從展開的功能選單中點選〔錄製巨集〕功能選項。

STEP**05** 開啟〔錄製巨集〕話方塊，刪除原本預設的巨集名稱。

STEP**06** 輸入巨集名稱為「頁首訊息」。

STEP**07** 設定將巨集儲存在〔現用活頁簿〕。

STEP**08** 點按〔確定〕按鈕。

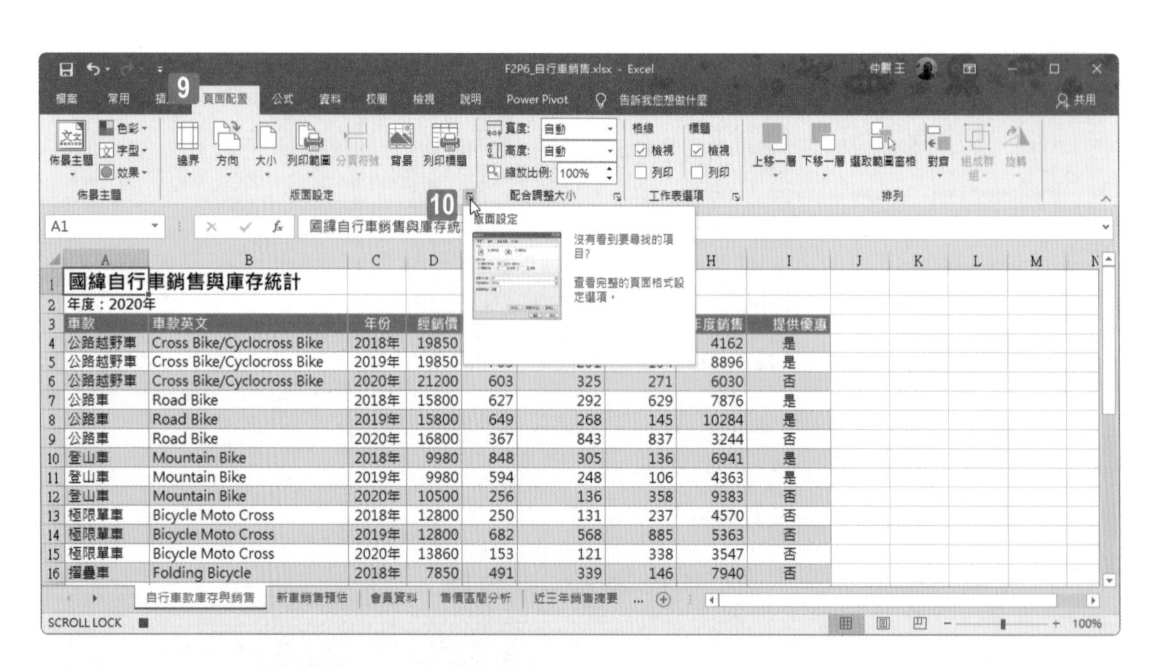

STEP**09** 點按〔頁面配置〕索引標籤。

STEP**10** 點按〔版面設定〕群組旁的對話方塊啟動器按鈕。

STEP11 開啟〔版面設定〕對話方塊，點按〔頁首 / 頁尾〕索引頁籤。

STEP12 點按〔自訂頁首〕按鈕。

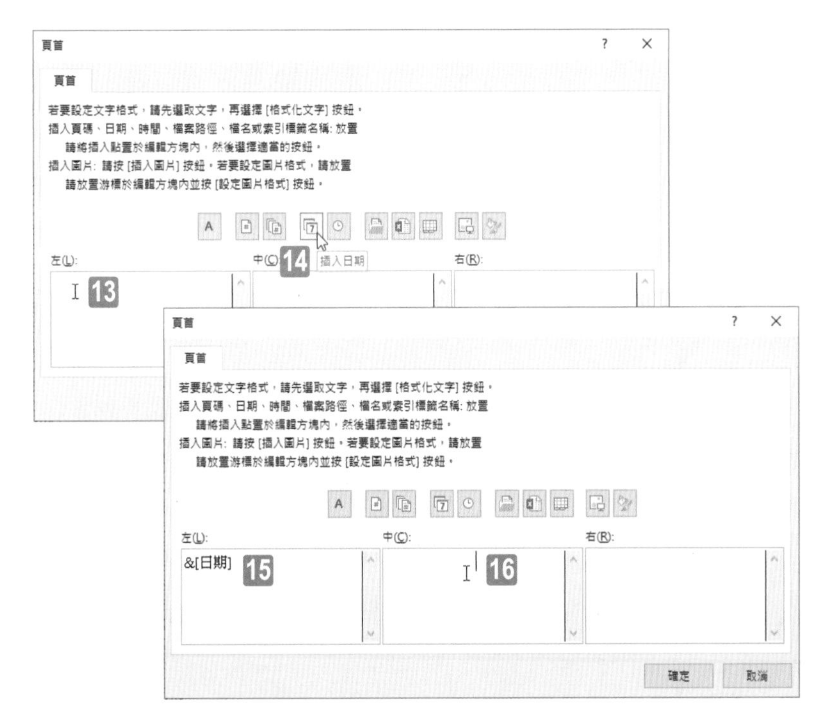

STEP13 開啟〔頁首〕對話方塊，點選〔左〕區域。

STEP14 點按〔插入日期〕按鈕。

STEP15 在〔左〕區域顯示系統日期變數「&[日期]」。

STEP16 點選〔中〕區域。

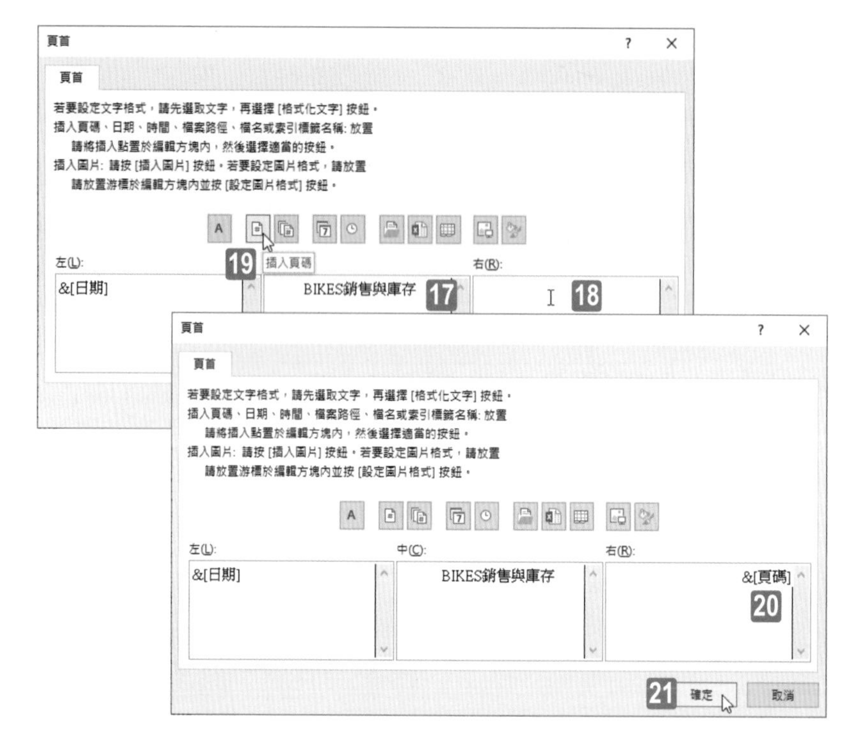

STEP17 在〔中〕區域輸入文字「BIKES 銷售與庫存」。

STEP18 點選〔右〕區域。

STEP19 點按〔插入頁碼〕按鈕。

STEP20 在〔右〕區域顯示頁碼變數「&[頁碼]」。

STEP21 點按〔確定〕按鈕。

STEP22

回到〔版面設定〕對話方塊，完成自訂頁首的設定。

STEP23

點按〔確定〕按鈕。

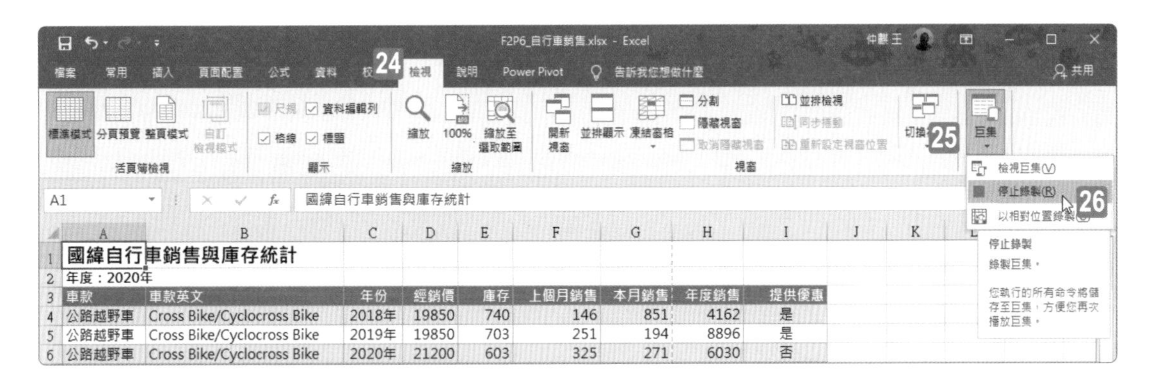

STEP24 點按〔檢視〕索引標籤。

STEP25 點按〔巨集〕群組裡的〔巨集〕命令按鈕。

STEP26 從展開的功能選單中點選〔停止錄製〕功能選項。

在〔售價區間分析〕工作表上，修改樞紐分析表，使其依照〔售價〕欄位裡的值將資料進行分組。分組時從 1 開始到 800000 結束，並以 50000 為間距。

評量領域：管理進階圖表與表格

評量目標：建立和修改樞紐分析表

評量技能：樞紐分析表數值性資料的群組設定

解題步驟

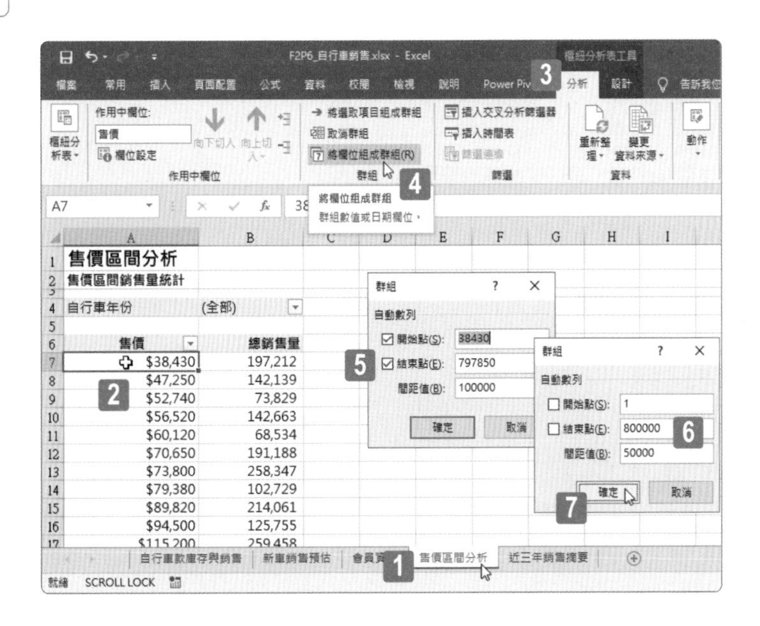

STEP01 點選〔售價區間分析〕工作表。

STEP02 點選工作表上樞紐分析表裡首欄資料中任一數值內容的儲存格，例如：儲存格 A7。

STEP03 點按〔樞紐分析表工具〕底下的〔分析〕索引標籤。

STEP04 點按〔群組〕群組裡的〔將選取項目組成群組〕命令按鈕。

STEP05 開啟〔群組〕對話方塊，重新設定〔開始點〕、〔結束點〕與〔間距值〕。

STEP06 設定〔開始點〕為「1」、〔結束點〕為「800000」與〔間距值〕為「50000」。

STEP07 按下〔確定〕按鈕，結束〔群組〕對話方塊的操作。

完成樞紐分析表的列維度之群組設定，此例即依照〔售價〕以 50000 為級距的等差級數進行摘要統計。

Chapter 05

模擬試題 III

此小節設計了一組包含 **Excel** 各項必備進階技能的評量實作題目，可以協助讀者順利挑戰各種與 **Excel** 相關的進階認證考試，共計有 **6** 個專案，每個專案包含 **2** ～ **6** 項任務。

專案 1 運動報告

您任職於公部門體育署活動承辦單位，正在分析與統計慢跑活動與各地區體育費用支出相關資料。透過 Excel 可以協助各方資料的彙整與資料表格和統計圖表的製作。

1 2 3 4

請設定 Excel 停用活頁簿中的所有巨集，並且不會發出通知。

評量領域：管理活頁簿選項與設定

評量目標：管理活頁簿

評量技能：設定巨集的安全性

解題步驟

STEP01 點按〔檔案〕索引標籤。

STEP02 進入後台管理頁面，點按〔選項〕選項。

STEP03 開啟〔Excel 選項〕對話方塊，點按〔信任中心〕選項。

STEP04 點按〔信任中心設定〕按鈕。

STEP05 開啟〔信任中心〕對話方塊，點按〔巨集設定〕選項。

STEP06 點選〔停用所有巨集 (不事先通知)〕選項。

STEP07 點按〔確定〕按鈕。

STEP08 回到〔Excel 選項〕對話方塊，點按〔確定〕選項。

1 2 3 4

在〔北部各行政區資料〕工作表上，修改〔設定格式化的條件〕規則，使其格式化表格的資料列為「體育活動支出」超過 40000 的國家地區。

評量領域：管理與格式化資料

評量目標：套用進階的設定格式化的條件和篩選

評量技能：設定格式化的條件 - 公式

解題步驟

STEP01 點選〔北部各行政區資料〕工作表。

STEP02 點按〔常用〕索引標籤。

STEP03 點按〔樣式〕群組裡的〔設定格式化的條件〕命令按鈕。

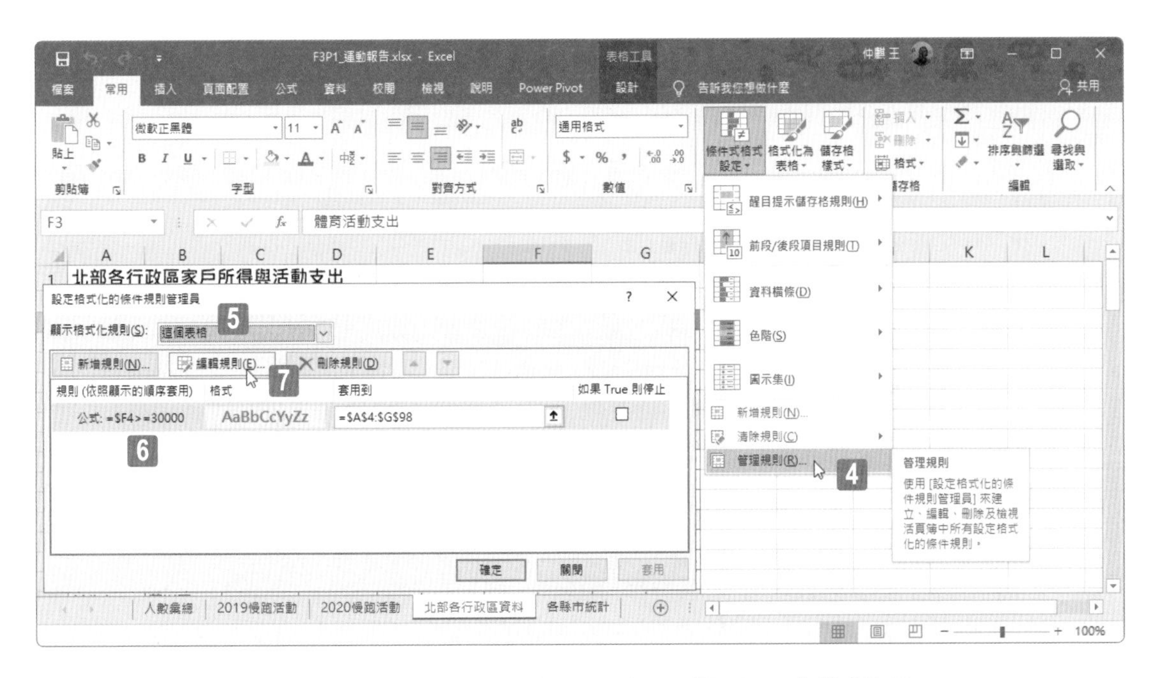

STEP04　從展開的格式化條件選單中點選〔管理規則〕功能選項。

STEP05　開啟〔設定格式化的條件規則管理員〕對話方塊，在顯示格式化規則旁確認所選取的選項是〔這個表格〕。

STEP06　此資料表格僅有一個已經定義的格式化條件〔公式 =$F4>30000〕，點選此條件。

STEP07　點按〔編輯規則〕按鈕。

STEP08
將原本的公式〔=$F4>30000〕改成〔=$F4>40000〕。

STEP09
點按〔確定〕按鈕。

STEP10
回到〔設定格式化的條件規則管理員〕對話方塊，點按〔確定〕按鈕。

完成設定格式化條件規則的變更，僅有體育活動支出超過 40000 的資料列才是紅色文字、黃色填滿效果的醒目格式：

F3 體育活動支出

	A	B	C	D	E	F	G
1	北部各行政區家戶所得與活動支出						
2	體育活動支出/旅遊活動支出						
3	縣市	鄉鎮區	面積	人口密度	家戶平均所得	體育活動支出	旅遊活動支出
4	新北市	板橋區	23.1373	24070	$880,256	$52,815	$96,828
5	新北市	三重區	16.317	23890	$778,108	$23,343	$62,248
6	新北市	中和區	20.144	20639	$860,627	$17,212	$51,637
7	新北市	永和區	5.7138	40089	$1,004,433	$40,177	$50,221
8	新北市	新莊區	19.7383	20760	$793,377	$31,735	$71,403
9	新北市	新店區	120.2255	2487	$1,049,307	$41,972	$83,944
10	新北市	樹林區	33.1288	5536	$788,492	$23,654	$63,079
11	新北市	鶯歌區	21.1248	4196	$711,742	$28,469	$28,469
12	新北市	三峽區	191.4508	575	$813,063	$16,261	$73,175
13	新北市	淡水區	70.6565	2197	$945,650	$47,282	$75,652
14	新北市	汐止區	71.2354	2726	$925,647	$18,512	$64,795
15	新北市	瑞芳區	70.7336	587	$638,153	$25,526	$70,196
16	新北市	土城區	29.5578	8095	$769,894	$23,096	$61,591

1 2 3 4

在〔人數彙總〕工作表上，從儲存格 A4 開始，合併彙算〔2019 慢跑活動〕和〔2020 慢跑活動〕工作表中的資料。顯示每個〔地區〕每一次競賽報名人數的加總值。在頂端列和最左欄中使用標籤名稱。從合併的資料中刪除空白的〔縣市〕與〔鄉鎮區〕欄位。

評量領域：建立進階公式與巨集

評量目標：執行資料分析

評量技能：合併各個資料範圍進行彙整運算

解題步驟

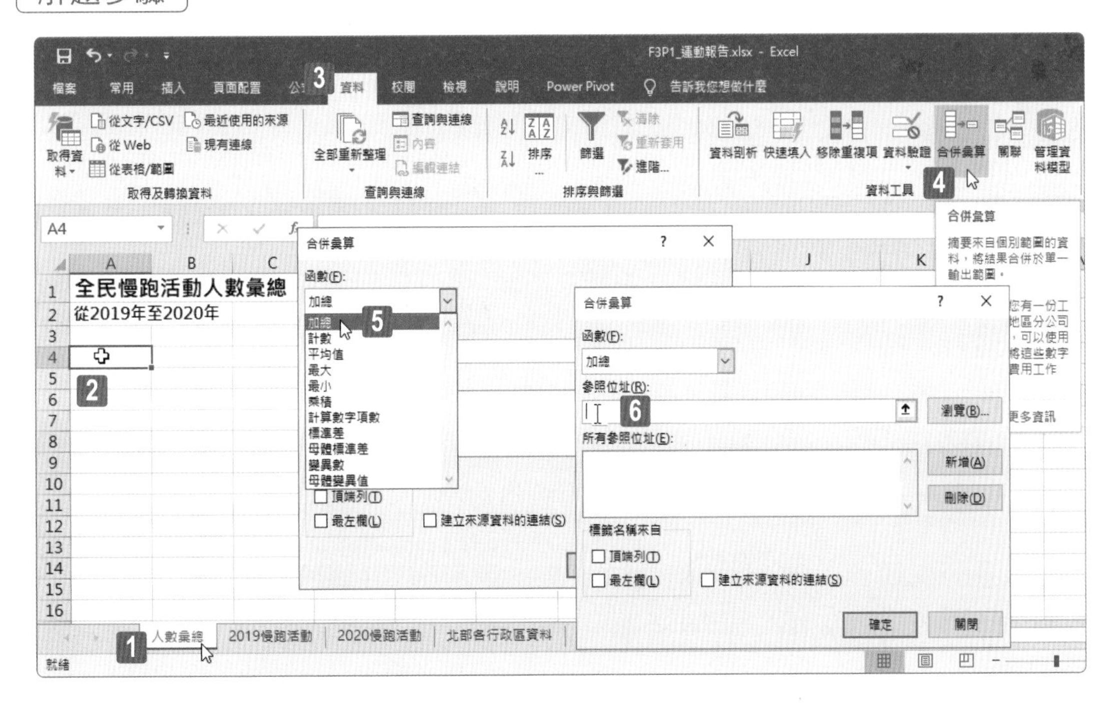

STEP01 點選〔人數彙總〕工作表。

STEP02 點選儲存格 A4。

STEP03 點按〔資料〕索引標籤。

STEP04 點按〔資料工具〕群組裡的〔合併彙算〕命令按鈕。

STEP05 開啟〔合併彙算〕對話方塊，選擇彙整運算的函數為〔加總〕。

STEP06 點選〔參照位址〕文字方塊，準備進行參照位置的建立與輸入。

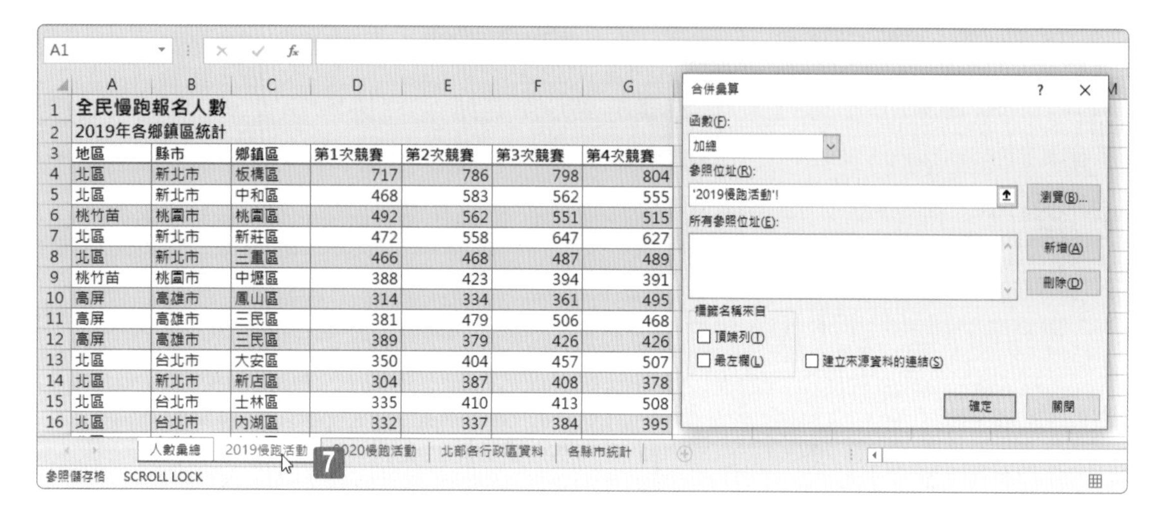

STEP07 點選〔2019 慢跑活動〕工作表。

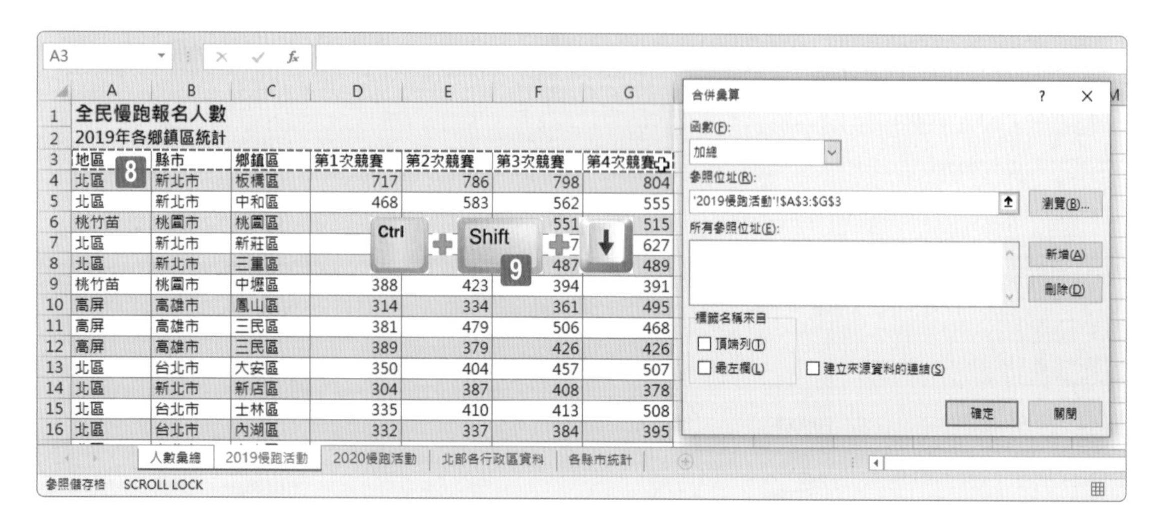

STEP08 畫面切換到〔2019 慢跑活動〕後，選取儲存格範圍 A3:G3。

STEP09 按下 Ctrl+Shift+ 往下方向鍵。

STEP10 立即選取 A3:G3 與其下方的整個資料範圍，直至第 371 列。

STEP11 選取的範圍也立即呈現在〔參照位址〕文字方塊裡。

STEP12 點按〔新增〕按鈕。

STEP13 剛剛選取的參照位址立即成為〔所有參照位址〕裡的第一個參照。

STEP14 同樣的操作模式，繼續進行第二個合併彙算來源的參照。點選〔2020 慢跑活動〕工作表。

STEP15 Excel 自動偵測並選取相同的範圍大小，若不正確，可以自行選取所要參照的儲存格範圍。

STEP16 檢視一下〔參照位址〕文字方塊裡是否為所要參照的位址，也可以在此直接輸入、修改為正確的位址。

STEP17 點按〔新增〕按鈕。

STEP18　剛剛選取的參照位址立即成為〔所有參照位址〕裡的第二個參照。

STEP19　勾選〔頂端列〕與〔最左欄〕這兩個核取方塊。

STEP20　點按〔確定〕按鈕，結束〔合併彙算〕對話方塊的操作。

STEP21　兩個資料來源合併彙算的結果立即呈現在以儲存格 A4 為首的範圍裡。

STEP22 選取整個 B 欄與 C 欄，即〔縣市〕與〔鄉鎮區〕。

STEP23 以滑鼠右鍵點按選取的範圍後，從展開的快顯功能表中點選〔刪除〕功能選項。

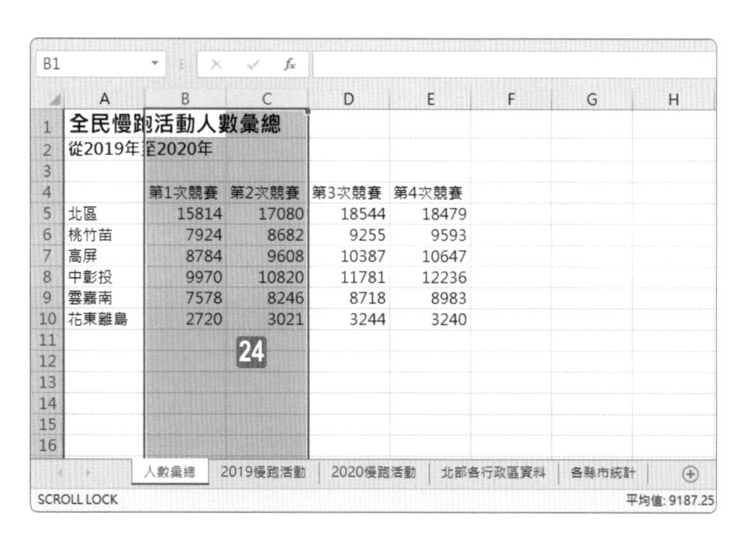

STEP24 完成〔縣市〕與〔鄉鎮區〕欄位的刪除。

1 2 3 4

在〔各縣市統計〕圖表工作表上，向下切入資料以顯示每一個縣市的參加人數統計。

評量領域：管理進階圖表與表格
評量目標：建立和修改樞紐分析圖
評量技能：修改樞紐分析圖，類別軸向下切入，展開下一層級的內容

解題步驟

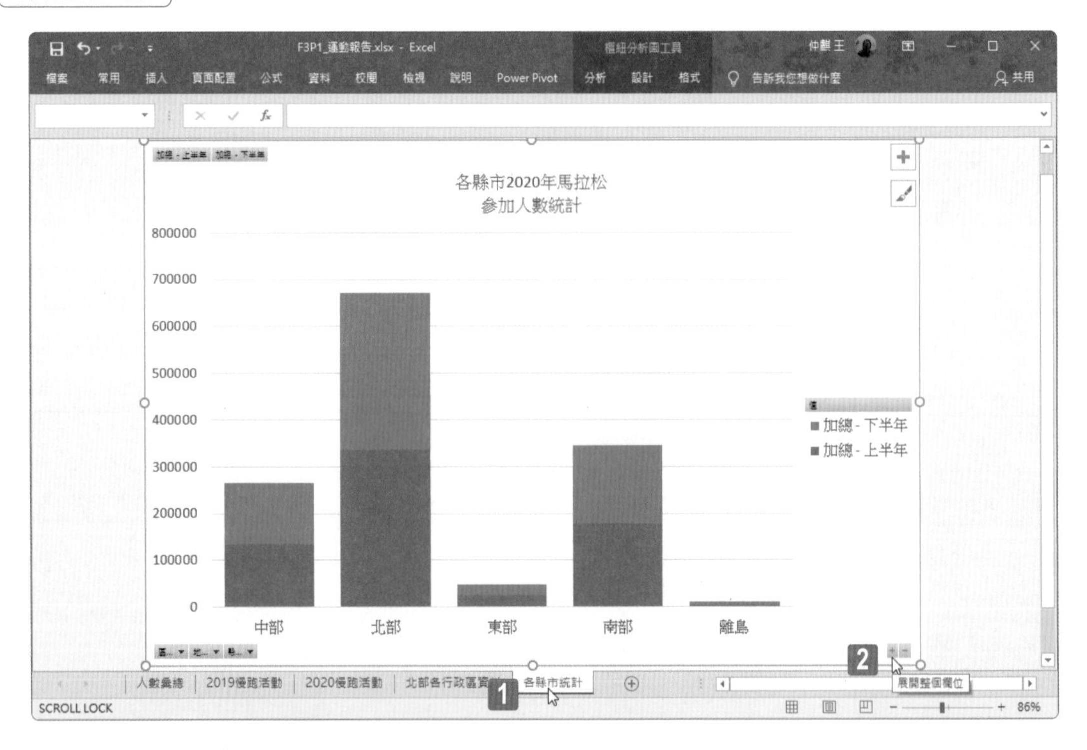

STEP01 點選〔各縣市統計〕工作表。

STEP02 此工作表的內容為統計圖表，點按下方類別座標軸右側的〔＋〕按鈕(展開整個欄位)。

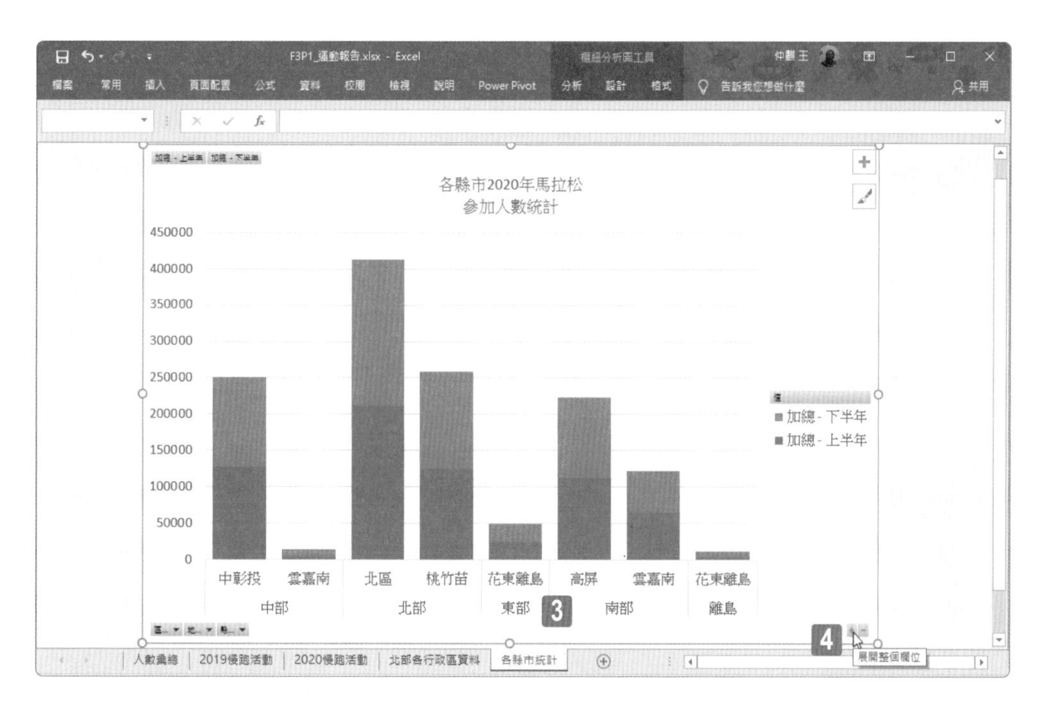

STEP03 原本類別座標軸僅為各區域資料，立即往下切入，形成各區域資料與地區資料的顯示。

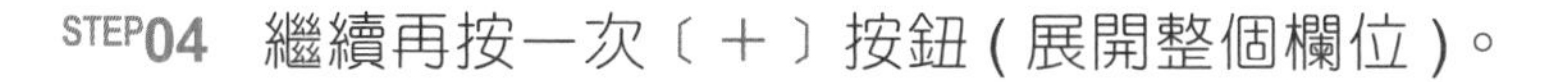

STEP04 繼續再按一次〔＋〕按鈕(展開整個欄位)。

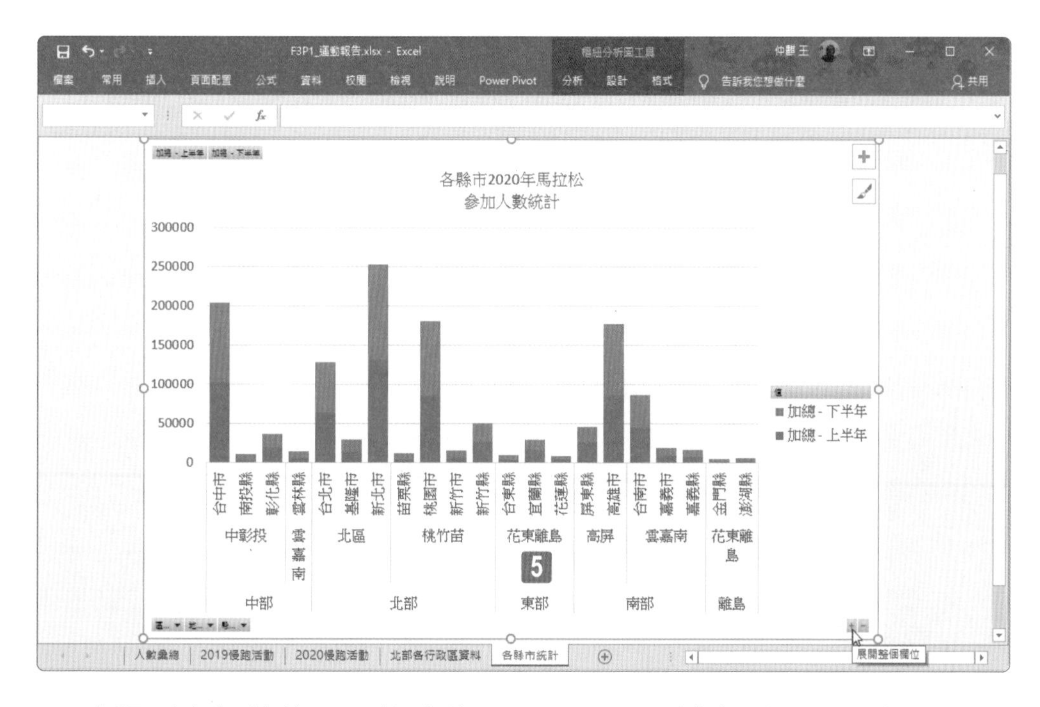

STEP05 讓類別座標軸的顯示能夠往下切入至各區域資料、地區資料與縣市資料的顯示。

專案 2 設計研究學院

各校設計研究學院的藝術養成與各領域的投入經費，都是運用試算表軟體進行摘要與統計，您正使用 Excel 在維護相關的活頁簿與工作表。

1 2 3 4

針對 " 各校總投入經費 " 工作表，防止使用者在此工作表上進行資料的變更，除非輸入密碼「MyPassword」。不過，若未輸入密碼者，仍可以選取儲存格、欄、列並進行格式化。

評量領域：管理活頁簿選項與設定
評量目標：準備活頁簿以進行共同作業
評量技能：保護工作表

解題步驟

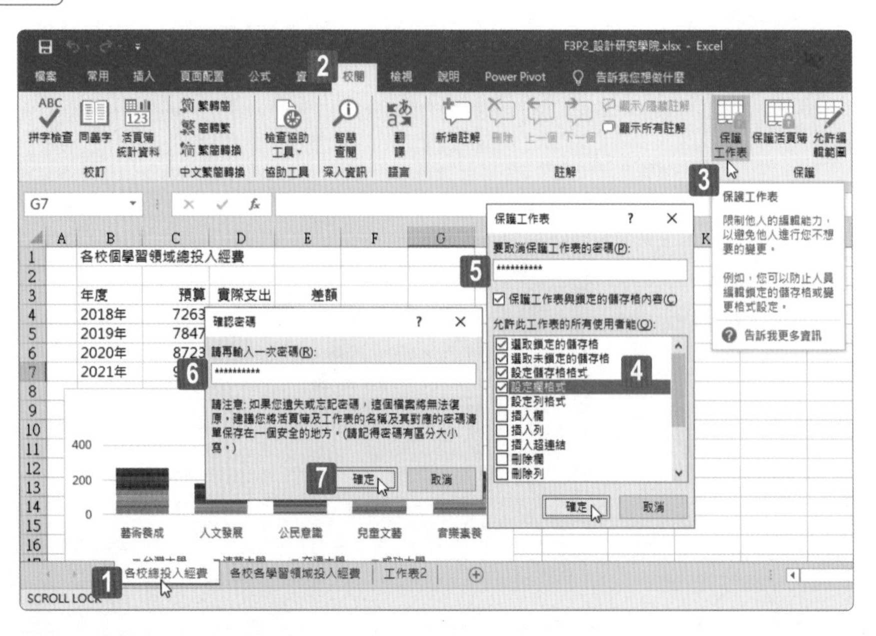

STEP01 點選〔各校總投入經費〕工作表。

STEP02 點按〔校閱〕索引標籤。

STEP03 點按〔變更〕群組裡的〔保護工作表〕命令按鈕。

STEP**04** 開啟〔保護工作表〕對話方塊，除了原本預設已經勾選的「選取鎖定的儲存格」與「選取未鎖定的儲存格」兩核取方塊外，再勾選「設定儲存格格式」、「設定欄格式」、「設定列格式」等三個核取方塊。

STEP**05** 輸入密碼後按下〔確定〕按鈕。

STEP**06** 開啟〔確認密碼〕對話方塊，再輸入一次相同的密碼以確認。

STEP**07** 點按〔確定〕按鈕。

1 — 2 — 3 — 4

在〔各校各學習領域投入經費〕工作表上，對儲存格範圍 A2:F13 套用設定格式化的條件規則，使得學習領域總投入經費超過 $100 萬的學校名稱與資料列，可以填滿以下的 RGB 色彩："188", "255", "235" 。

評量領域：管理與格式化資料

評量目標：套用進階的設定格式化的條件和篩選

評量技能：設定格式化的條件 - 公式

解題步驟

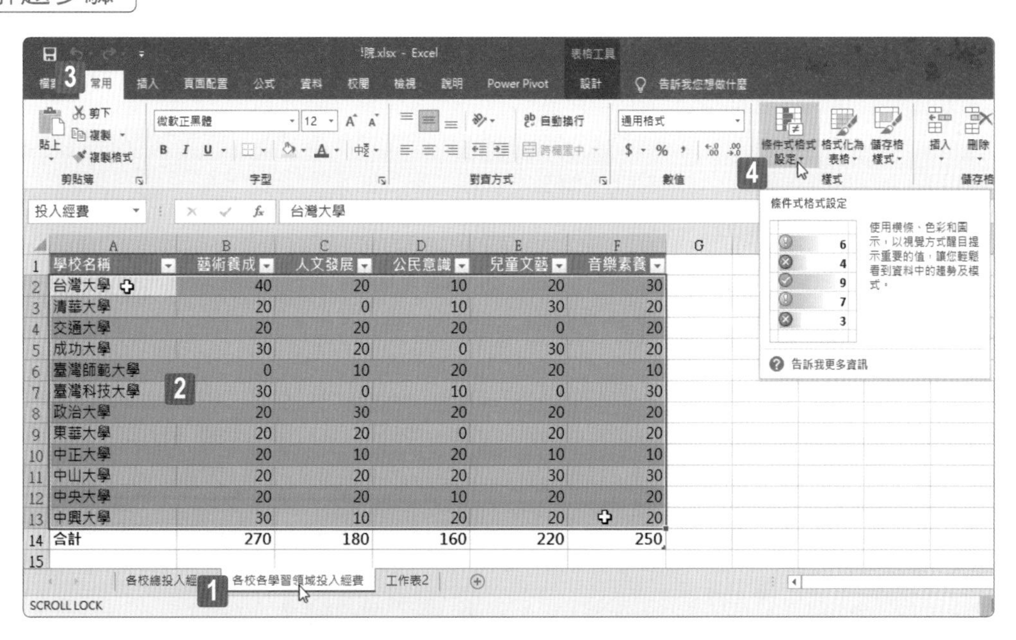

STEP**01** 點選〔各校各學習領域投入經費〕工作表。

STEP**02** 選取儲存格範圍 A2:F13。

STEP**03** 點按〔常用〕索引標籤。

STEP**04** 點按〔樣式〕群組裡的〔條件式格式設定〕命令按鈕。

STEP05 從展開的功能選單中點選〔新增規則〕功能選項。

STEP06 開啟〔新增格式化規則〕對話方塊，點選規則類型為〔使用公式來決定要格式化哪些儲存格〕選項。

STEP07 在編輯規則說明裡，「格式化在此公式為 True 的值」下方的文字方塊內鍵入公式「=SUM($B2:$F2)>100」。

STEP08 點按〔格式〕按鈕。

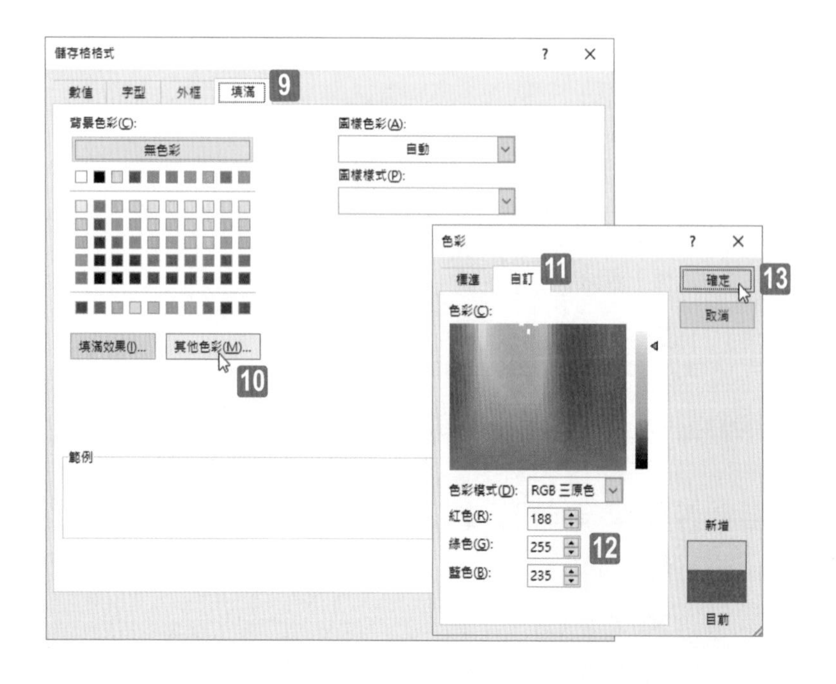

STEP09 開啟〔儲存格格式〕對話方塊，並點選〔填滿〕索引頁籤。

STEP10 點按〔其他色彩〕按鈕。

STEP11 開啟〔色彩〕對話方塊，並點選〔自訂〕索引頁籤。

STEP12 選擇色彩模式為「RGB 三原色」並輸入紅色為「188」、綠色為「255」、藍色為「235」。

STEP13 按下〔確定〕按鈕。

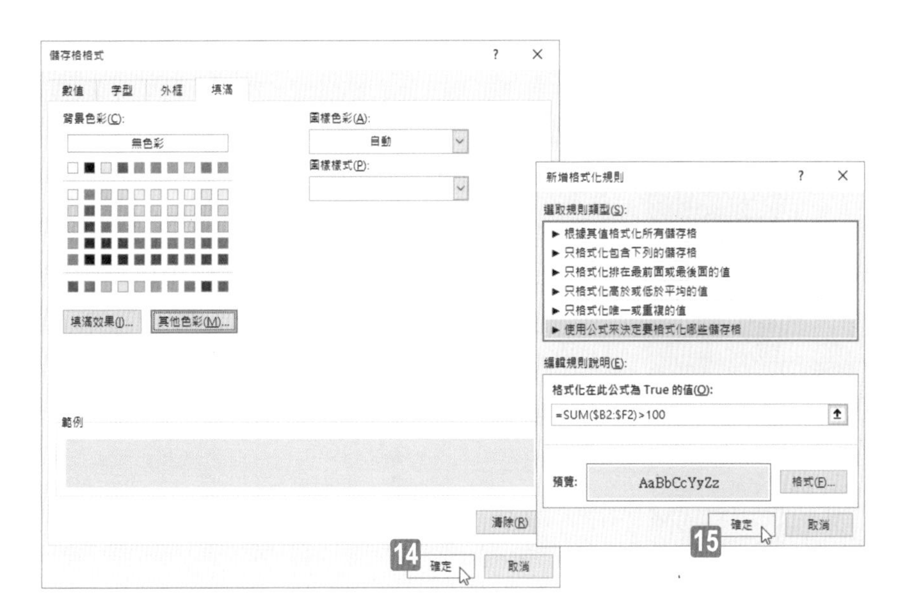

STEP14 回到〔儲存格格式〕對話方塊，點按〔確定〕按鈕。

STEP15 回到〔新增格式化規則〕對話方塊，點按〔確定〕按鈕。

投入經費 | 台灣大學

	A	B	C	D	E	F
1	學校名稱	藝術養成	人文發展	公民意識	兒童文藝	音樂素養
2	台灣大學	40	20	10	20	30
3	清華大學	20	0	10	30	20
4	交通大學	20	20	20	0	20
5	成功大學	30	20	0	30	20
6	臺灣師範大學	0	10	20	20	10
7	臺灣科技大學	30	0	10	0	30
8	政治大學	20	30	20	20	20
9	東華大學	20	20	0	20	20
10	中正大學	20	10	20	10	10
11	中山大學	20	20	20	30	30
12	中央大學	20	20	10	20	20
13	中興大學	30	10	20	20	20
14	合計	270	180	160	220	250
15						

各校總投入經費 | 各校各學習領域投入經費 | 工作表2

就緒　平均值: 18

STEP16 選取的範圍已經順利套用了剛剛建立的格式化規則。

1 2 3 4

修改 Excel 選項設定，當資料有所異動時，公式並不會自動重新計算，但是，在儲存活頁簿時便會自動重新計算。

評量領域：管理活頁簿選項與設定

評量目標：準備活頁簿以進行共同作業

評量技能：自動計算選項的設定

解題步驟

STEP01 點按〔檔案〕索引標籤。

STEP02 進入後台管理頁面，點按〔選項〕。

STEP03 進入〔Excel 選項〕操作頁面，點按〔公式〕選項。

STEP04 點選〔計算選項〕底下的〔手動〕選項，並勾選〔儲存活頁簿前自動重算〕核取方塊，

STEP05 最後按下〔確定〕按鈕。

1 2 3 4

請設定您的 Excel 操作環境，在使用樞紐分析表的群組功能時，停止使用樞紐分析表中針對日期與時間資料欄位的自動群組功能。

評量領域：管理進階圖表與表格

評量目標：建立和修改樞紐分析表

評量技能：樞紐分析表中自動群組日期 / 時間資料欄位與否的設定

解題步驟

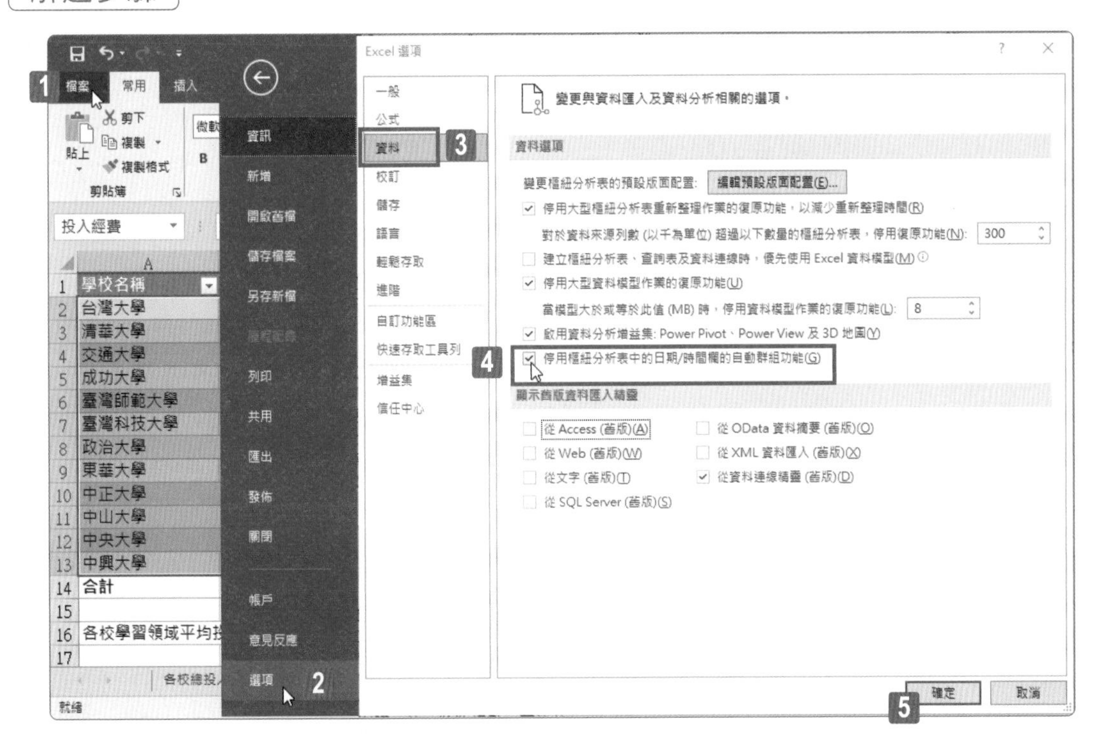

STEP01 點按〔檔案〕索引標籤。

STEP02 進入後台管理頁面，點按〔選項〕。

STEP03 進入〔Excel 選項〕操作頁面，點按〔資料〕選項。

STEP04 勾選〔資料選項〕底下的〔停用樞紐分析表中的日期 / 時間欄的自動群組功能〕核取方塊，

STEP05 按下〔確定〕按鈕。

專案 3 銷售資料

您是圖書公司的產品銷售分析員，正在分析會員資料，以及摘要統計各地區縣市各種圖書類型的銷售狀況，準備製作相關報表、圖表給主管運用。

1 — 2 — 3 — 4 — 5

在〔會員清單〕工作表上，使用 Excel 功能從〔歷年會員資料〕範圍 (儲存格 A3:H146) 移除重複的記錄。

評量領域：管理與格式化資料

評量目標：格式化和驗證資料

評量技能：資料 / 移除重複項

解題步驟

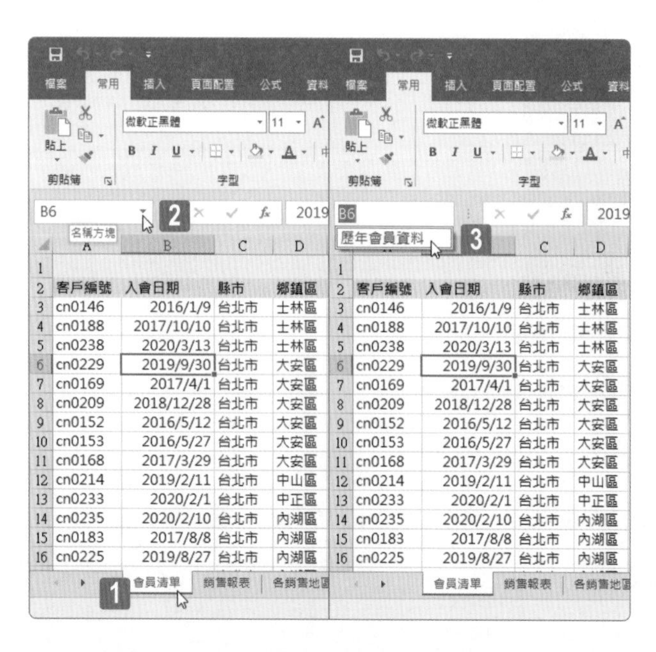

STEP01 開啟活頁簿檔案後，點選〔會員清單〕工作表。

STEP02 點按工作表左上方名稱方塊右側的選項按鈕。

STEP03 從展開的名稱選單中點選〔歷年會員資料〕範圍名稱。

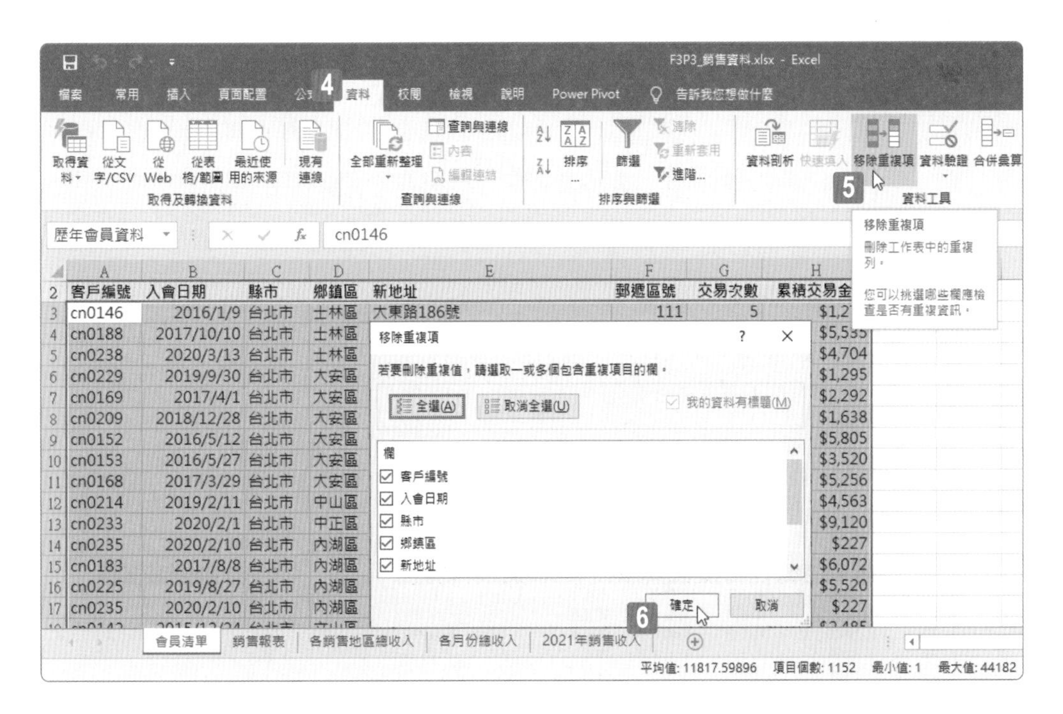

STEP04 點按〔資料〕索引標籤。

STEP05 點按〔資料工具〕群組裡的〔移除重複項〕命令按鈕。

STEP06 開啟〔移除重複項〕對話方塊，然後，點按〔確定〕按鈕。

	A	B	C	D	E	F	G	H
2	客戶編號	入會日期	縣市	鄉鎮區	新地址	郵遞區號	交易次數	累積交易金額
3	cn0146	2016/1/9	台北市	士林區	大東路186號	111	5	$1,275
4	cn0188	2017/10/10	台北市	士林區	東山路25巷88弄61號	111	15	$5,535
5	cn0238	2020/3/13	台北市	士林區	承德路四段70號	111	21	$4,704
6	cn0229	2019/9/30	台北市	大安區	光復南路240巷203號	106	5	$1,295
7	cn0169	2017/4/1	台北市	大安區	復興南路一段79巷4弄75號	106	6	$2,292
8	cn0209	2018/12/28	台北市	大安區			7	$1,638
9	cn0152	2016/5/12	台北市	大安區			15	$5,805
10	cn0153	2016/5/27	台北市	大安區			16	$3,520
11	cn0168	2017/3/29	台北市	大安區			24	$5,256
12	cn0214	2019/2/11	台北市	中山區			13	$4,563
13	cn0233	2020/2/1	台北市	中正區			24	$9,120
14	cn0235	2020/2/10	台北市	內湖區	康寧路三段16巷256號	114	1	$227
15	cn0183	2017/8/8	台北市	內湖區	金湖路76號	114	23	$6,072
16	cn0225	2019/8/27	台北市	內湖區	陽光街19號	114	24	$5,520
17	cn0142	2015/12/24	台北市	文山區	辛亥路七段57巷325號	116	7	$2,485

Microsoft Excel
找到並移除 12 個重複值; 剩 132 個唯一的值。
7 確定

會員清單 銷售報表 各銷售地區總收入 各月份總收入 2021年銷售收入
平均值: 11818.14394 項目個數: 1056

STEP07 顯示尋獲並成功移除的重複資料筆數，以及保留資料筆數的訊息對話，請點按〔確定〕按鈕。

1 2 3 4 5

在〔銷售報表〕工作表上的儲存格 K2 中，計算交易筆數，其中「圖書類型」為「詩集」，〔銷售量〕超過 300。

評量領域：建立進階公式與巨集

評量目標：在公式中執行邏輯運算

評量技能：函數 COUNTIFS

解題步驟

K2

	A	B	C	D	E	F	G	H	I	J	K
1	日期	圖書類型	銷售地區	分店	店長	數量	收入			圖書類型	交易筆數
2	2021/1/1	詩集	彰化市	彰投店	周克理	389	$28,954			詩集>300	
3	2021/1/2	人文	彰化市	彰投店	周克理	449	$8,989			人文	
4	2021/1/2	資訊	台北市	南區分店	張文炳	459	$46,738			資訊	
5	2021/1/2	詩集	台北市	東區分店	李玉玲	297	$5,178			藝術	
6	2021/1/3	詩集	台中市	中三店	陳豐兆	444	$17,581			漫畫	
7	2021/1/4	藝術	台中市	中一店	沈奕儒	84	$29,410			小說	
8	2021/1/5	詩集	台北市	北區分店	邱世先	414	$44,851				
9	2021/1/6	漫畫	台中市	中三店	陳豐兆	34	$19,240			台北市各分店總收入	
10	2021/1/7	小說	台北市	南區分店	張文炳	52	$159,063			銷售地區	北區分店
11	2021/1/7	小說	台中市	中二店	林北凰	602	$38,941			台北市	
12	2021/1/7	小說	新北市	新北一店	歐陽進才	198	$57,539				

會員清單 | 銷售報表 | 各銷售地區總收入 | 各月份總收入 | 2021年銷售收入

STEP01 點按〔銷售報表〕工作表。

STEP02 點選儲存格 K2。

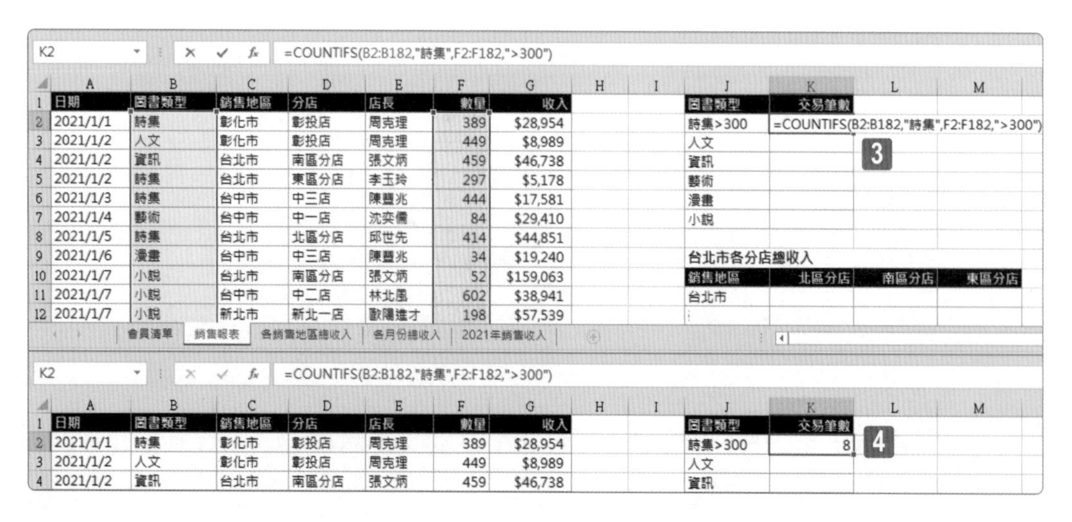

STEP03 輸入 COUNTIFS 函數的公式「=COUNTIFS(B2:B182,"詩集",F2:F182,">300")」。

STEP04 按下 Enter 按鍵後公式的運算結果顯示著「8」。

COUNTIFS 函數

這個題目所評量的技巧是 COUNTIFS 函數的使用，此函數是用來計算符合多個準則條件下的儲存格數目。

語法：

COUNTIFS(criteria_range1,criteria1,criteria_range2,criteria2...)

參數說明：

- **criteria_range1,criteria_range2,criteria_range3, ...**

  每一組準則範圍。這些參數是欲進行評估的各組儲存格範圍。您可以定義多組準則範圍，至多 127 個範圍。每一個 criteria_range 範圍皆與每一個 criteria 參數裡所定義的準則條件進行評估比對。

- **criteria1, criteria2,criteria3, ...**

  準則條件的設定。這些參數是您用來定義要進行儲存格數量計算 (計算個數) 的準則條件，最多也是 127 個準則，撰寫上，每一個 criteria 可以是數字、運算式或是文字，譬如：可以撰寫成 18、"18"、">18" 、B2 或是 " 金級 "。每一個 criteria 參數對應著每一個 range 參數。

在第 3 章模擬試題 I 專案 4 的任務 3 也是運用此 COUNTIFS 函數進行解題，您可以至該篇幅複習此函數的詳細說明與範例。

1 2 3 4 5

在〔銷售報表〕工作表上的儲存格 K11 中，計算「銷售地區」為「台北市」而且「分店」為「北區分店」的總收入。

評量領域：建立進階公式與巨集

評量目標：在公式中執行邏輯運算

評量技能：函數 SUMIFS

解題步驟

日期	圖書類型	銷售地區	分店	店長	數量	收入
2021/1/1	詩集	彰化市	彰投店	周克理	389	$28,954
2021/1/2	人文	彰化市	彰投店	周克理	449	$8,989
2021/1/2	資訊	台北市	南區分店	張文炳	459	$46,738
2021/1/2	詩集	台北市	東區分店	李玉玲	297	$5,178
2021/1/3	詩集	台中市	中三店	陳豐兆	444	$17,581
2021/1/4	藝術	台中市	中一店	沈奕儒	84	$29,410
2021/1/5	詩集	台北市	北區分店	邱世先	414	$44,851
2021/1/6	漫畫	台中市	中三店	陳豐兆	34	$19,240
2021/1/7	小說	台北市	南區分店	張文炳	52	$159,063
2021/1/7	小說	台中市	中二店	林北凰	602	$38,941
2021/1/7	小說	新北市	新北一店	歐陽進才	198	$57,539
2021/1/8	藝術	台中市	中二店	林北凰	66	$3,151
2021/1/9	資訊	台北市	南區分店	張文炳	413	$4,985

圖書類型	交易筆數
詩集>300	8
人文	
資訊	
藝術	
漫畫	
小說	

台北市各分店總收入

銷售地區	北區分店
台北市	

會員清單 銷售報表 各銷售地區總收入 各月份總收入 2021年銷售收入

STEP01 點按〔銷售報表〕工作表。

STEP02 點選儲存格 K11。

STEP03 輸入 SUMIFS 函數的公式「=SUMIFS($G$2:$G$182,$C$2:$C$182,$J11,$D$2:$D$182,K$10)」。

STEP04 按下 Enter 按鍵後公式的運算結果顯示著「1153458」。

SUMIFS 函數

相較於舊版本的 Excel 函數功能，新版本的 Excel 提供了幾個更複雜的多重條件計算函數。傳統的條件式加總函數 SUMIF 雖說可以加總符合特定準則的儲存格資料，不過，該函數裡的特定準則卻只能設定一組。如果同時必須考量兩個以上的範圍並需要各別設定不同的評估準則時，就得藉由多重條件加總函數 SUMIFS 的幫忙了。SUMIF 與 SUMIFS，多了一個 S 就差多喔！在 SUMIFS 函數裡可以設定多組的 criteria range 參數來參照不同的範圍並且設定相同多組的 criteria 參數，為這些 criteria range 參數所參照的範圍設定準則條件，因此，透過 SUMIFS 函數可以將某範圍內符合多種不同準則的儲存格資料進行加總運算。

語法：

SUMIFS(sum_range,criteria_range1,criteria1,criteria_range2,criteria2...)

參數說明：

- **sum_range**

  此參數為計算加總的資料範圍。這是當每一組 criteria_range 範圍裡的儲存格內容皆符合其對應的 criteria 準則之條件定義時，要實際進行加總的儲存格範圍。

- **criteria_range1, criteria_range2, criteria_range3, ...**

  這是每一組準則範圍的定義。這些參數是欲進行評估的各組儲存格範圍。您可以定義多組準則範圍，至多 127 個範圍。每一個 criteria_range 範圍皆與每一個 criteria 參數裡所定義的準則條件進行評估比對。

- **criteria1, criteria2,criteria3, ...**

  準則條件的設定。這些參數是用來定義要進行加總運算的各個準則條件，最多也是 127 個準則，撰寫上，每一個 criteria 可以是數字、運算式或是文字，譬如：可以撰寫成 18、"18"、">18" 、B2 或是 " 台北 "。每一個 criteria 參數對應著每一個 criteria_range 參數。

以下的範例將使用 SUMIFS 函數，計算「2 月」份經手人「林炳源」一共獲得了多少獎金。也就是說，要計算加總的範圍是「獎金」，但必須符合兩個準則，第一個準則是「月份」必須是「2 月」；第二個準則是「經手人」必須是「林炳源」，同時符合這兩個準則的獎金才進行加總運算。所以，此 SUMIFS 函數的撰寫，必須包含 5 個參數：

第 1 個參數 **sum_range**，是要計算加總的資料範圍「獎金」，也就是 G2:G11。

第 2 個參數 **criteria_range1**，是第一組準則範圍「月份」，也就是 B2:B11。

第 3 個參數 **criteria1**，是第一組準則定義「2 月」，也就是字串 "2 月 "。

第 4 個參數 **criteria_range2**，是第二組準則範圍「經手人」，也就是 E2:E11。

第 5 個參數 **criteria2**，是第二組準則定義「林炳源」，也就是字串 " 林炳源 "。

函數撰寫如下：

=SUMIFS(G2:G11,B2:B11,"2 月 ",E2:E11," 林炳源 ")

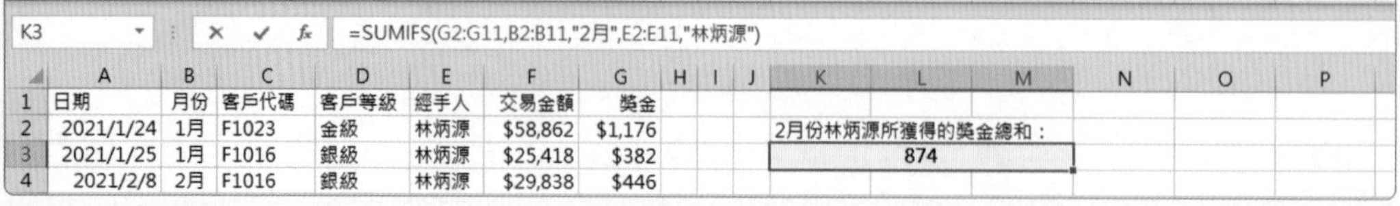

K3 =SUMIFS(G2:G11,B2:B11,"2月",E2:E11,"林炳源")

	A	B	C	D	E	F	G	H	I	J	K
1	日期	月份	客戶代碼	客戶等級	經手人	交易金額	獎金				
2	2021/1/24	1月	F1023	金級	林炳源	$58,862	$1,176				2月份林炳源所獲得的獎金總和：
3	2021/1/25	1月	F1016	銀級	林炳源	$25,418	$382				=SUMIFS(G2:G11,B2:B11,"2月",E2:E11,"林炳源")
4	2021/2/8	2月	F1016	銀級	林炳源	$29,838	$446				SUMIFS(sum_range, criteria_range1, criteria1, [criteria_range2, criteria2], [criteria_range3, criteria3], ...)
5	2021/2/15	2月	F1017	銅級	邱筱智	$12,584	$102				
6	2021/2/17	2月	F1011	金級	邱筱智	$39,857	$795				
7	2021/2/18	2月	F1016	銀級	邱筱智	$21,057	$315				
8	2021/2/22	2月	F1021	銀級	林炳源	$28,574	$428				
9	2021/3/4	3月	F1017	銅級	邱筱智	$16,624	$134				
10	2021/3/11	3月	F1011	金級	邱筱智	$47,856	$957				
11	2021/3/19	3月	F1011	金級	邱筱智	$38,442	$768				
12											

K3 =SUMIFS(G2:G11,B2:B11,"2月",E2:E11,"林炳源")

	A	B	C	D	E	F	G	H	I	J	K
1	日期	月份	客戶代碼	客戶等級	經手人	交易金額	獎金				
2	2021/1/24	1月	F1023	金級	林炳源	$58,862	$1,176				2月份林炳源所獲得的獎金總和：
3	2021/1/25	1月	F1016	銀級	林炳源	$25,418	$382				874
4	2021/2/8	2月	F1016	銀級	林炳源	$29,838	$446				

1 2 3 4 5

在〔各銷售地區總收入〕工作表上，建立顯示各「銷售地區」各「圖書類型」其「總收入」的〔矩形式樹狀結構圖〕圖表，並設定資料標籤包含「類別名稱」與「值」。最後，將〔圖表標題〕變更為「各地區圖書類型總收入」。圖表的大小和位置不重要。

評量領域：管理進階圖表與表格

評量目標：建立和修改進階圖表

評量技能：插入 / 矩形式樹狀結構圖

解題步驟

STEP01

點選〔各銷售地區總收入〕工作表。

STEP02

選取儲存格範圍 A3:C33。

STEP03

點按〔插入〕索引標籤。

STEP04

點按〔圖表〕群組裡的〔插入階層圖圖表〕命令按鈕。

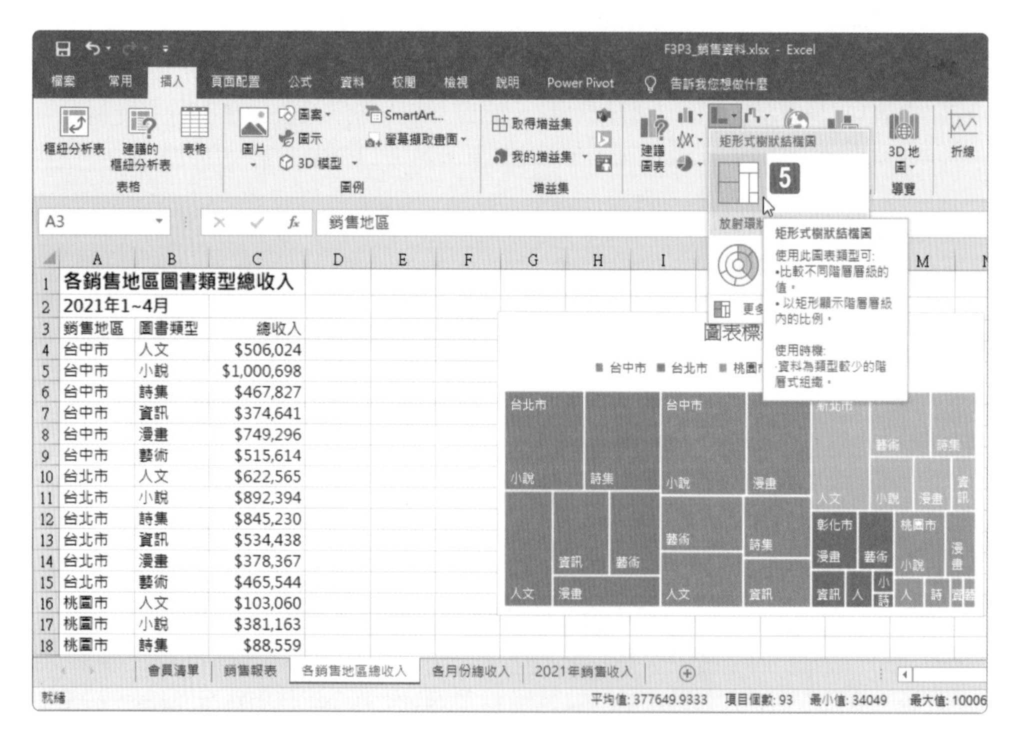

STEP05 從展開的圖表選單中點選〔矩形式樹狀結構圖〕。

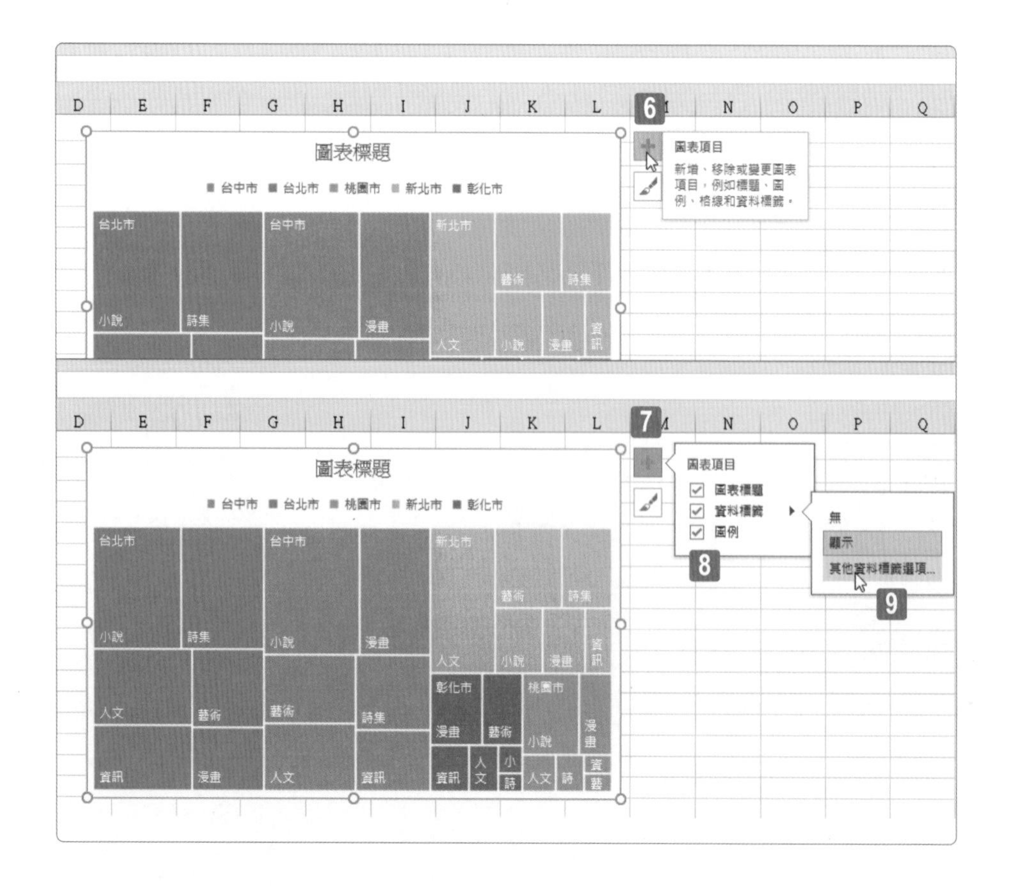

STEP06 點按一下圖表右側的〔圖表項目〕按鈕。

STEP07 從展開的圖表項目選單中，勾選〔資料標籤〕核取方塊。

STEP08 點按右邊的三角形選單按鈕。

STEP09 再從展開的副選單中點選〔其他資料標籤選項〕。

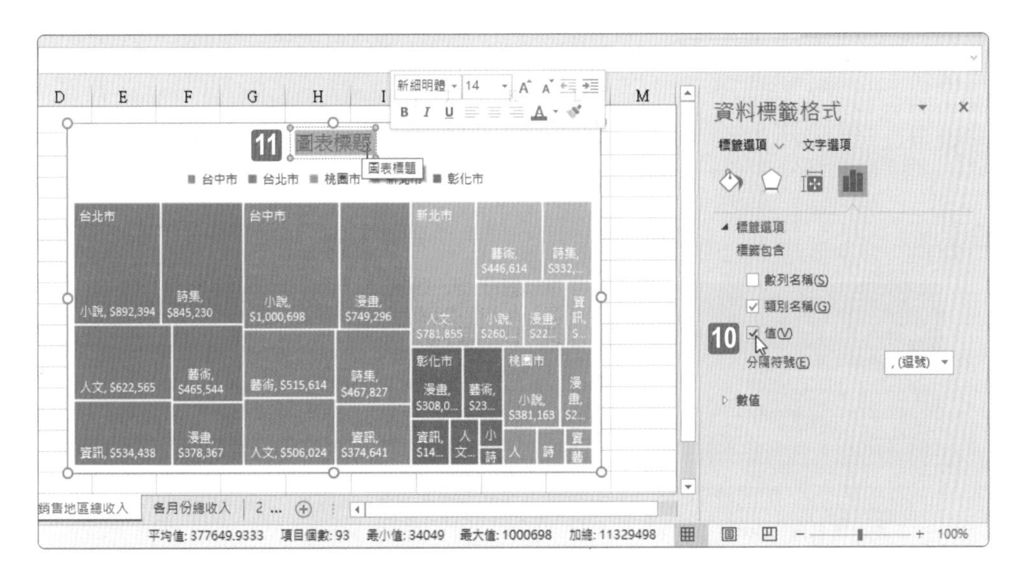

STEP10 畫面右側開啟〔資料標籤格式〕工作窗格，勾選資料標籤選項底下的〔值〕核取方塊。

STEP11 選取圖表標題裡的預設文字將其刪除。

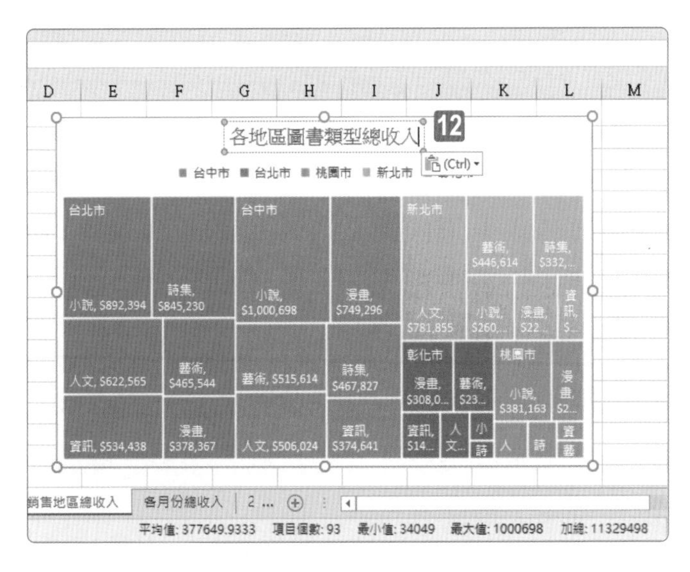

STEP12 輸入新的圖表標題文字「各地區圖書類型總收入」。

1 2 3 4 5

在〔各月份總收入〕工作表上，插入可讓您依照〔圖書類型〕來篩選樞紐分析表的交叉分析篩選器。使用交叉分析篩選器篩選僅顯示〔圖書類型〕為「藝術」的資料記錄，交叉分析篩選器大小和位置不重要。

評量領域：管理進階圖表與表格

評量目標：建立和修改樞紐分析表

評量技能：在樞紐分析表上插入交叉分析篩選器

解題步驟

STEP01 點選〔各月份總收入〕工作表。

STEP02 點選工作表上樞紐分析表裡的任一儲存格。例如：儲存格 A4。

STEP03 點按〔樞紐分析表工具〕底下的〔分析〕索引標籤。

STEP04 點按〔篩選〕群組裡的〔插入交叉分析篩選器〕命令按鈕。

STEP05 開啟〔插入交叉分析篩選器〕對話方塊，勾選〔圖書類型〕核取方塊，然後，點按〔確定〕按鈕。

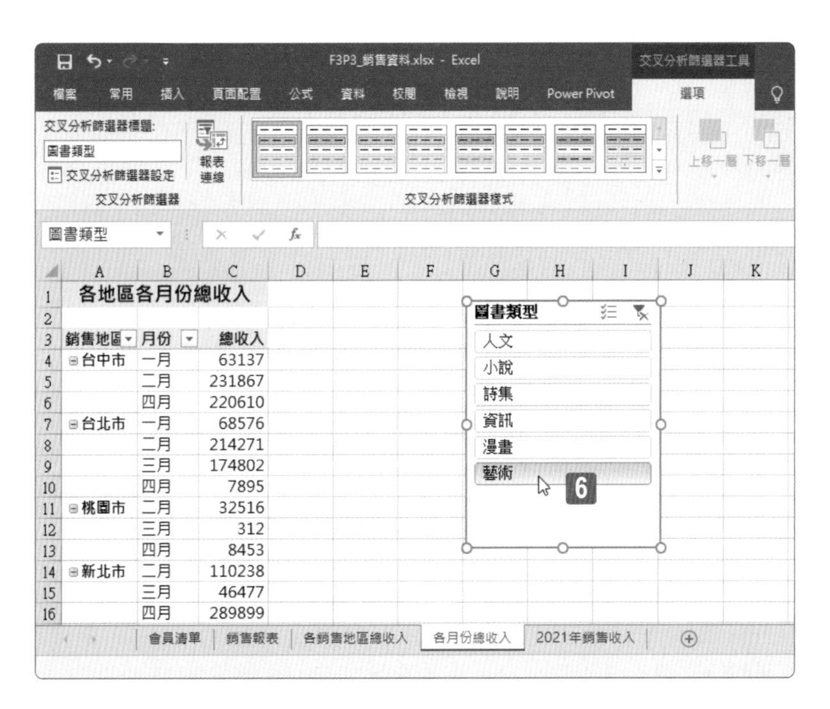

STEP06 在工作表上立即產生名為〔圖書類型〕的交叉分析篩選器（按鈕面板），點選「藝術」按鈕，篩選相關記錄。

專案 4 北風公司訂單

您是北風公司的業務助理，正準備南北貨品的交易記錄統計，並計算業務獎金的相關報表。

1 2 3 4

在〔獎金核撥清單〕工作表上，將儲存格 F4:F21 的資料驗證錯誤內容訊息變更為「請輸入 1 到 18 之間的整數值」。

評量領域：管理與格式化資料

評量目標：格式化和驗證資料

評量技能：資料 / 資料驗證

解題步驟

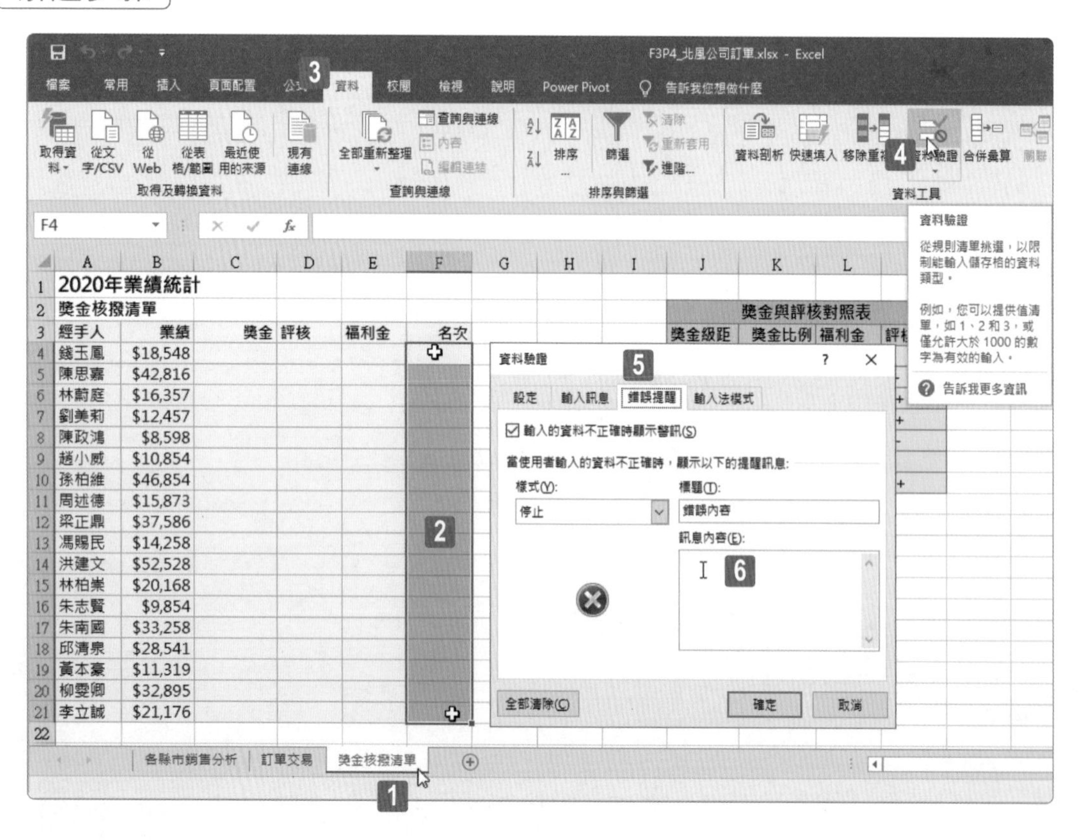

STEP01 點選〔獎金核撥清單〕工作表。

STEP02 選取儲存格範圍 F4:F21。

STEP03 點按〔資料〕索引標籤。

STEP04 點按〔資料工具〕群組裡的〔資料驗證〕命令按鈕。

STEP05 開啟〔資料驗證〕對話方塊，點按〔錯誤提醒〕索引頁籤。

STEP06 點按一下訊息內容文字區塊。

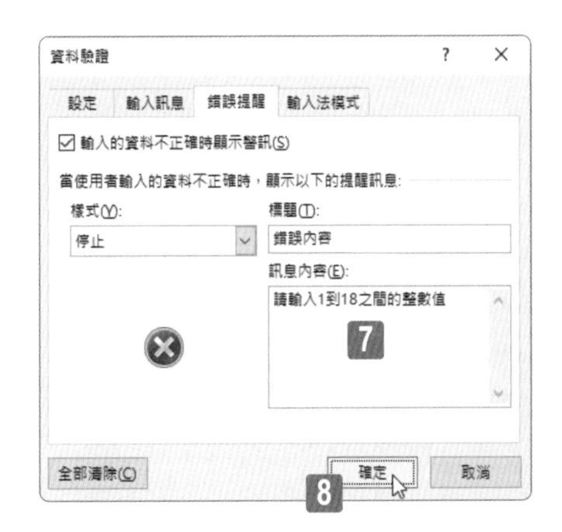

STEP07 在此輸入文字：「請輸入 1 到 18 之間的整數值」。

STEP08 按下〔確定〕按鈕。

1 — 2 — 3 — 4

在〔訂單交易〕工作表上的儲存格 J2 中，輸入查找公式，使其能夠藉由 D 欄〔送貨地區〕的內容進行完全相符的比對，傳回來自〔運費查詢表〕儲存格範圍內的運費。

評量領域：建立進階公式與巨集

評量目標：使用函數查詢資料

評量技能：函數 HLOOKUP

解題步驟

J2

	A	B	C	D	E	F	G	H	I	J	K
1	交易編號	日期	客戶編號	送貨地區	縣市	鄉鎮區	品名	訂購量	價格	運費	經手人
2	R02344	2020/10/1	TS032	東部	台東縣	台東市	玉米油	3	$1,346		陳思嘉
3	R02345	2020/10/2	TS039	北部	新北市	中和區	玉米油	4	$1,794		陳思嘉
4	R02350	2020/10/3	TS024	北部	基隆市	仁愛區	橄欖油	5	$2,995		劉美莉
5	R02353	2020/10/3	TS031	南部	台南市	新營區	苦茶油	2	$956		陳思嘉
6	R02356	2020/10/4	TS024	南部	高雄市	小港區	棕櫚油	4	$3,063		劉美莉
7	R02357	2020/10/5	TS031	東部	宜蘭縣	五結鄉	苦茶油	4	$2,240		趙小威
8	R02359	2020/10/6	TS023	中部	台中市	北屯區	沙拉油	1	$390		周述德
9	R02361	2020/10/7	TS023	中部	雲林縣	大埤鄉	葵花油	5	$2,418		馮賜民
10	R02363	2020/10/7	TS033	南部	高雄市	岡山區	沙拉油	3	$1,225		劉美莉
11	R02365	2020/10/8	TS026	南部	高雄市	前鎮區	玉米油	3	$1,559		陳思嘉
12	R02383	2020/10/9	TS034	北部	台北市	中正區	沙拉油	2	$1,369		馮賜民
13	R02388	2020/10/10	TS025	南部	台南市	永康區	葵花油	4	$2,145		陳思嘉
14	R02406	2020/10/10	TS023	北部	新北市	淡水區	玉米油	3	$1,956		周述德
15	R02412	2020/10/11	TS037	南部	高雄市	前鎮區	棕櫚油	5	$3,293		趙小威
16	R02413	2020/10/12	TS032	南部	台南市	永康區	葵花油	4	$2,179		林柏崇
17	R02418	2020/10/13	TS039	北部	新竹縣	新豐鄉	苦茶油	5	$2,474		朱南國

各縣市銷售分析 | 訂單交易 | 獎金核撥清單

STEP01 點選〔訂單交易〕工作表。

STEP02 點選儲存格 J2。

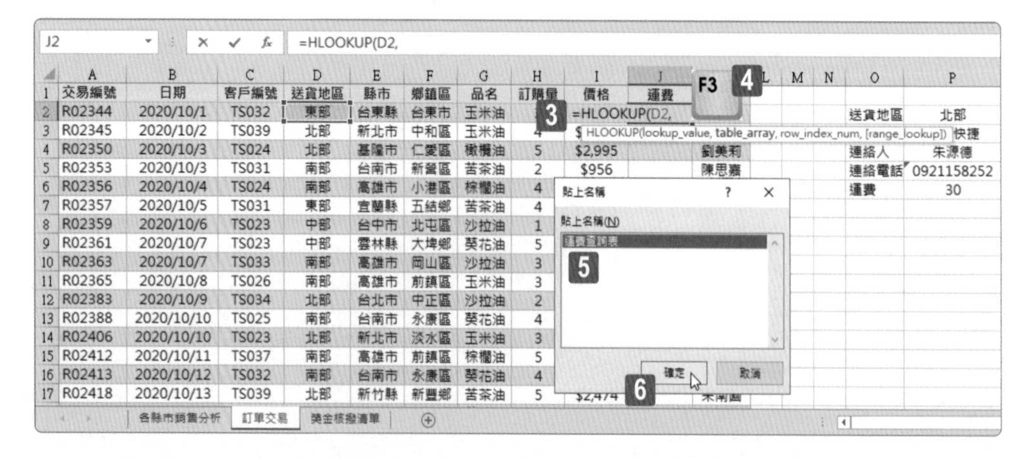

STEP03 輸入 HLOOKUP 函數的公式「=HLOOKUP(D2,」。

STEP04 點按鍵盤上方的功能鍵〔F3〕。

STEP05 畫面彈跳出〔貼上名稱〕對話方塊，點選〔運費查詢表〕。

STEP06 點按〔確定〕按鈕。

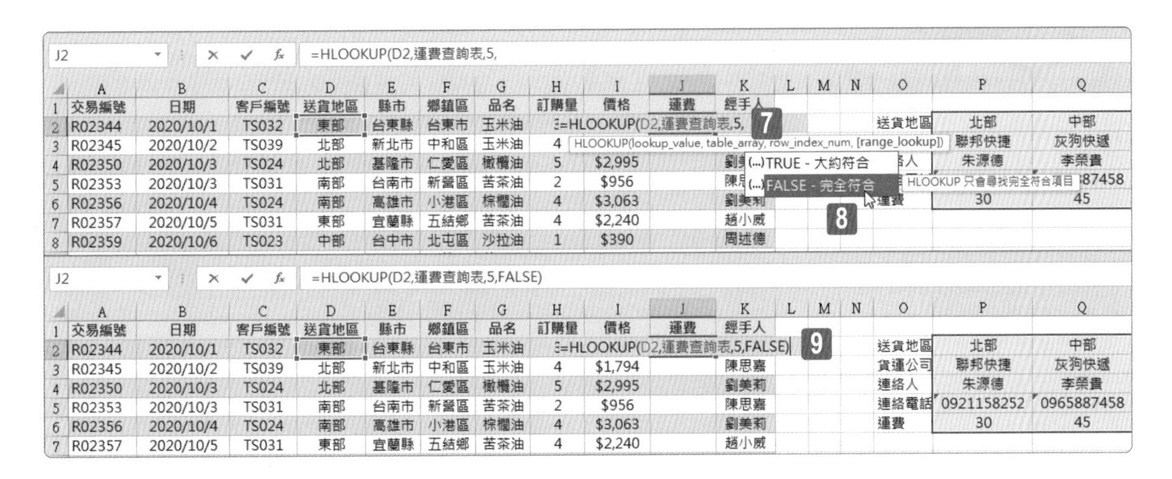

STEP07 事先已命名的範圍名稱〔運費查詢表〕成為 HLOOKUP 函數裡的第二個參數，繼續輸入「,5,」準備進行第四個參數的選擇。

STEP08 從下拉選單中點選〔FALSE- 完全符合〕選項，或者親自輸入「FALSE」或是輸入「0」(HLOOKUP 函數的第四個參數不管是設定為 FALSE 或是 0 都是代表完全符合的意思)。

STEP09 最後補上小右括號完成 HLOOKUP 函數的公式輸入，再按下 Enter 按鍵。

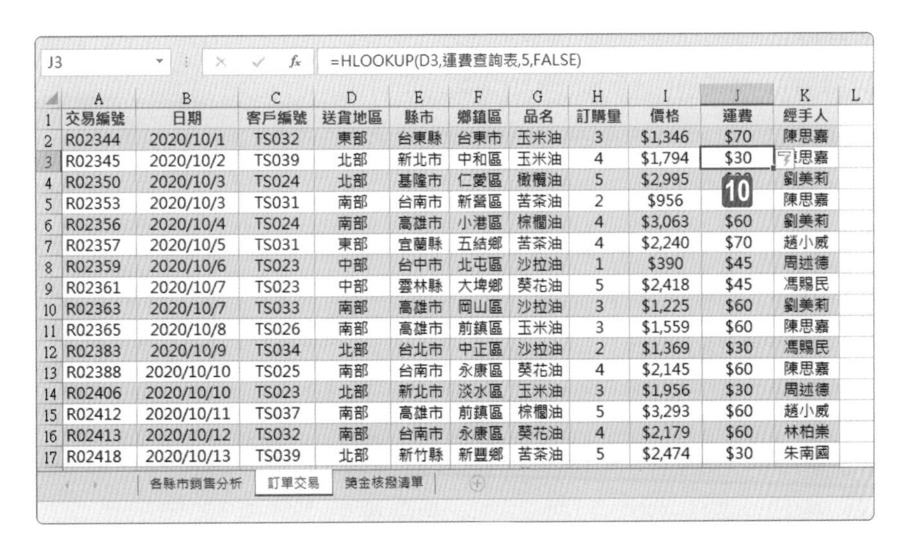

STEP10 由於公式是建立在表格裡，因此，僅輸入一個儲存格公式就會自動往下填滿，完成整個運費資料欄位的公式。

HLOOKUP 查找函數

HLOOKUP 是 Excel 著名的查詢函數之一，函數的名稱中的 H 代表 Horizontal(水平) 之意，透過水平方向的查詢，可以讓使用者在表格陣列 (也就是所謂的比對表) 的首列中搜尋某項資料，並傳回該表格陣列中同一欄之其他列裡的資料。此函數的語法為：

HLOOKUP(lookup_value,table_array,row_index_num,range_lookup)

參數說明：

- **lookup_value**

  此參數為查詢值，也就是您想要在 table_array 參數所參照的比對表之首列中找尋的值。

- **table_array**

  此參數為進行查詢工作時的比對表，必須是兩列以上的資料範圍或參照範圍。此 table_array 參數可以是參照位址，也可以是指向某個範圍的範圍名稱，或者可傳回參照範圍的函數。

- **row_index_num**

  此參數為 table_array 的列編號，通常此值是正整數。如果 row_index_num 參數值為 1，則表示查詢成功後要傳回 table_array 該欄第 1 列裡的內容；如果 row_index_num 參數值為 2，則表示查詢成功後要傳回 table_array 該欄第 2 列裡的內容。此 row_index_num 參數值不能大於 table_array 的總列數。

- **range_lookup**

  此參數是一個邏輯值，專門用來指定 HLOOKUP 函數應該要尋找完全符合的值還是部分符合的值。若此參數值為 TRUE 或被省略了，則表示要傳回完全符合或部分符合的值，意即當查找不到完全符合的值時，也會傳回僅次於 lookup_value 的值。

在第 3 章模擬試題 I 專案 6 的任務 3 也是運用此 HLOOKUP 函數進行解題，您可以至該篇幅複習此函數的詳細說明。

1 2 3 4

在〔各縣市銷售分析〕工作表上，插入一個可以讓使用者依照〔經手人〕來篩選樞紐分析表的交叉分析篩選器。然後套用「淺黃，交叉分析篩選器樣式淺色 4」的交叉分析篩選器樣式，並設定成 2 欄的按鈕，最後，使用此交叉分析篩選器來篩選特定的資料。僅顯示「林柏崇」與「黃本豪」所經手的交易記錄。交叉分析篩選器的大小和位置不重要。

評量領域：管理進階圖表與表格

評量目標：建立和修改樞紐分析表

評量技能：在樞紐分析表上插入交叉分析篩選器

解題步驟

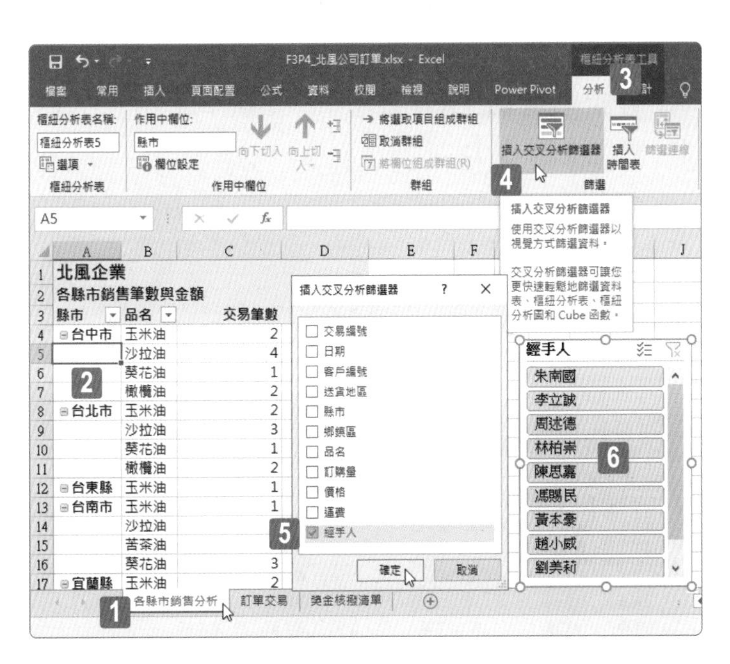

STEP01 點選〔各縣市銷售分析〕工作表。

STEP02 點選工作表上樞紐分析表裡的任一儲存格。例如：儲存格 A5。

STEP03 點按〔樞紐分析表工具〕底下的〔分析〕索引標籤。

STEP04 點按〔篩選〕群組裡的〔插入交叉分析篩選器〕命令按鈕。

STEP05 開啟〔插入交叉分析篩選器〕對話方塊，勾選〔經手人〕核取方塊，然後，點按〔確定〕按鈕。

STEP06 在工作表上立即產生名為〔經手人〕的交叉分析篩選器（按鈕面板）。

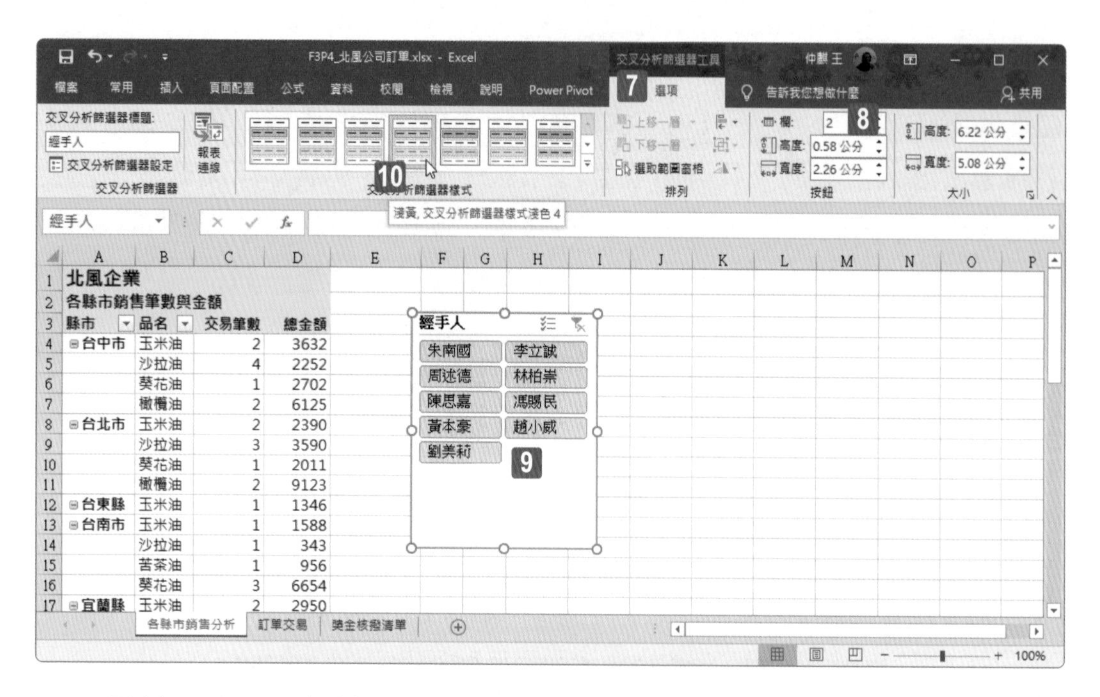

STEP07 點按〔交叉分析篩選器工具〕底下的〔選項〕索引標籤。

STEP08 在〔按鈕〕群組裡的〔欄〕選項輸入「2」。

STEP09 交叉分析篩選器的按鈕面板排列方式變成兩欄的按鈕。

STEP10 點按〔交叉分析篩選器樣式〕群組裡的〔淺黃，交叉分析篩選器樣式淺色 4〕樣式。

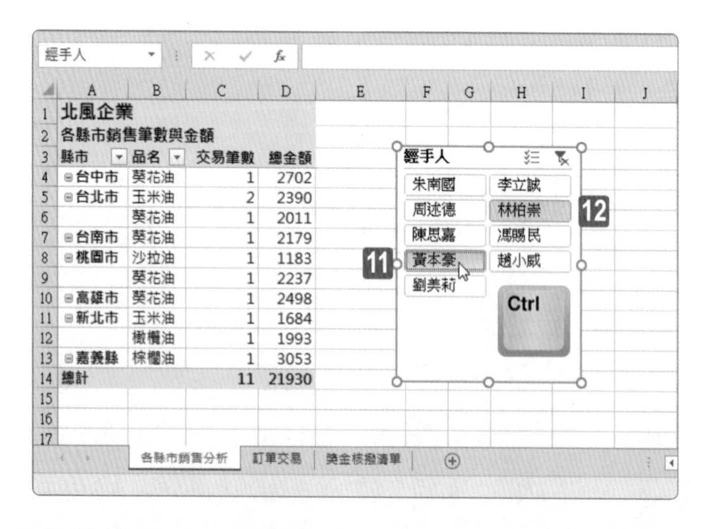

STEP11 在交叉分析篩選器（按鈕面板），點選「黃本豪」按鈕。

STEP12 按住 Ctrl 按鍵不放後，再點按「林柏崇」按鈕，以篩選兩位經手人的交易記錄。

1 2 3 **4**

在〔獎金核撥清單〕工作表上的儲存格 C4 中，輸入一個公式，可從〔獎金與評核對照表〕資料範圍中傳回每一位經手人其業績金額在獎金級距中應得之獎金比例，然後將此獎金比例再乘以該經手人的業績金額，以計算出應得的獎金。請調整公式，然後將其複製到儲存格 C5:C21。

評量領域：建立進階公式與巨集

評量目標：使用函數查詢資料

評量技能：函數 VLOOKUP

解題步驟

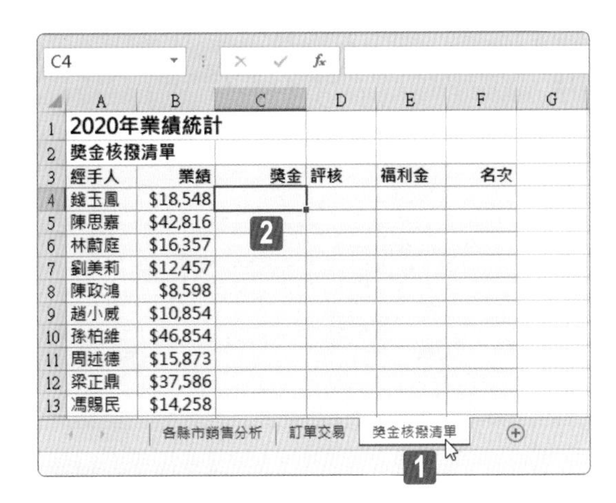

STEP01 點選〔獎金核撥清單〕工作表。

STEP02 點選此工作表上儲存格 C4。

C4 =vlookup(B4,

	A	B	C	D	E	F	G	H	I	J	K	L	M
1	2020年業績統計												
2	獎金核撥清單									獎金與評核對照表			
3	經手人	業績	獎金	評核	福利金	名次				獎金級距	獎金比例	福利金	評核
4	錢玉鳳	$18,548	=vlookup(B4,							$0	0%		C
5	陳思嘉	$42,816	VLOOKUP(lookup_value, table_array, col_index_num, [range_lookup])							$10,000	1%		B-
6	林蔚庭	$16,357								$15,000	2%		B+

J4 =VLOOKUP(B4,J4:M10

	A	B	C	D	E	F	G	H	I	J	K	L	M
1	2020年業績統計												
2	獎金核撥清單									獎金與評核對照表			
3	經手人	業績	獎金	評核	福利金	名次				獎金級距	獎金比例	福利金	評核
4	錢玉鳳	$18,548	=VLOOKUP(B4,J4:M10							$0	0%		C
5	陳思嘉	$42,816	VLOOKUP(lookup_value, table_array, col_index_num, [range_lookup])							$10,000	1%		B-
6	林蔚庭	$16,357								$15,000	2%		B+
7	劉美莉	$12,457								$28,000	3%		B+
8	陳政鴻	$8,598								$35,000	4%		A-
9	趙小威	$10,854								$42,000	5%		A
10	孫柏維	$46,854								$50,000	6%		A+
11	周述德	$15,873											
12	梁正鼎	$37,586											
13	馮賜民	$14,258											

各縣市銷售分析 | 訂單交易 | 獎金核撥清單

參照儲存格

STEP03 輸入 VLOOKUP 函數的公式「=VLOOKUP(B4,」。

STEP04 選取儲存格範圍 J4:M10 作為 VLOOKUP 函數裡的第二個參數。

C4 =VLOOKUP(B4,$J$4:$M$10,

F4

	A	B	C	D	E	F	G	H	I	J	K	L	M
1	2020年業績統計												
2	獎金核撥清單									獎金與評核對照表			
3	經手人	業績	獎金	評核	福利金					獎金級距	獎金比例	福利金	評核
4	錢玉鳳	$18,548	=VLOOKUP(B4,$J$4:$M$10,							$0	0%		C
5	陳思嘉	$42,816	VLOOKUP(lookup_value, table_array, col_index_num, [range_lookup])							$10,000	1%		B-
6	林蔚庭	$16,357								$15,000	2%		B+

C4 =VLOOKUP(B4,$J$4:$M$10,2,

	A	B	C	D	E	F	G	H	I	J	K	L	M
1	2020年業績統計												
2	獎金核撥清單									獎金與評核對照表			
3	經手人	業績	獎金	評核	福利金	次				獎金級距	獎金比例	福利金	評核
4	錢玉鳳	$18,548	=VLOOKUP(B4,$J$4:$M$10,2,							$0	0%		C
5	陳思嘉	$42,816	VLOOKUP(lookup_value, table_array, col_index_num, [range_lookup])							$10,000	1%		B-
6	林蔚庭	$16,357				(...)TRUE - 大約符合		大約符合 - table_array 首欄的值必須以遞增順序排序					B+
7	劉美莉	$12,457				(...)FALSE - 完全符合				$28,000	3%		B+
8	陳政鴻	$8,598								$35,000	4%		A-
9	趙小威	$10,854								$42,000	5%		A
10	孫柏維	$46,854								$50,000	6%		A+
11	周述德	$15,873											

STEP05 按一下功能鍵〔F4〕。

STEP06 順利為剛剛選取的儲存格範圍 J4:M10 加上絕對位址的符號，形成「=VLOOKUP(B4,$J$4:$M$10」。

STEP07 繼續輸入後續的參數，VLOOKUP 函數的第三個參數輸入為「2」。

STEP08 第四個參數則可從下拉選單中點選〔TRUE- 大約符合〕選項，或者親自輸入「TRUE」或是輸入「1」(VLOOKUP 函數的第四個參數不管是設定為 TRUE 或是 1 都是代表大約符合的意思)。

SUM =VLOOKUP(B4,$J$4:$M$10,2,TRUE)*B4

	A	B	C	D	E	F	J	K	L	M
1	2020年業績統計									
2	獎金核撥清單						獎金與評核對照表			
3	經手人	業績	獎金	評核	福利金	名次	獎金級距	獎金比例	福利金	評核
4	錢玉鳳	$18,548	=VLOOKUP(B4,$J$4:$M$10,2,TRUE)*B4				$0	0%		C
5	陳思嘉	$42,816					$10,000	1%		B-
6	林蔚庭	$16,357					$15,000	2%		B+
7	劉美莉	$12,457					$28,000	3%		B+
8	陳政鴻	$8,598					$35,000	4%		A-
9	趙小威	$10,854					$42,000	5%		A
10	孫柏維	$46,854					$50,000	6%		A+
11	周述德	$15,873								

STEP09 最後補上小右括號完成 VLOOKUP 函數的建立，然後，將此函數的結果乘以業績，也就是儲存格 B4。完整的公式為「=VLOOKUP(B4,$J$4:$M$10,2,TRUE)*B4」。

	A	B	C	D	E	F
1	2020年業績統計					
2	獎金核撥清單					
3	經手人	業績	獎金	評核	福利金	名次
4	錢玉鳳	$18,548	$371			
5	陳思嘉	$42,816	$2,141			
6	林蔚庭	$16,357	$327			
7	劉美莉	$12,457	$125			
8	陳政鴻	$8,598	$0			
9	趙小威	$10,854	$109			
10	孫柏維	$46,854	$2,343			
11	周述德	$15,873	$317			
12	梁正鼎	$37,586	$1,503			
13	馮賜民	$14,258	$143			
14	洪建文	$52,528	$3,152			
15	林柏崇	$20,168	$403			
16	朱志賢	$9,854	$0			
17	朱南國	$33,258	$998			
18	邱清泉	$28,541	$856			
19	黃本豪	$11,319	$113			
20	柳雯卿	$32,895	$987			
21	李立誠	$21,176	$424			

STEP10 完成公式輸入後按下 Enter 按鍵，回到儲存格 C4，拖曳右下角的小黑點 (填滿控點)，往下拖曳。

STEP11 拖曳至儲存格 C21，完成獎金欄位的公式運算。

VLOOKUP 函數

VLOOKUP 函數的功能正如其函數名稱，V 代表 Vertical(垂直) 之意，而 LOOKUP 當然就是查詢的意思，透過這個垂直查詢函數，可以讓使用者在表格陣列（也就是所謂的比對表）的首欄中搜尋某個數值，並傳回該表格陣列中同一列之其他欄位裡的內容。此函數的語法為：

VLOOKUP(lookup_value,table_array,col_index_num,range_lookup)

參數說明：

- **lookup_value**

  此參數為查詢值，也就是您想要在 table_array 參數所參照的比對表之首欄中找尋的值。

- **table_array**

  此參數為進行查詢工作時的比對表，必須是兩欄以上的資料範圍或參照範圍。此 table_array 參數可以是參照位址，也可以是指向某個範圍的範圍名稱，或者可傳回參照範圍的函數。

- **col_index_num**

  此參數為 table_array 欄位編號，通常此值是正整數。如果 col_index_num 參數值為 1，則表示查詢成功後要傳回 table_array 該列第 1 欄裡的內容；如果 col_index_num 參數值為 2，則表示查詢成功後要傳回 table_array 該列第 2 欄裡的內容。如果 col_index_num 參數值大於 table_array 的總欄數，則 VLOOKUP 函數將會傳回錯誤值 #REF!。

- **range_lookup**

  此參數是一個邏輯值，專門用來指定 VLOOKUP 函數應該要尋找完全符合的值還是部分符合的值。若此參數值為 TRUE 或被省略了，則表示要傳回完全符合或部分符合的值，意即當查詢不到完全符合的值時，也會傳回僅次於 lookup_value 的值。

在第 3 章模擬試題 I 專案 5 的任務 3 也是運用此 VLOOKUP 函數進行解題，您可以至該篇幅複習此函數的詳細說明。

專案 5 巧克力喜好問卷

您在電商公司服務，目前正運用活頁簿設計具備下拉選單的線上訂購表單。同時，也針對巧克力商品的品牌喜好問卷結果，進行相關的統計與摘要報表。

1　2　3　4　5　6

在〔訂購單〕工作表上，將儲存格 B9:B14 設定為下拉式清單選項，使用的清單來源是已經命名為「巧克力品牌」的儲存格範圍。再將儲存格 C9:C14 也設定為下拉式清單選項，使用的清單來源是已經命名為「禮盒大小」的儲存格範圍。

評量領域：管理與格式化資料

評量目標：格式化和驗證資料

評量技能：資料 / 資料驗證

解題步驟

STEP01 開啟活頁簿檔案後，點選〔訂購單〕工作表。

STEP02 選取儲存格範圍 B9:B14。

STEP03 點按〔資料〕索引標籤。

STEP04 點按〔資料工具〕群組裡的〔資料驗證〕命令按鈕。

STEP05 開啟〔資料驗證〕對話方塊，〔儲存格內允許〕下拉式選單。

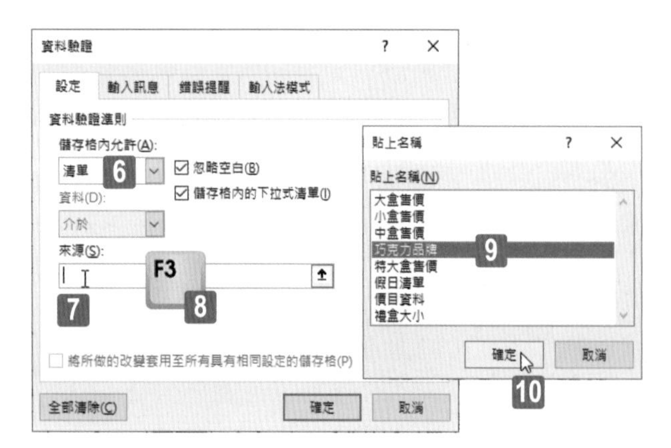

STEP06 選擇〔清單〕選項。

STEP07 點選〔來源〕文字方塊。

STEP08 點按鍵盤上方的功能鍵〔F3〕。

STEP09 畫面彈跳出〔貼上名稱〕對話方塊，點選〔巧克力品牌〕。

STEP10 點按〔確定〕按鈕。

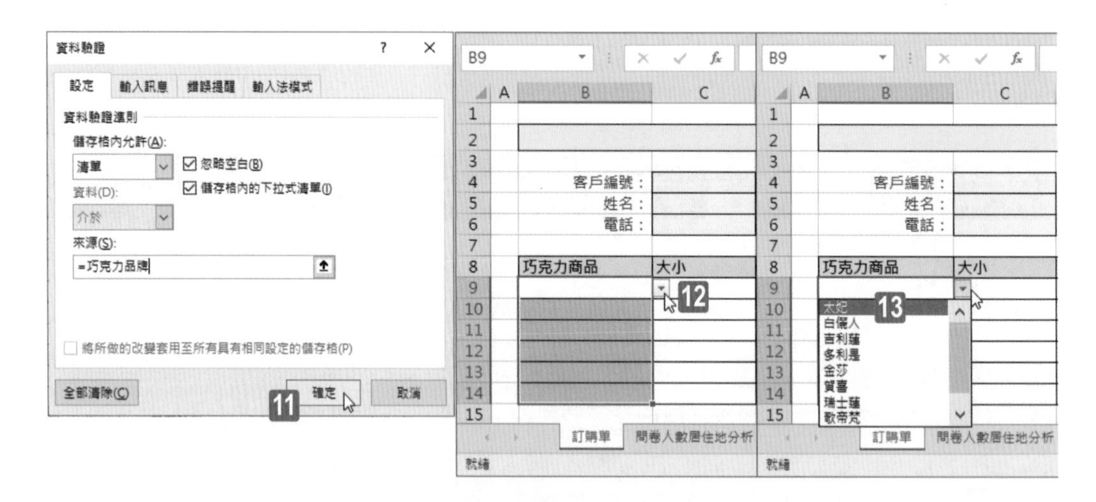

STEP11 點按〔確定〕按鈕，完成〔資料驗證〕對話方塊的操作。

STEP12 點按儲存格 B9 旁的下拉式選項按鈕。

STEP13 立即展開巧克力品牌名稱的清單可供挑選。

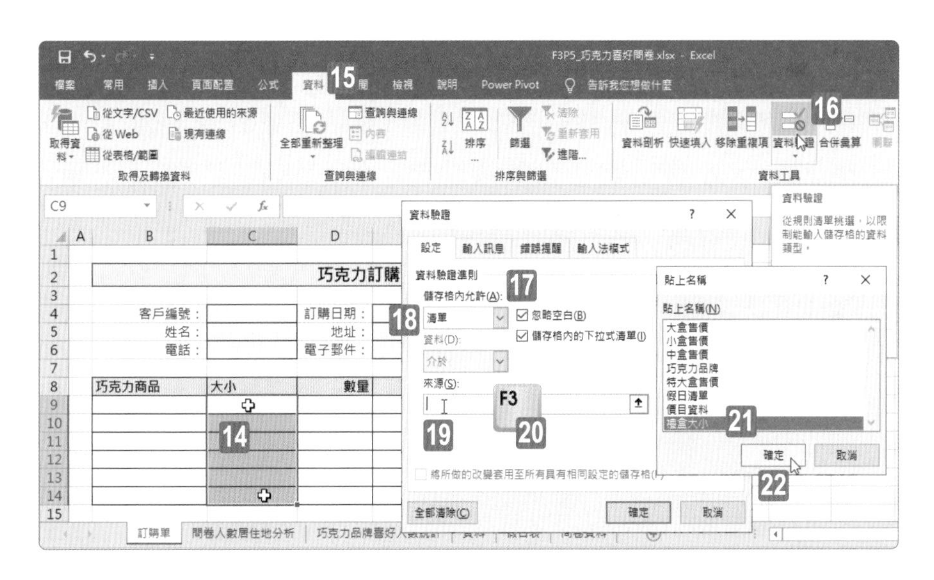

STEP14 選取儲存格範圍 C9:C14。

STEP15 點按〔資料〕索引標籤。

STEP16 點按〔資料工具〕群組裡的〔資料驗證〕命令按鈕。

STEP17 開啟〔資料驗證〕對話方塊，〔儲存格內允許〕下拉式選單。

STEP18 選擇〔清單〕選項。

STEP19 點選〔來源〕文字方塊。

STEP20 點按鍵盤上方的功能鍵〔F3〕。

STEP21 畫面彈跳出〔貼上名稱〕對話方塊，點選〔禮盒大小〕。

STEP22 點按〔確定〕按鈕。

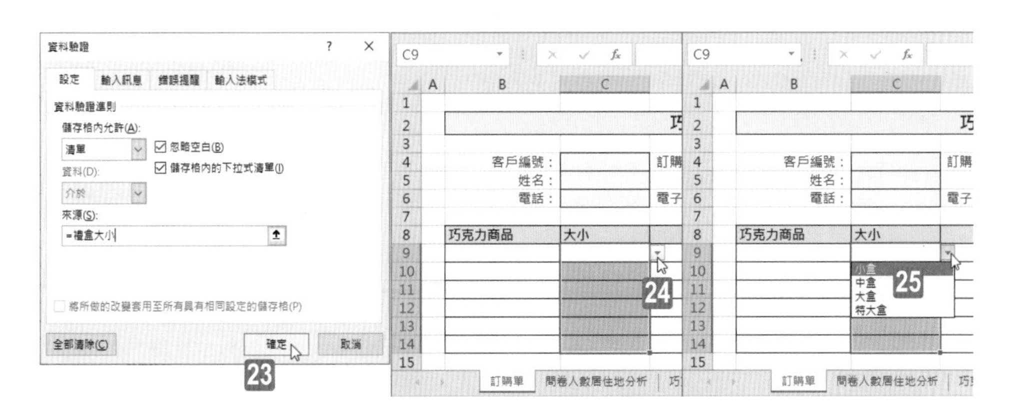

STEP23 點按〔確定〕按鈕，完成〔資料驗證〕對話方塊的操作。

STEP24 點按儲存格 C9 旁的下拉式選項按鈕。

STEP25 立即展開禮盒大小規格的清單可供挑選。

1 2 3 4 5 6

在〔訂購單〕工作表上，將儲存格 D9:D14 設定為僅允許輸入 1~6 之間的整數，否則，顯示警告錯誤警訊，標題為「輸入錯誤」，訊息內容為「單一商品最多購買 6 盒」。

評量領域：管理與格式化資料
評量目標：格式化和驗證資料
評量技能：資料 / 資料驗證

解題步驟

STEP01 點選〔訂購單〕工作表。

STEP02 選取儲存格範圍 D9:D14。

STEP03 點按〔資料〕索引標籤。

STEP04 點按〔資料工具〕群組裡的〔資料驗證〕命令按鈕。

STEP05 開啟〔資料驗證〕對話方塊，〔儲存格內允許〕下拉式選單。

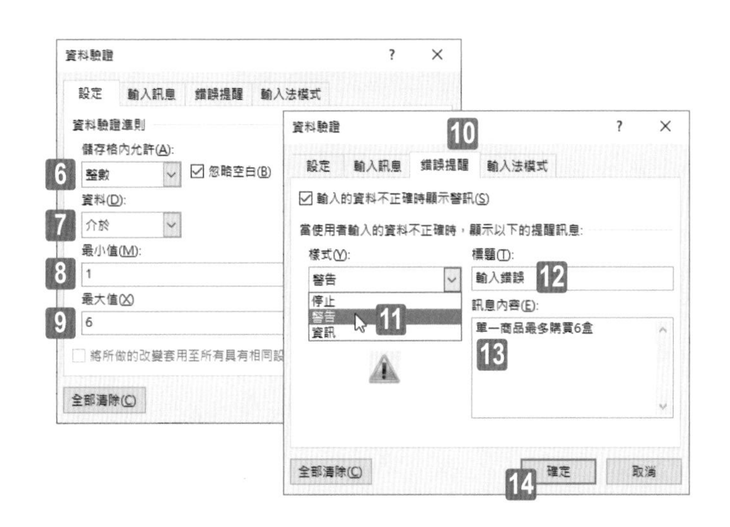

STEP06 選擇〔整數〕選項。

STEP07 再從〔資料〕選單中選擇〔介於〕選項。

STEP08 〔最小值〕輸入「1」。

STEP09 〔最大值〕輸入「6」。

STEP10 點按〔錯誤提醒〕索引頁籤。

STEP11 選擇〔樣式〕為〔警告〕。

STEP12 輸入標題文字為：「輸入錯誤」。

STEP13 點按一下訊息內容文字區塊，並在此輸入文字：「單一商品最多購買 6 盒」。

STEP14 按下〔確定〕按鈕。

1 2 3 4 5 6

在〔巧克力品牌喜好人數統計〕工作表上的儲存格 M4:M48 中輸入公式，可計算並傳回與 K 欄裡的「地區」相符，並且與 N 欄裡的「巧克力品牌」相符的「男生」總人數。

評量領域：建立進階公式與巨集
評量目標：在公式中執行邏輯運算
評量技能：函數 SUMIFS

解題步驟

STEP01　點按〔巧克力品牌喜好人數統計〕工作表。

STEP02　點選儲存格 M4。

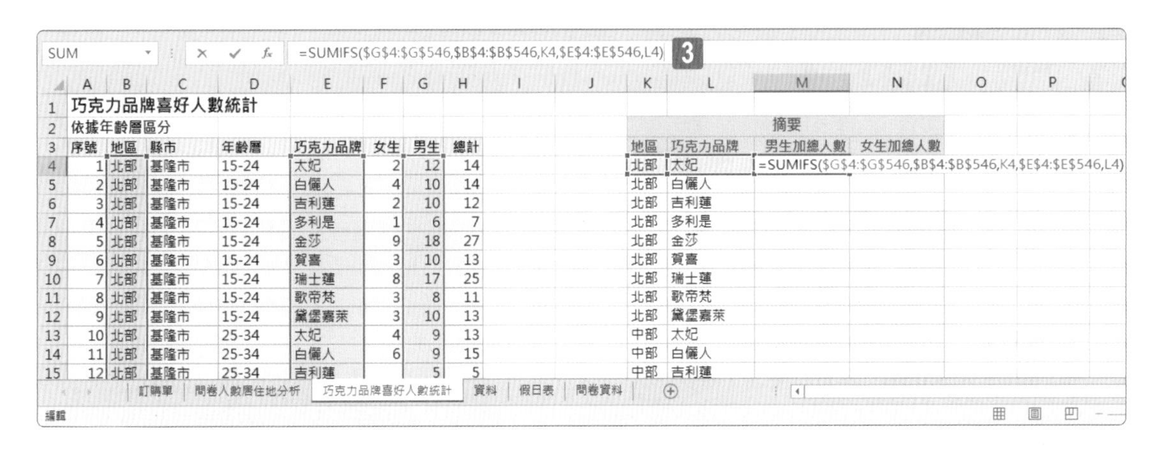

STEP03 輸入 SUMIFS 函數的公式「=SUMIFS($G$4:$G$546,$B$4:$B$546,K4,$E$4:$E$546,L4)」。

STEP04 按下 Enter 按鍵後公式的運算結果顯示著「503」，將作用儲存格移回此儲存格後，滑鼠點按兩下右下角的小黑點 (填滿控點)。

STEP05 自動往下填滿整個欄位的公式運算。

SUMIFS 函數

SUMIFS 函數可以將某範圍內符合多種準則的儲存格資料相加。

語法：

SUMIFS(sum_range,criteria_range1,criteria1,criteria_range2, criteria2...)

參數說明：

- **sum_range**

  此參數為計算加總的資料範圍。這是當每一組 criteria_range 範圍裡的儲存格內容皆符合其對應的 criteria 準則之條件定義時，要實際進行加總的儲存格範圍。

- **criteria_range1, criteria_range2, criteria_range3, ...**

  這是每一組準則範圍的定義。這些參數是欲進行評估的各組儲存格範圍。您可以定義多組準則範圍，至多 127 個範圍。每一個 criteria_range 範圍皆與每一個 criteria 參數裡所定義的準則條件進行評估比對。

- **criteria1, criteria2,criteria3, ...**

  準則條件的設定。這些參數是用來定義要進行加總運算的各個準則條件，最多也是 127 個準則，撰寫上，每一個 criteria 可以是數字、運算式或是文字，譬如：可以撰寫成 18、"18"、">18" 、B2 或是 " 台北 "。每一個 criteria 參數對應著每一個 criteria_range 參數。

本章模擬試題 III 專案 3 的任務 3 也是運用此 SUMIFS 函數進行解題，您可以參照該章節篇幅複習此函數的詳細說明。

在〔訂購單〕工作表上，將儲存格 G4 設定為僅允許輸入訂購日期 (儲存格 E4) 兩天後的任一日期。例如：若訂單日期為 1 月 5 日，送貨日期必須為 1 月 7 日或之後的日期。但是，週六、週日與特定假日並不送貨，必須延後送貨。特定假日已被定義在名為〔假日清單〕的儲存格範圍裡。

評量領域：建立進階公式與巨集

評量目標：使用進階的日期和時間函數

評量技能：在資料驗證的對話操作中使用函數 WORKDAY

解題步驟

STEP01 點選〔訂購單〕工作表。

STEP02 點選儲存格 G4。

STEP03 點按〔資料〕索引標籤。

STEP04 點按〔資料工具〕群組裡的〔資料驗證〕命令按鈕。

STEP05 開啟〔資料驗證〕對話方塊，點按〔儲存格內允許〕下拉式選單。

STEP06 選擇〔日期〕選項。

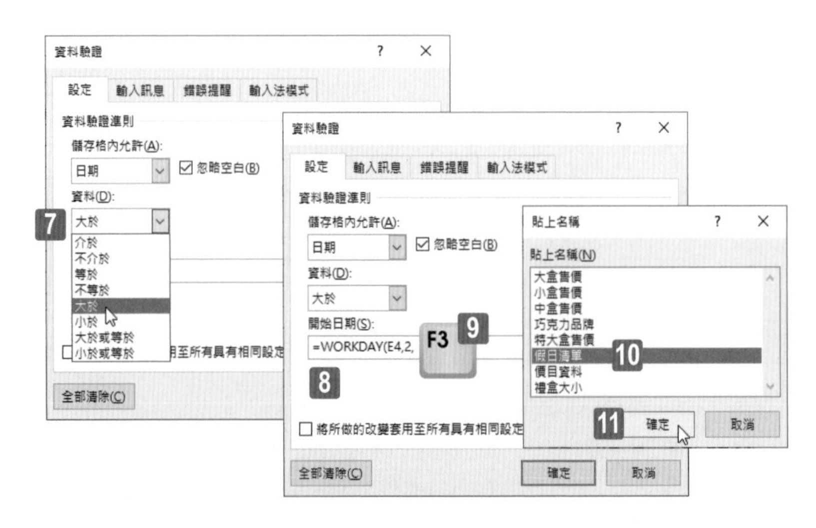

STEP07 再從〔資料〕選單中選擇〔大於〕選項。

STEP08 在〔開始日期〕文字方塊裡輸入公式「=WORKDAY(E4,2,」。

STEP09 點按鍵盤上方的功能鍵〔F3〕。

STEP10 畫面彈跳出〔貼上名稱〕對話方塊，點選〔假日清單〕。

STEP11 點按〔確定〕按鈕。

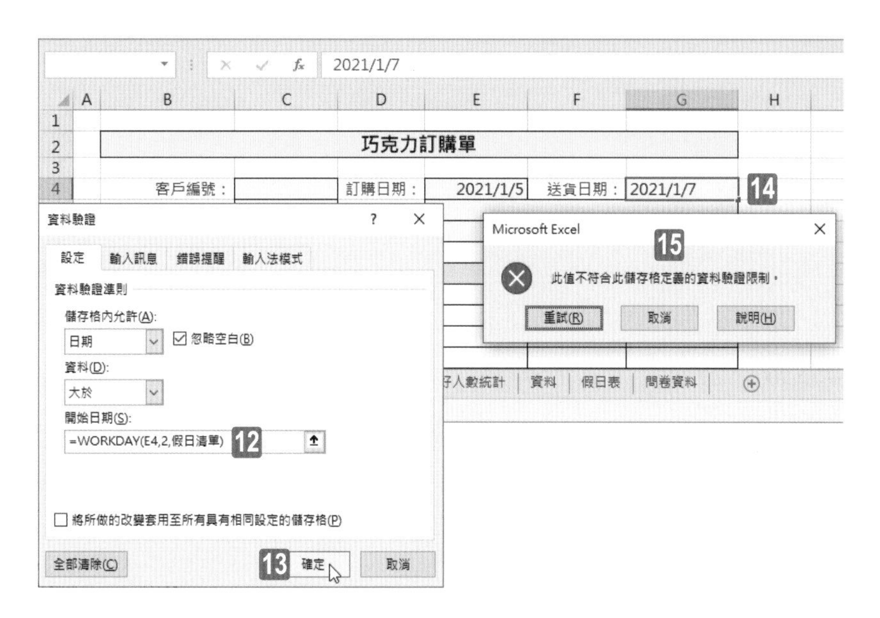

STEP12 補上小右括號後完成的公式為「=WORKDAY(E4,2, 假日清單)」。

STEP13 點按〔確定〕按鈕，結束〔資料驗證〕的對話操作。

STEP14 嘗試在儲存格 G4 裡輸入了不符合規定的日期，例如：「2021/1/7」。

STEP15 畫面立即彈跳出不符合資料驗證限制的訊息對話。

STEP16 若是在儲存格 G4 裡輸入符合規定的日期，例如：「2021/1/18」，即可順利完成送貨日期的輸入。

WORKDAY 函數

這個題目所評量的技巧是 WORKDAY 函數的使用，這是一個可根據開始日期與工作日數 (不包含星期六、日)，而計算出結束日期的日期運算函數，其語法與參數説明如下：

語法：

WORKDAY(start_date, days, [holidays])

參數說明：

- **start_date**

  這是不可省略的必要參數，也就是用來表明指定日期的參數。可以是一個日期，或是可傳回日期序列值的公式。簡單的説，就是一個開始日期的表示。

- **days**

  這也是一個不可省略的必要參數，這是一個整數值，用來表明工作的天數。將第一個參數 start_date(開始日期) 加上這個整數後，便是此函數所傳回的結果 (結束日期)。由於是工作日的運算，因此，日期中若遇到星期六與星期日都非工作日期，日期的計算上就會避開。

- **[holidays]**

  這是一個可以省略不用輸入的參數，是一個參照範圍的表示，可在此範圍中記錄所有的休假日期。例如：國定假日、補修日，如此，WORKDAY 函數在計算日期時，便可以將這些日期也屏除在外，不視為工作日。

如下圖所示範例，若某項工程的開始日期是「2021/4/3」(儲存格 A2)，在為期「12」個工作天 (儲存格 B2) 的狀況下，哪一天可以完工呢？若要將公式輸入在儲存格 C2，絕不是輸入「=A2+B2」那麼簡單，因為，這樣的算法其結果會是「2021/4/15」，連週六、週日也都算進去了。既然為期

「12」個工作天是指工作日，就應該將週六、週日也避開，不得計算在工期裡，因此，要採用的是 WORKDAY 的撰寫，而不是簡單的加法了。

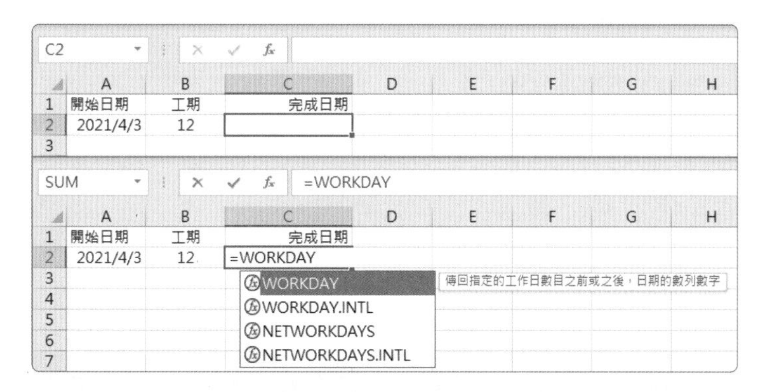

以此例而言，WORKDAY 函數的第一個參數是 A2，第二個參數是 B2，若不考量其他國定假日、補修日，則第三個參數可省略，但是完成函數的建立後，所傳回的結果值怎會是一個「44306」的整數值呢？其實，此結果值也沒錯，這是一個儲存格格式問題，只要將此儲存格以日期格式顯示就可以看到正確的完成日期了。

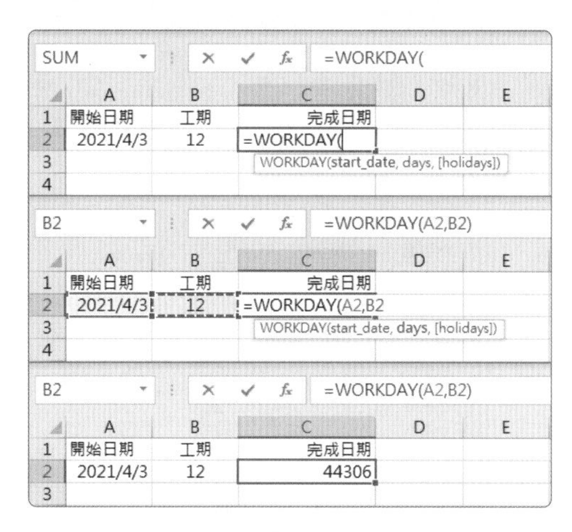

透過儲存格格式化的操作，將 WORKDAY 函數的運算結果格式化為〔簡短日期〕格式，就可以看到，「2021/4/3」開始且為期「12」個工作日的完成日期會是「2021/4/20」。

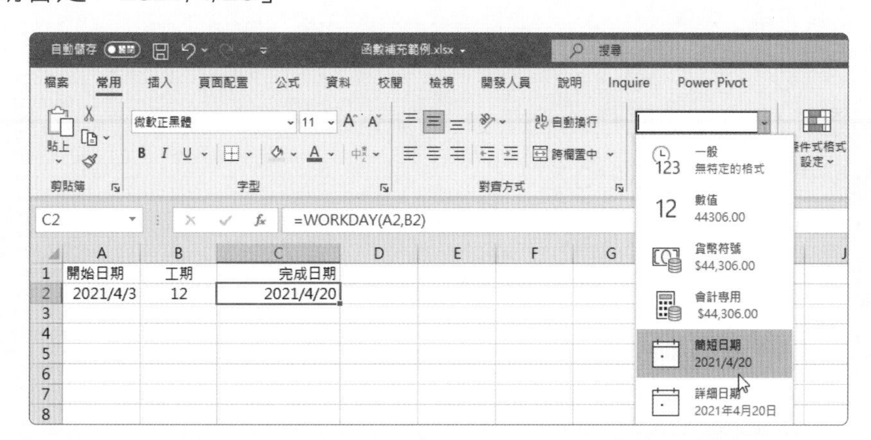

1 2 3 4 **5** 6

在〔問卷人數居住地分析〕工作表上建立一份圖表，以〔區域圖〕圖表顯示每個縣市的〔人數〕，並在次要座標軸以〔群組直條圖〕圖表顯示〔占比〕。圖表的大小和位置不重要。

評量領域：管理進階圖表與表格

評量目標：建立和修改進階圖表

評量技能：建立組合圖 - 建立副座標軸

解題步驟

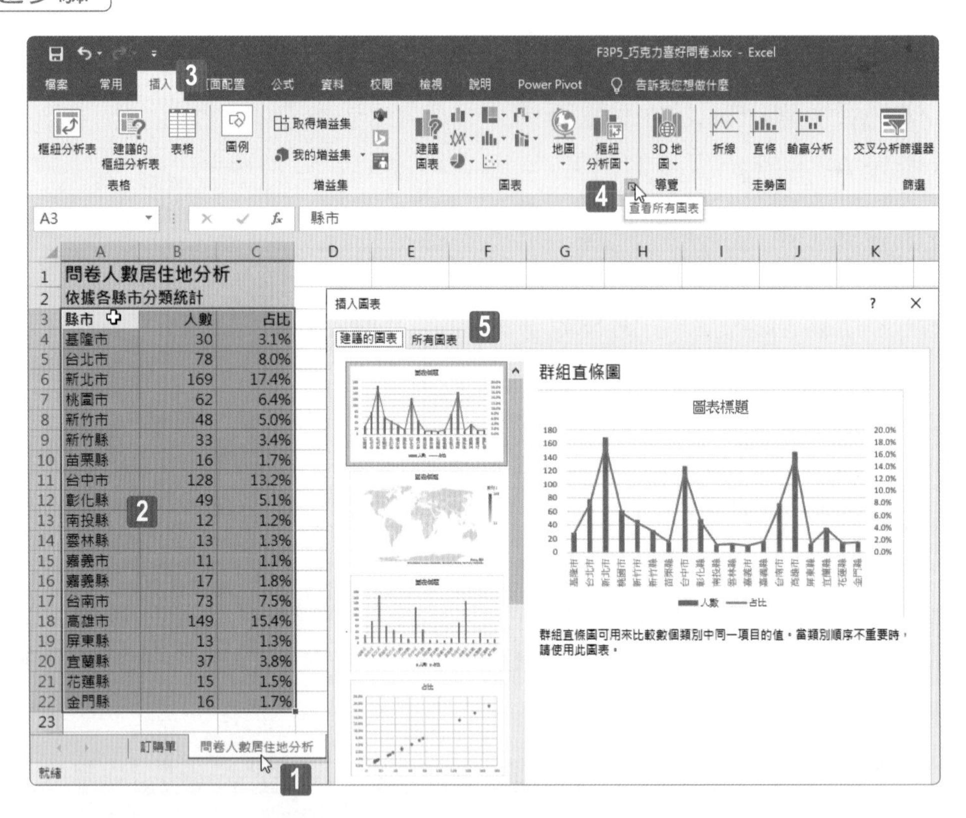

STEP01 點選〔問卷人數居住地分析〕工作表。

STEP02 選取儲存格範圍 A3:C22。

STEP03 點按〔插入〕索引標籤。

STEP04 點按〔圖表〕群組旁的〔查看所有圖表〕對話方塊啟動器。

STEP05 開啟〔插入圖表〕對話，點選〔所有圖表〕索引頁籤。

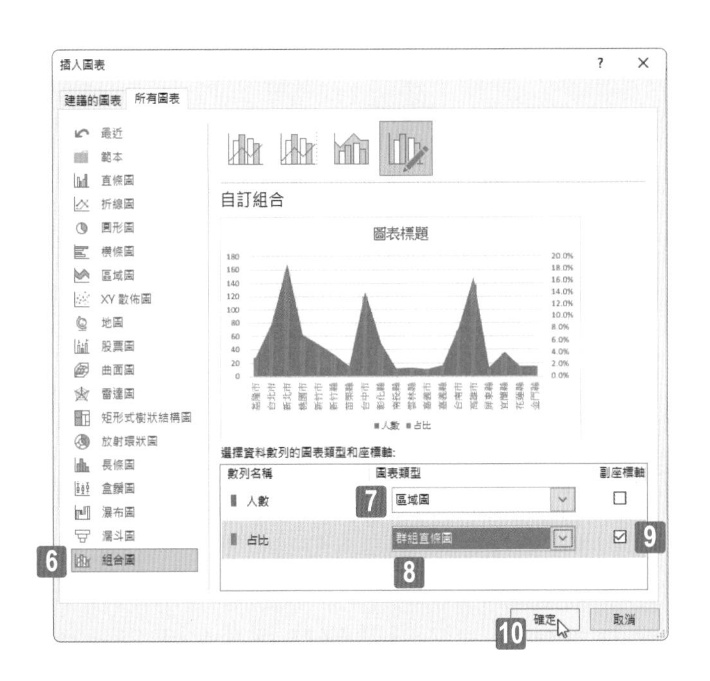

STEP**06** 點選〔組合圖〕選項。

STEP**07** 「人數」數列設定為「區域圖」

STEP**08** 「占比」數列設定為「群組直條圖」

STEP**09** 勾選「占比」數列右側的〔副座標軸〕核取方塊。

STEP**10** 點按〔確定〕按鈕。

完成組合圖表的建立。

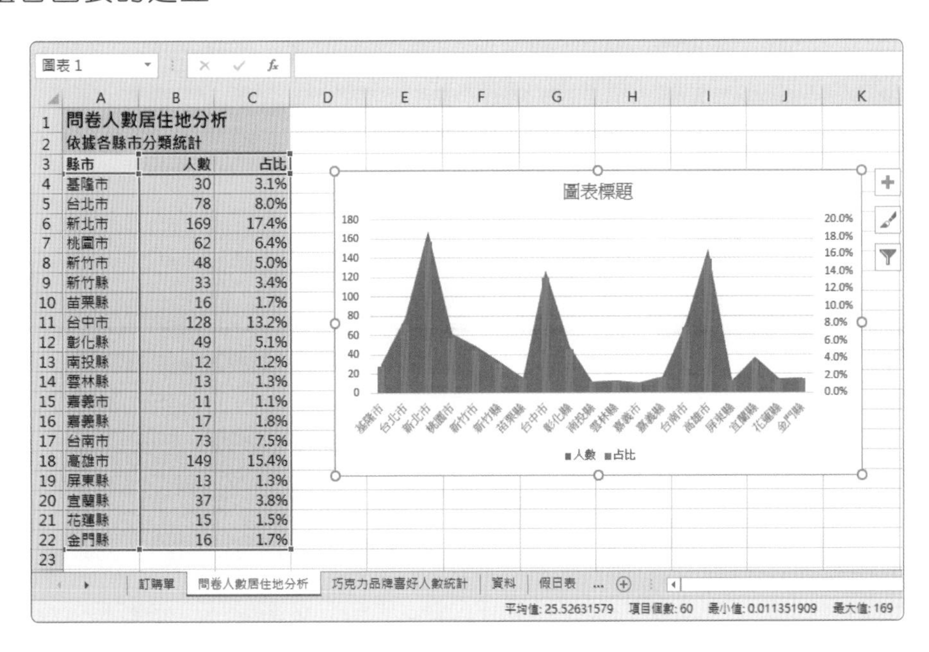

問卷人數居住地分析		
依據各縣市分類統計		
縣市	人數	占比
基隆市	30	3.1%
台北市	78	8.0%
新北市	169	17.4%
桃園市	62	6.4%
新竹市	48	5.0%
新竹縣	33	3.4%
苗栗縣	16	1.7%
台中市	128	13.2%
彰化縣	49	5.1%
南投縣	12	1.2%
雲林縣	13	1.3%
嘉義市	11	1.1%
嘉義縣	17	1.8%
台南市	73	7.5%
高雄市	149	15.4%
屏東縣	13	1.3%
宜蘭縣	37	3.8%
花蓮縣	15	1.5%
金門縣	16	1.7%

1 2 3 4 5 6

在〔訂購單〕工作表的〔單價〕欄位中，使用 MATCH 函數與 INDEX 函數的組合，查找出巧克力商品的單價。此單價是藉由〔巧克力商品〕與禮盒〔大小〕這兩個欄位內容，至已命名為「價目資料」的儲存格範圍裡索引而來。

評量領域：管理進階圖表與表格

評量目標：建立和修改樞紐分析表

評量技能：函數 MATCH 與 INDEX 的組合應用

解題步驟

在這個題目中，先來檢驗一下各相關儲存格功能與範圍名稱的訂定，以及 MATCH 函數與 INDEX 函數的常態用法。例如：〔訂購單〕工作表裡的儲存格 B9 已經設定了資料驗證功能，可以透過下拉式選單選擇巧克力品牌；儲存格 C9 已經設定了資料驗證功能，可以透過下拉式選單選擇禮盒的大小規格。

在〔資料〕工作表裡，儲存格範圍 C3:F11 已事先命名為「價目資料」。

價目表

巧克力品牌	小盒	中盒	大盒	特大盒
太妃	50	60	70	80
白儷人	60	70	80	95
吉利蓮	80	95	110	130
多利是	75	90	105	125
金莎	70	80	95	110
賀喜	50	60	70	80
瑞士蓮	95	110	130	155
歌帝梵	50	60	70	80
黛堡嘉萊	80	95	110	130

儲存格範圍 B3:B11 已事先命名為「巧克力品牌」；儲存格範圍 C2:F2 已事先命名為「禮盒大小」。

價目表

巧克力品牌	小盒	中盒	大盒	特大盒
太妃	50	60	70	80
白儷人	60	70	80	95
吉利蓮	80	95	110	130
多利是	75	90	105	125
金莎	70	80	95	110
賀喜	50	60	70	80
瑞士蓮	95	110	130	155
歌帝梵	50	60	70	80
黛堡嘉萊	80	95	110	130

使用 MATCH 函數來查找資料

透過 MATCH 函數可以了解某項資料其位於所有資料清單裡的正確位置。例如下圖所示，巧克力品牌清單是縱向呈現，位於儲存格範圍 B3:B11，此範圍命名為「巧克力品牌」。其中，「金莎」巧克力是位於巧克力品牌清單中的第 5 個位置。在公式的撰寫上，H2 儲存格可以視為查詢儲存格，目前輸入了「金莎」，則透過 MATCH，撰寫成：

=MATCH(H2, 巧克力品牌 ,0)

其中，MATCH 函數最後一個參數為 0(或 TRUE)，意即查找模式是要完全符合才算比對成功。

H4 =MATCH(H2,巧克力品牌,

價目表

巧克力品牌	小盒	中盒	大盒	特大盒
太妃	50	60	70	80
白儷人	60	70	80	95
吉利蓮	80	95	110	130
多利是	75	90	105	125
金莎	70	80	95	110
賀喜	50	60	70	80
瑞士蓮	95	110	130	155
歌帝梵	50	60	70	80
黛堡嘉萊	80	95	110	130

金莎 大盒

=MATCH(H2,巧克力品牌,
MATCH(lookup_value, lookup_array, [match_type])
(...)1 - 小於
(...)0 - 完全符合
(...)-1 - 大於
尋找完全等於 lookup_value 的第一個值。Lookup_array 可以是任何順序

H4 =MATCH(H2,巧克力品牌,0)

金莎 大盒

=MATCH(H2,巧克力品牌,0)

此時 MATCH 函數的查找結果為「5」。若是將 H2 儲存格的內容由「金莎」改成「瑞士蓮」，則 MATCH 函數的查找結果就變成「7」了。

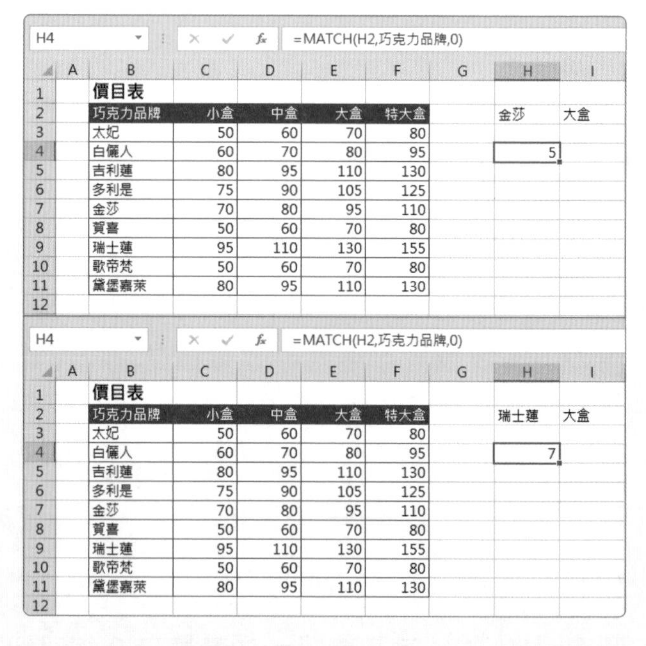
H4 =MATCH(H2,巧克力品牌,0)

價目表

巧克力品牌	小盒	中盒	大盒	特大盒
太妃	50	60	70	80
白儷人	60	70	80	95
吉利蓮	80	95	110	130
多利是	75	90	105	125
金莎	70	80	95	110
賀喜	50	60	70	80
瑞士蓮	95	110	130	155
歌帝梵	50	60	70	80
黛堡嘉萊	80	95	110	130

金莎 大盒
5

H4 =MATCH(H2,巧克力品牌,0)

瑞士蓮 大盒
7

再以下圖為例，禮盒的各種大小規格是橫向呈現，位於儲存格範圍 C2:F2，此範圍命名為「禮盒大小」。其中，「大盒」是位於禮盒大小清單中的第 3 個位置 (由左至右)。在公式的撰寫上，I2 儲存格可以視為查詢儲存格，目前輸入了「大盒」，則透過 MATCH，撰寫成：

=MATCH(I2, 禮盒大小 ,0)

其中，MATCH 函數最後一個參數為 0(或 TRUE)，意即查找模式是要完全符合才算比對成功。

I4 =MATCH(I2,禮盒大小,

	A	B	C	D	E	F	G	H	I
1		價目表							
2		巧克力品牌	小盒	中盒	大盒	特大盒		瑞士蓮	大盒
3		太妃	50	60	70	80			
4		白儷人	60	70	80	95		7	=MATCH(I2,禮盒大小,
5		吉利蓮	80	95	110	130			
6		多利是	75	90	105	125			
7		金莎	70	80	95	110			
8		賀喜	50	60	70	80			
9		瑞士蓮	95	110	130	155			
10		歌帝梵	50	60	70	80			
11		黛璽嘉萊	80	95	110	130			
12									

I4 =MATCH(I2,禮盒大小,0)

	A	B	C	D	E	F	G	H	I
1		價目表							
2		巧克力品牌	小盒	中盒	大盒	特大盒		瑞士蓮	大盒
3		太妃	50	60	70	80			
4		白儷人	60	70	80	95		7	=MATCH(I2,禮盒大小,0)
5		吉利蓮	80	95	110	130			
6		多利是	75	90	105	125			
7		金莎	70	80	95	110			
8		賀喜	50	60	70	80			
9		瑞士蓮	95	110	130	155			
10		歌帝梵	50	60	70	80			
11		黛璽嘉萊	80	95	110	130			
12									

此時 MATCH 函數的查找結果為「3」。但是若是將 I2 儲存格的內容由「大盒」改成「中盒」，則 MATCH 函數的查找結果就變成「2」了。

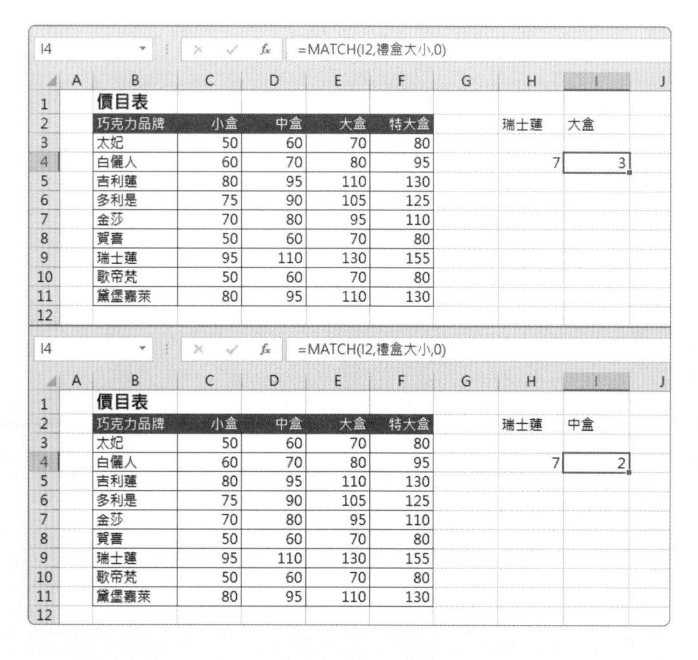

I4 =MATCH(I2,禮盒大小,0)

	A	B	C	D	E	F	G	H	I
1		價目表							
2		巧克力品牌	小盒	中盒	大盒	特大盒		瑞士蓮	大盒
3		太妃	50	60	70	80			
4		白儷人	60	70	80	95		7	3
5		吉利蓮	80	95	110	130			
6		多利是	75	90	105	125			
7		金莎	70	80	95	110			
8		賀喜	50	60	70	80			
9		瑞士蓮	95	110	130	155			
10		歌帝梵	50	60	70	80			
11		黛璽嘉萊	80	95	110	130			
12									

I4 =MATCH(I2,禮盒大小,0)

	A	B	C	D	E	F	G	H	I
1		價目表							
2		巧克力品牌	小盒	中盒	大盒	特大盒		瑞士蓮	中盒
3		太妃	50	60	70	80			
4		白儷人	60	70	80	95		7	2
5		吉利蓮	80	95	110	130			
6		多利是	75	90	105	125			
7		金莎	70	80	95	110			
8		賀喜	50	60	70	80			
9		瑞士蓮	95	110	130	155			
10		歌帝梵	50	60	70	80			
11		黛璽嘉萊	80	95	110	130			
12									

這個 MATCH 函數可以傳回欲查找的資料，是位於查找範圍裡的第幾個位置，因此，若確有此資料的存在，MATCH 函數所傳回的值肯定是個整數值 (若查找不到資料會傳回 #NA)。乍看之下，這個 MATCH 所傳回的整數值好像沒什麼用途，可是若是將此 MATCH 結果應用在 INDEX 函數裡，作用可就非凡了！

使用 INDEX 函數來擷取資料

INDEX 函數是用來擷取某個陣列或範圍裡的某一儲存格內容，而到底是哪一個儲存格內容，就透過索引參數值來定奪。例如下圖所示，儲存格範圍 C3:F11 是所有巧克力品牌每一種禮盒大小的價格，9 種巧克力品牌、4 種禮盒大小，總共 36 個價格數據，呈現在這一個 9 列、4 欄的範圍裡，此範圍也事先命名為「價目資料」，因此，INDEX 函數若撰寫成：

=INDEX(價目資料 ,7,2)

即代表要擷取「價目資料」範圍裡第 7 列、第 2 欄的儲存格內容，也就是「瑞士蓮」巧克力「中盒」的售價。答案是 110。要注意的是，INDEX 的語法裡，第一個參數是陣列或範圍的參照位址或參照名稱；第二個參數是縱向的列索引值（哪一列？）；第三個參數則是橫向的欄索引值（哪一欄？），後面這兩個參數必須都是正整數，也不能任意對調，若改變這兩個索引值，所擷取的陣列內容當然也就不一樣了。

SUM　=INDEX(價目資料,7,2

	A	B	C	D	E	F	G	H	I	J	K	L
1		價目表										
2		巧克力品牌	小盒	中盒	大盒	特大盒		瑞士蓮	中盒			
3		太妃	50	60	70	80						
4		白儷人	60	70	80	95		7	2			
5		吉利蓮	80	95	110	130						
6		多利是	75	90	105	125						
7		金莎	70	80	95	110		=INDEX(價目資料,7,2				
8		賀喜	50	60	70	80		INDEX(array, row_num, [column_num])				
9		瑞士蓮	95	110	130	155		INDEX(reference, row_num, [column_num], [area_num])				
10		歌帝梵	50	60	70	80						
11		黛儷嘉萊	80	95	110	130						
12												

H7　=INDEX(價目資料,7,2)

	A	B	C	D	E	F	G	H	I	J	K	L
1		價目表										
2		巧克力品牌	小盒	中盒	大盒	特大盒		瑞士蓮	中盒			
3		太妃	50	60	70	80						
4		白儷人	60	70	80	95		7	2			
5		吉利蓮	80	95	110	130						
6		多利是	75	90	105	125						
7		金莎	70	80	95	110		110				
8		賀喜	50	60	70	80						
9		瑞士蓮	95	110	130	155						
10		歌帝梵	50	60	70	80						
11		黛儷嘉萊	80	95	110	130						
12												

因此，綜合上述所介紹的 MATCH 函數與 INDEX 函數，我們可以將 MATCH 函數所傳回的值，作為 INDEX 函數在擷取資料時的索引值，當 MATCH 函數查找到不同的資料位置，傳回的值也就不一樣，再作為 INDEX 函數的索引值時，擷取到的內容當然也就不一樣了！例如以此範例而言，巧克力品牌的 MATCH 函數比對結果可以做為 INDEX 函數的第二個參數值、禮盒大小的 MATCH 函數比對結果可以做為 INDEX 函數的第三個參數值，撰寫這兩個函數的組合公式如下：

=INDEX(價目資料,MATCH(H2,巧克力品牌,0),MATCH(I2,禮盒大小,0))

SUM　=INDEX(價目資料,MATCH(H2,巧克力品牌,0),MATCH(I2,禮盒大小,0))

	A	B	C	D	E	F	G	H	I
1		價目表							
2		巧克力品牌	小盒	中盒	大盒	特大盒		瑞士蓮	中盒
3		太妃	50	60	70	80			
4		白儷人	60	70	80	95		7	2
5		吉利蓮	80	95	110	130			
6		多利是	75	90	105	125			
7		金莎	70	80	95	110		=INDEX(價目資料,MATCH(H2,巧克力品牌,0),MATCH(I2,禮盒大小,0))	
8		賀喜	50	60	70	80			
9		瑞士蓮	95	110	130	155			
10		歌帝梵	50	60	70	80			
11		黛憬嘉萊	80	95	110	130			
12									

SUM　=INDEX(價目資料,MATCH(H2,巧克力品牌,0),MATCH(I2,禮盒大小,0))

	A	B	C	D	E	F	G	H	I
1		價目表							
2		巧克力品牌	小盒	中盒	大盒	特大盒		瑞士蓮	中盒
3		太妃	50	60	70	80			
4		白儷人	60	70	80	95		7	2
5		吉利蓮	80	95	110	130			
6		多利是	75	90	105	125			
7		金莎	70	80	95	110		110	
8		賀喜	50	60	70	80			
9		瑞士蓮	95	110	130	155			
10		歌帝梵	50	60	70	80			
11		黛憬嘉萊	80	95	110	130			
12									

這兩個函數的組合是不是神奇又無敵呢！運用到這個題目時，查找需求自然迎刃而解。

STEP01 點選〔訂購單〕工作表。

STEP02 點選儲存格 E9。

STEP03 輸入公式「=INDEX(價目資料,MATCH(B9,巧克力品牌,0),MATCH(C9,禮盒大小,0))」。

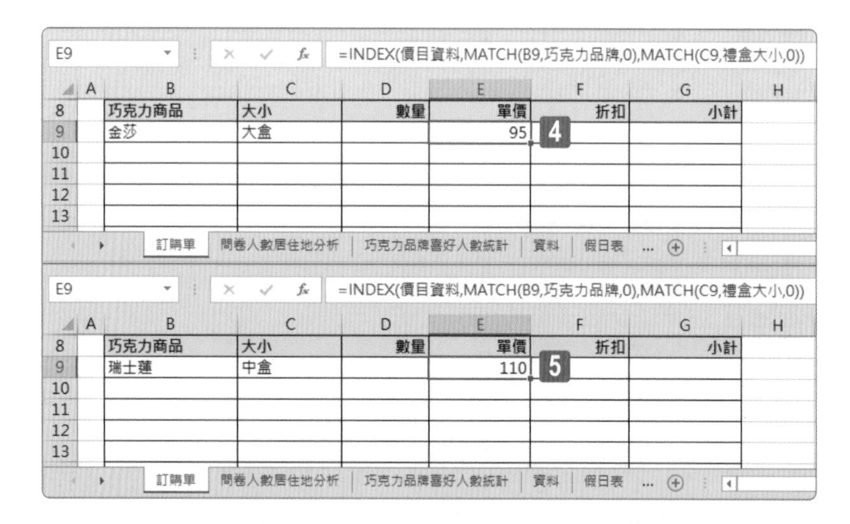

STEP04 完成「金莎」巧克力 (B9)、「大盒」禮盒 (C9) 的價格查找，結果是「95」元。

STEP05 若改變儲存格 B9 的內容為「瑞士蓮」、儲存格 C9 的內容為「中盒」，結果將會是「110」元。

專案 6 專案排程

您是專案管理人員，正在透過工作表進行各專案任務排程報表的製作。

1 — 2

在〔會議排程〕工作表上的儲存格 F6 中，輸入查找公式，使其能夠藉由 E 欄〔代碼〕的內容進行完全相符的比對，傳回來自〔資源資料表〕儲存格範圍內的資源名稱。請調整公式，然後將其複製到儲存格 F7:F17。

評量領域：建立進階公式與巨集

評量目標：使用函數查詢資料

評量技能：函數 VLOOKUP

解題步驟

先檢查一下此活頁簿的已定義之範圍，也就是點按左上角的名稱方塊，即可列出名稱清單。例如：點選「資源資料表」即可立即選取該名稱所代表的範圍，位於〔資源〕資料表的儲存格範圍 A2:I14。

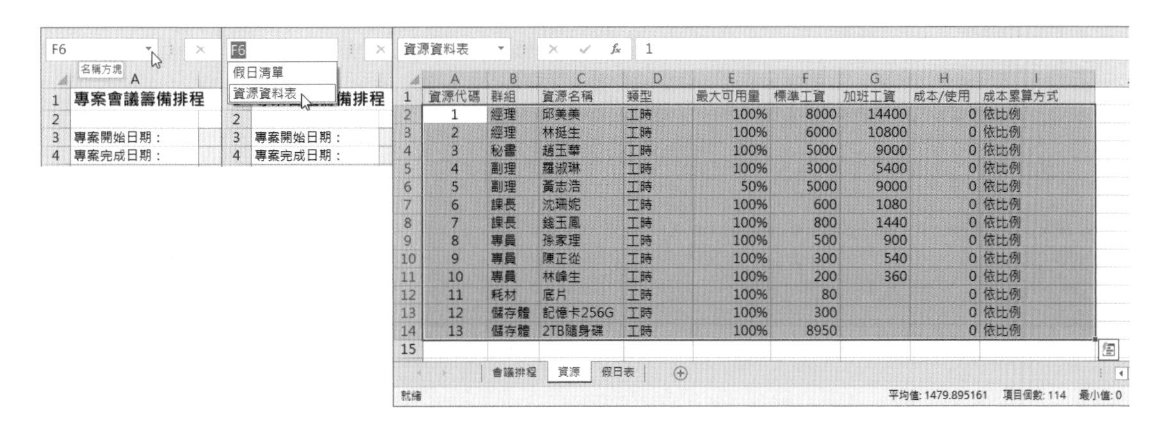

資源代碼	群組	資源名稱	類型	最大可用量	標準工資	加班工資	成本/使用	成本累算方式
1	經理	邱美美	工時	100%	8000	14400	0	依比例
2	經理	林挺生	工時	100%	6000	10800	0	依比例
3	秘書	趙玉華	工時	100%	5000	9000	0	依比例
4	副理	羅淑琳	工時	100%	3000	5400	0	依比例
5	副理	黃志浩	工時	50%	5000	9000	0	依比例
6	課長	沈珊妮	工時	100%	600	1080	0	依比例
7	課長	錢玉鳳	工時	100%	800	1440	0	依比例
8	專員	孫家理	工時	100%	500	900	0	依比例
9	專員	陳正從	工時	100%	300	540	0	依比例
10	專員	林峰生	工時	100%	200	360	0	依比例
11	耗材	底片	工時	100%	80		0	依比例
12	儲存體	記憶卡256G	工時	100%	300		0	依比例
13	儲存體	2TB隨身碟	工時	100%	8950		0	依比例

F6

專案會議籌備排程

專案開始日期：	2021/4/13
專案完成日期：	2021/7/18

任務名稱	開始日期	工期	結束日期	代碼	負責人	樂觀的工期	最可能的工期	悲觀的工期	PERT三點估算
會議計劃	2021/4/13	3	2021/4/15	1		2	2	6	
彙整提問資料	2021/4/16	3	2021/4/20	3		3	2	7	
列印並傳遞提問資料	2021/4/21	10	2021/5/4	5		12	8	18	
接受回覆資料	2021/5/5	3	2021/5/9	7		3	2	6	
資料登打	2021/5/10	13	2021/5/26	2		15	9	24	
資料分析	2021/5/27	2	2021/5/30	3		3	1	5	
撰寫報告	2021/5/31	4	2021/6/3	5		5	3	7	
討論報告初稿	2021/6/4	9	2021/6/16	6		12	5	19	
徵求意見	2021/6/17	9	2021/6/29	1		10	6	22	
報告定案完稿	2021/6/30	5	2021/7/6	8		7	3	12	
發佈訊息公佈報告	2021/7/7	3	2021/7/11	4		4	2	6	
委員會議	2021/7/12	5	2021/7/18	10		6	3	10	

會議排程 | 資源 | 假日表

STEP01 點選〔會議排程〕工作表。

STEP02 點選儲存格 F6。

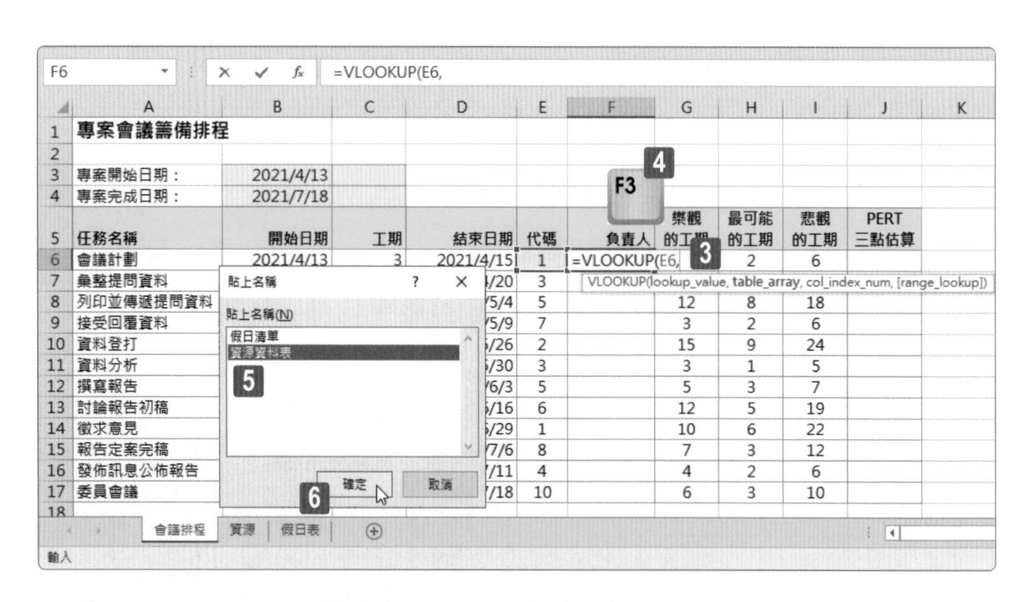

STEP03 輸入 VLOOKUP 函數的公式「=VLOOKUP(E6,」。

STEP04 點按鍵盤上方的功能鍵〔F3〕。

STEP05 畫面彈跳出〔貼上名稱〕對話方塊，點選〔資源資料表〕。

STEP06 點按〔確定〕按鈕。

STEP07 事先已命名的範圍名稱〔資源資料表〕成為 VLOOKUP 函數裡的第二個參數，繼續輸入「,3,」準備進行第四個參數的選擇。

STEP08 從下拉選單中點選〔FALSE- 完全符合〕選項，或者親自輸入「FALSE」或是輸入「0」(VLOOKUP 函數的第四個參數不管是設定為 FALSE 或是 0 都是代表完全符合的意思)。

STEP09 最後補上小右括號完成 VLOOKUP 函數的公式輸入，再按下 Enter 按鍵。

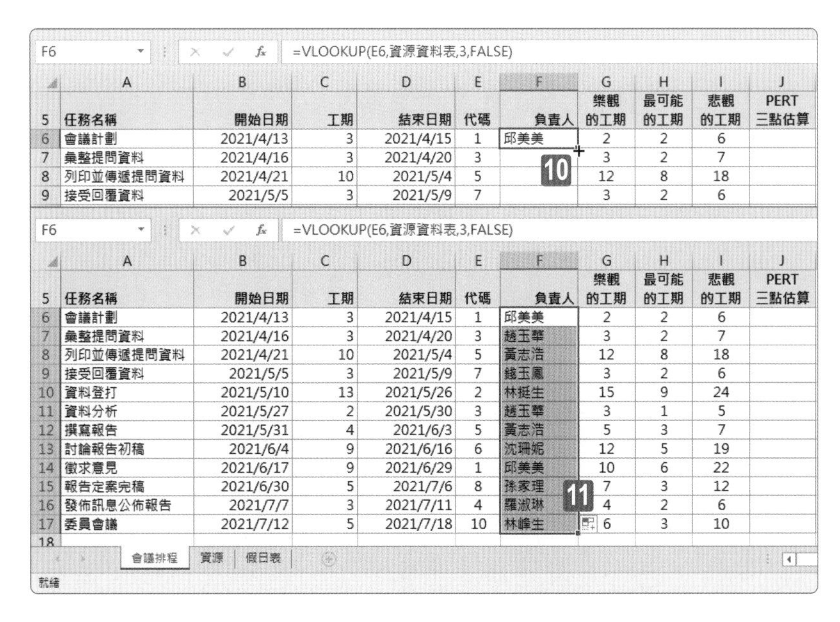

STEP10 回到儲存格 F6，拖曳右下角的小黑點 (填滿控點)，往下拖曳。

STEP11 拖曳至儲存格 F17，完成負責人欄位的公式運算。

VLOOKUP 函數

VLOOKUP 函數的功能正如其函數名稱，V 代表 Vertical(垂直) 之意，而 LOOKUP 當然就是查詢的意思，透過這個垂直查詢函數，可以讓使用者在表格陣列（也就是所謂的比對表）的首欄中搜尋某個數值，並傳回該表格陣列中同一列之其他欄位裡的內容。此函數的語法為：

VLOOKUP(lookup_value,table_array,col_index_num,range_lookup)

參數說明：

- **lookup_value**

  此參數為查詢值，也就是您想要在 table_array 參數所參照的比對表之首欄中找尋的值。

- **table_array**

  此參數為進行查詢工作時的比對表，必須是兩欄以上的資料範圍或參照範圍。此 table_array 參數可以是參照位址，也可以是指向某個範圍的範圍名稱，或者可傳回參照範圍的函數。

- **col_index_num**

  此參數為 table_array 欄位編號，通常此值是正整數。如果 col_index_num 參數值為 1，則表示查詢成功後要傳回 table_array 該列第 1 欄裡的內容；如果 col_index_num 參數值為 2，則表示查詢成功後要傳回 table_array 該列第 2 欄裡的內容。如果 col_index_num 參數值大於 table_array 的總欄數，則 VLOOKUP 函數將會傳回錯誤值 #REF!。

- **range_lookup**

  此參數是一個邏輯值，專門用來指定 VLOOKUP 函數應該要尋找完全符合的值還是部分符合的值。若此參數值為 TRUE 或被省略了，則表示要傳回完全符合或部分符合的值，意即當查詢不到完全符合的值時，也會傳回僅次於 lookup_value 的值。

在第 3 章模擬試題 I 專案 5 的任務 3 也是運用此 VLOOKUP 函數進行解題，您可以至該篇幅複習此函數的詳細說明。

1 — 2

在〔會議排程〕工作表上，儲存格 C3 與 C4 中，使用函數來計算專案開始日期是星期幾。注意：該儲存格已格式化為顯示星期幾的名稱。

評量領域：建立進階公式與巨集

評量目標：使用進階的日期和時間函數

評量技能：函數 WEEKDAY

解題步驟

	A	B	C	D
1	專案會議籌備排程			
2				
3	專案開始日期：	2021/4/13		
4	專案完成日期：	2021/7/18		
5	任務名稱	開始日期	工期	結束日期
6	會議計劃	2021/4/13	3	2021/4/15
7	彙整提問資料	2021/4/16	3	2021/4/20
8	列印並傳遞提問資料	2021/4/21	10	2021/5/4
9	接受回覆資料	2021/5/5	3	2021/5/9
10	資料登打	2021/5/10	13	2021/5/26

STEP01

點選〔會議排程〕工作表。

STEP02

點選儲存格 C3。

	A	B	C	D	E	F
1	專案會議籌備排程					
2						
3	專案開始日期：	2021/4/13	=WEEKDAY(B3)			
4	專案完成日期：	2021/7/18	WEEKDAY(serial_number, [return_type])			
5	任務名稱	開始日期	工期	結束日期	代碼	負
6	會議計劃	2021/4/13	3	2021/4/15	1	邱美美
7	彙整提問資料	2021/4/16	3	2021/4/20	3	趙玉華
8	列印並傳遞提問資料	2021/4/21	10	2021/5/4	5	黃志浩
9	接受回覆資料	2021/5/5	3	2021/5/9	7	錢玉鳳
10	資料登打	2021/5/10	13	2021/5/26	2	林挺生

STEP03

輸入 WEEKDAY 函數的公式「=WEEKDAY(B3)」。

C3 =WEEKDAY(B3)

	A	B	C	D
1	專案會議籌備排程			
2				
3	專案開始日期：	2021/4/13	星期二	
4	專案完成日期：	2021/7/18		
5	任務名稱	開始日期	工期	結束日期
6	會議計劃	2021/4/13	3	2021/4/15
7	彙整提問資料	2021/4/16	3	2021/4/20
8	列印並傳遞提問資料	2021/4/21	10	2021/5/4
9	接受回覆資料	2021/5/5	3	2021/5/9
10	資料登打	2021/5/10	13	2021/5/26

會議排程 | 資源 | 假日表

就緒

4 5

C3 =WEEKDAY(B3)

	A	B	C	D
1	專案會議籌備排程			
2				
3	專案開始日期：	2021/4/13	星期二	
4	專案完成日期：	2021/7/18	星期日	
5	任務名稱	開始日期	工期	結束日期
6	會議計劃	2021/4/13	3	2021/4/15
7	彙整提問資料	2021/4/16	3	2021/4/20
8	列印並傳遞提問資料	2021/4/21	10	2021/5/4
9	接受回覆資料	2021/5/5	3	2021/5/9
10	資料登打	2021/5/10	13	2021/5/26

會議排程 | 資源 | 假日表

就緒

6

STEP**04** 按下 Enter 按鍵後公式的運算結果顯示著「星期二」。

STEP**05** 拖曳右下角的小黑點 (填滿控點)，往下拖曳。

STEP**06** 拖曳至儲存格 C4，完成星期顯示的公式運算。

WEEKDAY 函數

這個題目所評量的技巧是 WEEKDAY 函數的使用，其語法與參數說明如下：

語法：

WEEKDAY(serial_number, [return_type])

參數說明：

- **serial_number**

  這是不可省略的必要參數，也就是用來表明指定日期的參數。可以是一個日期，或是可傳回日期序列值的公式。

- **[return_type]**

  這是一個可以省略不用輸入的參數，用來表示一週中首日是星期幾的制度定義。也就是說，一週中的第 1 天，到底是以星期一為基準，還是以星期日為基準的制度定義。

在第 5 章模擬試題 III 專案 5 的任務 4 也是運用此 WEEKDAY 函數進行解題，您可以至該篇幅複習此函數的詳細說明。

MOS 國際認證應考指南--Microsoft Excel Expert (Excel and Excel 2019)｜Exam MO-201

作　　者：王仲麒
企劃編輯：郭季柔
文字編輯：詹祐甯
設計裝幀：張寶莉
發 行 人：廖文良

發 行 所：碁峰資訊股份有限公司
地　　址：台北市南港區三重路 66 號 7 樓之 6
電　　話：(02)2788-2408
傳　　真：(02)8192-4433
網　　站：www.gotop.com.tw
書　　號：AER057500
版　　次：2021 年 08 月初版
　　　　　2024 年 03 月初版三刷
建議售價：NT$450

國家圖書館出版品預行編目資料

MOS 國際認證應考指南：Microsoft Excel Expert (Excel and Excel 2019) Exam MO-201 / 王仲麒著. -- 初版. -- 臺北市：碁峰資訊, 2021.08
面； 公分
ISBN 978-986-502-902-9(平裝)
1.EXCEL 2019(電腦程式) 2.考試指南
312.49E9　　110011544

本書是根據寫作當時的資料撰寫而成，日後若因資料更新導致與書籍內容有所差異，敬請見諒。若是軟、硬體問題，請您直接與軟、硬體廠商聯絡。